Rで学ぶ統計学入門

嶋田正和・阿部真人 著

東京化学同人

本書を読み始める皆さんへ

(1) 統計学の学習にRが使える時代

　世の中には日常，たくさんのデータがあふれている．統計学の知識をもたずに，手元のデータから何らかの傾向を推測したり，グループごとの平均値間を比較することは，無謀極まりない．高校理科や大学の自然科学や社会科学の科目は，調査や実験のデザイン，その結果として得られるデータの分析など，すべて統計学に基づく．しかし，それをわかりやすく教える教科書や教材が，これまでは実に驚くほど少ない時代がずっと続いていた．なぜなら，統計学は実際のデータを解析してナンボの学問であるのに，その解析方法の原理を簡単に試し，理解する手段を提供してこなかったからである．関数電卓を使って検算したり，数値計算のコンピューター言語を使って面倒くさいプログラミングを実施し，結果を確認するしかなかった．

　しかし今，統計学の教育に革命が起こっている．それは統計学とグラフィクス専門の"R"という名称の無料のソフトウェアが世界中で広く使われるようになったからである．Rは世界中の高度な統計の技術をもった専門家が，さまざまな関数やライブラリを開発して，一つのシステムとして，ウェブサイトCRANが世界中の国々で使えるようにしている．その恩恵を受けて，高校生や大学1年生の初心者であっても，あるいは統計学を専門とするわけではない異分野の利用者であっても，データ分析や統計解析にRを役立たせる時代となった．国内外でわかりやすいRのガイド本はいくつも出版されており，またインターネットでも，Rの関数の使い方などは懇切丁寧に解説されたサイトがいくつも見つかる．統計学を学ぶにはとてもよい時代である．

(2) Rを使うことと統計学を理解してRを使えることとは別の問題

　多様で莫大なデータが利用可能な現代においては，データから有用な情報を得るための方法論として，データ解析やモデリングの手法はますます重要になってきている．そもそも統計学は，データをもとに現象を記述し，現象のモデルを構築し，知識を獲得するための方法論である．日本学術会議 数理科学委員会 統計学分野の参照基準検討分科会では，統計学の学習におい

ては，統計学の手法の知識と対象の理解とを両輪として進めることが重要であると主張している（2015年12月17日分科会報告）．Rが簡単に使える便利な時代とはいえ，対象への理解や検定法の背景にある理論，モデル構築と選択の理解も同時に学ぶことは，とても重要なことだ．

　Rが使えるようになっても，統計学の理論は初心者が独学で学ぶにはハードルが高い．たとえば，初歩の事例として出てくるベルヌーイ試行（コイントスの表と裏の出方，袋から取出す赤玉と白玉の出方）は確率が絡むので，よほど確率論が得意な人でない限りは，初心者はひと苦労するだろう．ましてや，確率分布としての正規分布などは見るからに複雑な数式だし，確率密度関数や累積分布関数などは体系立てて教わらないと，独学では修得の効率が非常に悪く，統計学嫌いをたくさん生み出す結果となるだろう．便利なRを使うことと，統計学を理解してRを使えるように修得することとは，おそらく別の次元の問題なのだと思われる．

　しかし，この両方を初学者向けにわかりやすく解説した教科書があれば，統計学の初歩を体系立てて修得することができ，最初の基礎を固めれば，後は，使う用途によって，いろいろな関数をインターネットで探してきたり，より高度な統計学へと歩みを進めることができる．本書"Rで学ぶ統計学入門"は，高校でのクラブ活動やスーパーサイエンスハイスクール（SSH）で学会のポスター発表する高校生とそれを指導する理科教師，大学教養課程や専門学科で統計学を学ぶ学生を対象としている．統計学専門の研究者を養成することは考えていないので，そういう読者には，巻末の少しレベルの高い文献を勧める．

(3) 日本の高校生や大学生は統計学を体系だって学ぶ機会が乏しい

　筆者は，東京大学教養学部の広域科学科・学際科学科で2〜3年生を対象に，"統計学"の講義とRを利用した"統計学実習"を15年近く教えてきた．第二著者の阿部真人はその受講生であり，嶋田の研究室に進んだ後は，動物の移動や個体間の相互作用と因果性に関わるデータ解析で博士の学位を取得した．現在は国立情報学研究所のポスドク（博士研究員）である．嶋田と阿部は，国際生物オリンピックの国内第二次選抜を合格した15名を対象に，5

年ほど前から生物統計を特訓してきた．その中で痛感したことがある．それは，日本の高校では，統計学を学ぶチャンスが"皆無に等しい"ということだ．

中等教育での現学習指導要領では，統計の単元は，高校の数学Ⅰで"データの分布"として，散らばり（ばらつき）や散布図，箱ひげ図，2変量の相関などの概念を学ぶ．また，数学Bでは，"簡単な確率分布"として二項分布と正規分布を学び，そこから"母集団と標本"の関係を学ぶ．最後は，標本の標準偏差などを使って，母集団のばらつきを推定するところで終わる．

しかし，これは本書を手に取ってもらえればすぐにわかるだろうが，この内容は第2章"母集団と標本"までの抜粋でしかない．これでは，統計学という城の手前に立って，おずおずと高い城門を仰ぎ見ている状態でしかない．本書のレベル程度を体系立てて学ばないと，"統計を理解してRを使える"という段階に達しているとはいえないだろう．

大学のカリキュラムでも同様である．理系の学生は，本来はデータ分析を経験するはずだから，全員必修にしてもしかるべきだと思われるが，一般教養の課程では少数の学生しか履修しない．入学したばかりの1年生にはデータ分析の重要性を理解できないだろう．しかも，多くは数理統計学専門の教員が教えるので，確率分布や確率変数などの説明に多くの時間を費やし，証明問題などが多い．その結果，統計学を受講しても，分散分析の計算法（"平均値間の差を調べるのに，なぜ分散を使うのか？"という根本的な理解）すら頭に定着していない学生が多い．専門学科での学生実験で初めてデータ分析の統計学を学ぶが，それとて，その実験テーマに特有の統計分析しか学ばない．——体系立てたデータ分析の統計学入門をどこで学べばよいのだろう？

(4) 本書の特徴：Rを使ってデータ分析の入門を体系立て学ぶ

本書の特徴は，一言でいえば，"Rを使ってデータ分析の入門を体系立てて学ぶ点"である．本書は数理統計学の専門家を養成するための教科書ではない．あくまでも，統計学の技法を使ってデータ分析する高校生や高校の理科教師，大学でのエンドユーザを育てるのが目的である．

よって，国内で広く高校や大学の授業で使ってもらえる教科書として，確率分布や確率変数を説明する数式はできるだけ少なく抑え，数学的な証明は脚注で引用文献を紹介するにとどめた．最初に記述統計学，つまり標本のデータの平均値とばらつき（分散）から説き明かして，徐々に検定と推定に関わる理論を学び，いくつかの検定法（t 検定，分散分析，回帰分析と相関）を修得する．そして，Rの普及とともに最近，頻繁に使われるようになった一般化線形モデル（GLM）を学び，最後にノンパラメトリック法のいくつかを学ぶ．本書が示すこれらの内容を体系立てて学ぶことで，統計学の基本は必ず身に付くはずである．さらに，本書を卒業した読者が次に進むべき教材として，少し上のレベルの文献やサイトを巻末にあげておいた．

本書は，高校や大学での統計学初心者からデータ分析や論文を執筆する大学院生などの中級レベル利用者まで幅広い読者層を対象にしている．そこで，中級の読者層向けの章や節には目次に ★ 印をつけて区別した．星なしは初心者レベル，★ は学部 4 年生〜修士レベル，★★ は博士院生〜研究者レベル（統計学以外の分野）に相当する．★ 印をつけた章や節を理解した読者は，レベルとしては日本統計学会公式認定 統計検定 2 級の内容も理解できるだろう．

また，Rで演習する本書の事例はすべて小標本（標本サイズが数十〜百程度）を対象としている．その理由は，一つは高校での科学部の実験や調査，大学での学生実験や卒業論文，修士課程で学会発表を初めて試みるレベルだと，標本サイズは小標本であることが多い点，もう一つは分野としては生態学，分類学，生理学，進化学，動物や人の行動学，認知心理学，薬学などの研究分野では，小標本が多い点である．もちろん，Rではもう少し大きなサイズの組込みデータセットも標準で用意されており，Rコンソールで `data()` の一覧を出して，適当なデータセットの名称を入力すれば自由に中身が出力されて使える．だが，基本的には本書で培った小標本の扱いでそのまま対応できるので心配ない．

本書のもう一つの特徴は，ごく少数の模式図などを除いて，ほとんどの図版をRで描画している点である．これは阿部がすべて清書図版の描画を担当した（阿部はRスクリプトの確認も担当）．Rはグラフの描画ソフトとし

ても優れており，投稿論文用の清書図版もすべてRで描ける．各章の図版を作成するためのスクリプトを東京化学同人ホームページ（http://www.tkd-pbl.com/）上に載せておいた．コピーペーストして自由に使えるので，ぜひ有効活用してもらいたい．もちろん，描画関数の各引数を適当にはしょって，それらをデフォルトにすると，図の見栄えは劣るが，それでも似たような図は得られる．両者を比較することで，各引数の意味が試行錯誤でわかるだろう．

なお，Rのガイド本としては，"The R Tips: データ解析環境Rの基本技・グラフィクス活用法（第3版）"（舟尾暢男 著，オーム社）を薦める．ただし，これは統計学入門の本ではないので注意してほしい．

宮下 直氏（東京大学大学院農学生命科学研究科）には第10章と第11章の原稿を，また粕谷英一氏（九州大学大学院理学研究院）には第10章〜第13章の原稿を下読みしていただき，多くの有効なコメントを頂戴した．深く感謝している．特に，粕谷氏からはGLMやノンパラメトリック法について，私たちの理解の至らない内容や文言，事例について詳細な指摘をいただき，大きく改善に役立った．もちろん，誤りの箇所や不適切な文言がまだ残っていれば，それは嶋田と阿部の責任である．

最後に，嶋田はけっこうな遅筆で，申し訳ないことに，東京化学同人の住田六連編集部長が毎月原稿を受取りついでに発破をかけに来られた．これがペースメーカーとなってようやく脱稿し，たいへん感謝している．また，編集部の井野未央子さんには，これまでの東京化学同人から刊行したいくつかの教科書同様に，厳しくも慈悲深い見守りと本編集のすべてのプロセスでお世話になった．ここに厚く御礼申し上げたい．

2017年1月

嶋 田 正 和

目 次*

 R とは何か 1

1. 統計学を学ぶ大切さ 3
 1・1 TV 番組で流れる"実験"の怪しさ 3
 1・2 平均とばらつきの両方が重要：記述統計量 5
 1・3 統計学を学ぶ大切さ：推定・検定・予測 7

2. 母集団と標本 9
 2・1 母集団と標本の関係 9
 2・2 標本の性質 13
 2・3 R を使って計算してみよう 23

3. 大数の法則，正規分布，中心極限定理 25
 3・1 大数の法則：ベルヌーイ試行と真の値への収束 ★ 25
 3・2 正 規 分 布 29
 3・3 中心極限定理 ★ 33

4. 推 定 と 誤 差 36
 4・1 標準誤差とは 36
 4・2 正規分布と t 分布 ★ 40
 4・3 95％信頼区間と 1 標本の t 検定 41
 4・4 t 値と両側検定 45

---

 * 難易度を星印で示した．星なしは初学者レベル，★ は学部 4 年生〜修士レベル，
  ★★ は博士院生〜研究者レベル（統計学以外の分野）に相当する．

5. 2標本の平均値間の有意差検定：t検定 ………………………………… 47
- 5・1 2標本の平均値間の"有意な差"とは？ ……………………………… 47
- 5・2 帰無仮説と対立仮説："第1種の過誤"と"第2種の過誤" ……………… 49
- 5・3 帰無仮説検定：t検定の概念と計算法 ………………………………… 51
- 5・4 t検定の考え方とRを使った計算 ……………………………………… 52
- 5・5 t検定のいくつかの事例 ………………………………………………… 57
- 5・6 検出力を高めるもう一つの方法：対応のあるt検定 …………………… 61
- 5・7 二つの標本が等分散でないときの有意差検定：ウェルチの検定 ★ … 65

6. 一元配置の分散分析と多重比較 …………………………………………… 71
- 6・1 t検定を繰返すのは誤り！ ……………………………………………… 71
- 6・2 一元配置分散分析（1-way ANOVA）の原理 ………………………… 72
- 6・3 Rを使ったANOVAの事例 …………………………………………… 77
- 6・4 多重比較とは ……………………………………………………………… 85
  - 6・4・1 多重比較法(1)：チューキーとクレーマーの方法 ★★ ………… 87
  - 6・4・2 多重比較法(2)：ダネットの方法 ★★ ……………………………… 90
  - 6・4・3 シーケンシャル・ボンフェローニの方法（ホルムの方法）★★ … 92

7. 多元配置の分散分析と交互作用 …………………………………………… 96
- 7・1 多元配置の分散分析の必要性 …………………………………………… 97
- 7・2 具体的な事例で交互作用を検出してみよう …………………………… 98
- 7・3 二元分散分析の原理と計算法 …………………………………………… 101
- 7・4 線形混合モデル：固定要因とランダム変量要因を取込む ★ ………… 107

8. 相　　関 ……………………………………………………………………… 114

9. 回　　帰 ……………………………………………………………………… 122
- 9・1 線形回帰と最小二乗法 …………………………………………………… 123
- 9・2 回帰直線の残差分散と標準誤差 ………………………………………… 125
- 9・3 直線回帰の有意性検定の原理 ★ ………………………………………… 130
- 9・4 決定係数 r^2 ……………………………………………………………… 132
- 9・5 直線回帰の事例 …………………………………………………………… 133
- 9・6 回帰直線の95％信頼区間と95％予測区間 ★ ………………………… 136

10. 一般化線形モデル（GLM） ……… 140
- 10・1 応答変数，説明変数，線形予測子 ……… 141
- 10・2 ロジスティック回帰の考え方 ……… 141
- 10・3 ポアソン回帰の考え方 ……… 143
- 10・4 ロジスティック回帰の例 ……… 146
- 10・5 ポアソン回帰の例 ……… 149
- 10・6 尤度とは何か？ ★ ……… 152
- 10・7 赤池の情報量基準（AIC）★ ……… 155
- 10・8 逸脱度，残差逸脱度，最大逸脱度 ★★ ……… 157
- 10・9 二つ以上の説明変数をもつときのモデル選択: ロジスティック回帰を事例に ……… 161
- 10・10 GLM におけるオフセットの利用 ……… 164

11. 一般化線形混合モデル（GLMM）と過分散対応 ……… 168
- 11・1 ブロック構造をもつ仮想のデータセット: 一般化線形混合モデルの練習 ……… 169
- 11・2 ブロック構造をもつロジスティック回帰で GLMM を練習 ……… 173
- 11・3 ブロック構造をもつ GLMM のロジスティック回帰モデル ★ ……… 177
- 11・4 過分散とは？ ★ ……… 182
- 11・5 負の二項分布とそれを利用した事例の分析 ★★ ……… 184
- 11・6 GLM と GLMM の終わりに ……… 194

12. ノンパラメトリック検定（1）：観測度数の利用 ……… 198
- 12・1 二項検定 ……… 200
- 12・2 χ^2 適合度検定 ……… 202
- 12・3 X^2 値を使ったモンテカルロシミュレーション：正確 χ^2 検定 ★ ……… 207
- 12・4 χ^2 独立性検定 ……… 209
- 12・5 χ^2 独立性検定 vs. 分割表の対数尤度比検定（G 検定）：その比較 ……… 212
- 12・6 フィッシャーの正確確率法 ★ ……… 213
- 12・7 フィッシャーの正確確率法を利用したオッズ比 ★★ ……… 218

13. ノンパラメトリック検定(2): 順位の利用 …………………………… 221
- 13・1 2標本の位置母数の検定(1):
  ウィルコクソンの順位和検定とマン・ウィットニーの U 検定 …… 221
- 13・2 2標本の位置母数の検定(2):
  フリグナー・ポリセロ検定とブルネル・ムンツェル検定 ★★ …… 228
- 13・3 三つの標本の順位和の検定: クラスカル・ウォリスの順位和検定 …… 231
- 13・4 ノンパラメトリックな多重比較法:
  ネメニィ・ダン検定とスチール・ドワス検定 ★★ …… 236
- 13・5 2変量の順位を使った相関: スピアマンの順位相関 ……………… 238

14. ベイズ統計の基礎 ……………………………………………………… 247
- 14・1 頻度主義統計とベイズ統計 …………………………………………… 247
- 14・2 MCMC(マルコフ連鎖モンテカルロ法) ★ ……………………… 251
- 14・3 ベイズ統計の実例 ★ ………………………………………………… 253

付録A F 分布と χ^2 分布の関係 ……………………………………… 257
付録B 演習問題の解答 ……………………………………………………… 262
付録C 参考図書 ……………………………………………………………… 274
付録D Rで使用する関数 …………………………………………………… 277
索 引 ………………………………………………………………………… 279

コラム2・1 箱ひげ図 ………………………………………………………	16
コラム2・2 平方和の計算方法 ……………………………………………	18
コラム2・3 不偏分散はなぜ平方和を $n-1$ で割るか？ ………………	20
コラム2・4 自由度とは ………………………………………………………	22
コラム3・1 中心極限定理のシミュレーション …………………………	35
コラム5・1 $P<0.05$ であれば万々歳？ …………………………………	69
コラム8・1 相関関係と因果関係の違い …………………………………	120
コラム9・1 最小二乗法による回帰直線の b と a を求める正規方程式 ………	126
コラム11・1 負の二項分布とは何か？ ……………………………………	195

Rとは何か

Rは統計分析と図の描画のためのソフトウェアである．これだけだとExcelなどと変わらないかもしれないが，大事なことは，このRはフリーウェア（無料のソフトウェア）なのである．さらに，Rはオープンソースといって，世界の統計の専門家が多様な統計関数やライブラリを開発して，それを時々刻々とアップし続けてくれる特徴がある．そのため，日進月歩で進化するソフトウェアであるといえよう．Rは世界中の高度な統計の技術をもった専門家がさまざまな関数やライブラリを開発して，CRANが同じシステムとして，世界中の国々で使えるようにしている．

Rは世界中のCRANミラーサイトから提供される．CRANは"Comprehensive R Archive Network"の略であり，"ミラーサイト"とはまったく同じ内容のシステム（英語で書かれている）を提供するサイトという意味である．そこで，検索ソフトで"CRAN"と入力すると，以下のようなページに行き着く．

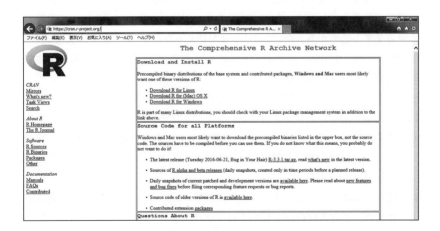

左上のCRAN Mirrorsをクリックすると，国ごとのミラーサイトの一覧が表示される．どこのミラーサイトからでもかまわないが，日本のミラーサイトからダウンロードしてみよう．言語はすべて英語だが，書いてある内容はわかりやすい．

■ **Rのダウンロードとインストール**
(1) CRANのミラーサイトから，PCの機種に応じて（Windows/Mac/Linuxを選別）ダウンロードする．Windowsでは初めてインストールする場合には指示が出ている．MacではダイレクトにRのファイル名（下線付き）だけが出ているので注意．
(2) ダウンロードしたら，インストール・ウィザードに従ってインストール（言語はJapaneseを指定）したのち，Rを起動する．
(3) もしJapanese指定で文字化けしている場合は，メニューの"編集"→"GUIプリファレンス"の画面に入って，日本語フォントを指定して終了すれば，次回にRを立ち上げたときに文字化けが解消されている．
(4) なお，RjpWikiのサイト（Rに関する情報交換，Rの専門家が作成した関数などを書き込んだり，初心者の質問に対応するQ&Aなど：日本語のサイト）は以下である．
http://www.okada.jp.org/RWiki/?RjpWiki

Rのロゴ

Rで統計学を学ぶ利点

　Rの関数は，データさえ与えれば1行のコマンドで高度な解析を実行してくれるので，原理を理解したうえで使うぶんにはたいへん有用であり，教育的である．まだRが使えなかった1980年頃，初めてデータ分析の統計学を学び始めた人たちは，演習問題の結果を導き出すときに，統計のキーが付いた関数電卓を使って時間のかかる計算をする必要があった．しかし，Rを使える今日では，データさえ与えれば，1行の関数を指示すると，たちどころに結果が出てくる．途中の統計量を確認するための検算をするときもRはたいへん便利である．

　さらにありがたいのは，グラフィクス（図の描画）である．散布図や頻度分布や，要因配置計画の図など，データのパターンをグラフで描画することで，一瞬にして全体像を把握することができる．本書に載っているRで描画したすべてのグラフのスクリプトは東京化学同人HP（http://www.tkd-pbl.com/）の本書の紹介ページからダウンロードできる．

　Rは研究の現場でもちろん役立つし，統計学の教育の現場でも大いに有効活用できる．Rを使える今の時代は幸せである．ぜひ，本書"Rで学ぶ統計学入門"で統計学を勉強して頂きたい．

1

統計学を学ぶ大切さ

　私たちが調査や実験をするときは，いつも限りある労力や時間，費用の中で行わざるをえない．そのためデータは少なくなりがちであるが，実は少ないデータで全体の傾向を推し量ることには危険がつきものである．統計学は，少ないデータ，一部のデータで全体の傾向を正しく，適切に推論するための学問である．しかし，巷では必ずしもそれが統計学的に適切に行われていないことが多々ある．最初に，不適切な例，間違った結論を導き出す危険性をはらんだ例などを見てみよう．

1・1　TV番組で流れる"実験"の怪しさ

(1) 大笑いによる免疫力アップ効果？

　最近，TV番組で"免疫力をアップするには？"と題して，大笑いすることが免疫力を高めるという内容が放映されていた．お笑い芸人Kを被験者として大笑いの免疫力アップ効果を実験するもので，この大笑いの効果はある呼吸法に裏打ちされているらしい．まず，あらかじめ芸人Kの免疫力を血液中のNK（ナチュラルキラー）細胞の活性で測定しておく（NK細胞の活性が高いほど，免疫力が高いことを意味する）．その後，一定時間を大笑いに笑いこけて，その後，再び血液検査するというシンプルなビフォー/アフターの比較実験である．実験の結果，笑う前の芸人Kの血液では，NK細胞の活性は41だった．大笑いした後では，NK細胞の活性は3だけ上昇し44になっていた．このデータに基づくTV番組の結論は，"大笑いすると，わずかながらも免疫力の活性が上がった"というものである．

　この実験結果の結論は妥当だろうか？——少し考えてみると，いくつか疑問が見えてくる．

① 芸人KのNK細胞の活性は，日々あるいは1日の間にどの程度変動するのだろうか？（番組ではそのデータは与えられていなかった．）比較実験の差は3であったが，これは本当に大笑いで得られた差なのだろうか？日常でもその程度の変化はふつうに生じてはいないのだろうか？

② 芸人Kだけでなく，他の被験者であっても，大笑いすることでNK細胞の活性は上がる結果が得られるのだろうか？

まず，①の可能性として，仮に芸人KのNK細胞の活性が日々あるいは1日の中で，何もしていなくても37〜45程度はふつうに変動しているとしたら，41から44の上昇は大笑いの効果ではなくたまたま生理的に偶然に変動した可能性がある．一方，日々の変動が40.5〜41.5程度だったならば，+3という上昇はふだんはほとんど起こらない大きな上昇であり，大笑いの効果である可能性が高い．この例の教訓は，ふだんの変動（ばらつき）を考慮したうえで+3という数字を考えないと，結論が真逆になってしまうことである．②としては，芸人Kの結果が他の人に当てはまるのだろうか？人には遺伝的または環境的な要因などによって個人差が必ずある．そのため"大笑いすると，免疫力がアップする"という命題が他の人に当てはまるかは不明である．

このような疑問を考えずに実験の結果にもとづく安易な判断を下すと，誤った結論を導くことになりかねない．統計学とは，このような事例に対し，定量的に判断を下すための道具だと思ってもらえればよい．

(2) 牛乳を飲んでおくと悪酔いしない？

もう一つ，最近TVで放映された日常の健康に関する"実験"を紹介しよう．悪酔い防止策として牛乳を飲んでおくのが効果的との話題だったので，時期は忘年会のシーズンである．年齢と体格の似ている被験者の男性3人を集めて，事前に3種類の異なる処置を依頼していた．

1番目の人には何も食べずに日本酒を飲んでもらう．
2番目の人にはあらかじめ水を飲んでもらい，それから日本酒を飲んでもらう．
3番目の人にはあらかじめ牛乳を飲んでもらい，それから日本酒を飲んでもらう．

酔っぱらいの程度はお酒を飲んでから3時間後の血中アセトアルデヒド濃度を測定することで比較していた．さて結果は，何も飲まずにお酒だけ飲んだ1番目の被験者で血中アセトアルデヒド濃度が最も高く，ついで水だけ飲んでからお酒を飲んだ2番目の数値がやや低く，あらかじめ牛乳を飲んでいた3番目の数値はさらに低かっ

た．この結果から番組では，牛乳には悪酔い防止の効果があると結論づけていた．ここでいくつか疑問が生じる．

① アルコール分解代謝力は個人差が大きい．年齢，体格，性別をそろえてはいるが，牛乳の効果ではなく，個人差による可能性があるのではないか？ この被験者3名すべてに3種類の処置を別々の日に受けてもらい，被験者個々人ごとに3種類の処置を比較した方がよいのではないか？
② たった3人だけの結果から，他の人にも当てはまる結論が導けるのか？ 上記①の処置を，もっと多くの被験者で施行した方がよいのではないか？
③ 番組では牛乳の効能を述べていたが，空きっ腹で飲酒するのがよくないのであれば，液体の牛乳よりもご飯などの固形物を摂取する方が防止策としてはさらに効果があるのではないか？

①は，個人差というばらつきによっても同様の結果が得られる可能性を指摘している．②は，たまたま牛乳によって効果が得られやすい被験者に実験をしたかもしれない．③は牛乳に効果があった場合に，牛乳のどのような要素が効くのかということに対し深い理解を与える実験を考えさせる．このような身近な事例にも，統計学は適切な結論やさらなる実験や調査のデザインを与えてくれる．

1・2 平均とばらつきの両方が重要: 記述統計量

次に，データを比較するときの重要なことを説明したい．小学生の男子と女子の身長を比較することにしよう．目標は，ある小学校のデータだけから，全国の小学校の"男子と女子の身長に差があるかどうか"を知ることである．

この小学校4年1組の身長を調査した結果，図1・1のような男女15名ずつのデータセットが得られたとする．全体として身長は男女ともに大きくばらついているが（図1・1a），平均身長は男子＝134.3 cm，女子＝132.8 cmだった．差は1.5 cmであるが，この1.5 cmの差をもって，"全国の小学4年生の男子の平均身長は女子より高い"と結論を下してよいだろうか？

また，この小学校の6年1組を調査し，平均値を計算してみたところ，男子＝144.6 cm，女子＝147.1 cmであった（図1・1b）．この場合，平均値の差は2.5 cmあるわけだが，これで"全国の小学6年生の女子の平均身長は男子より高い"とみなしてよいだろうか？

実は全国平均のデータは文部科学省による全数調査によって得られており（通常の実験や調査ではこれは難しい），平成25年度の小学4年生の全国平均は男子女子ともに133.6 cmで差がなく，一方，小学6年生は男子＝145.0 cm，女子＝146.8 cmで女子の方が高い．ということは4年1組のデータからは，全国平均に差はない，

(a) 4年1組の身長		(b) 6年1組の身長	
男	女	男	女
129.6	128.5	138.4	142.3
130.5	128.9	138.9	142.4
130.6	129.2	142.8	143.4
131.1	131.5	143.2	144
131.5	131.7	144	144.3
132	132.1	144.1	145.6
133.5	132.1	144.4	145.9
133.9	132.2	144.6	147.7
135.2	133	144.8	147.9
135.3	133.4	145.8	148.6
135.4	133.8	146.2	149.2
136.7	134	146.7	149.7
138.7	135.2	147	151.6
139.3	137.8	148.6	151.9
141.2	138.6	149.5	152
平均 134.3	平均 132.8	平均 144.6	平均 147.1

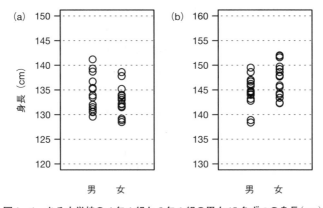

図1・1　ある小学校の4年1組と6年1組の男女15名ずつの身長(cm)

6年1組のデータからは全国平均において女子の方が男子より身長が高い，と結論づけるのが正しい判断である．

注目してほしい点は，小学4年生の全国平均には差がないにもかかわらず，この小学校の15人だけ比較すると平均値に差が生じていたことである．つまり1.5の差は，たまたまその男子15人の中に身長の高い生徒が選ばれ，女子15人の中に身長の低い女子が選ばれたことによる，ばらつきによって生じた差であることがわかる．一方，小学校6年の身長の差2.5は，偶然のばらつきだけでなく女子の方が高いという効果が入っていると思われる．では，いったい平均値の差がどの程度あれば，差があるとみなせるのだろうか？そのためには，平均値ではなく，データのばらつきの度合い(＝分散)に注目し，今みられている平均値の差が偶然のばらつきからどの程度起こりうるのかを検証することで，少数のデータから全体の傾向を推し量る．統計的検定法は，基本的にこの二つの記述統計量(平均，ばらつき＝分散)から成り立つ．第2章では，この代表的な二つの記述統計量を詳しく説明する．

1・3　統計学を学ぶ大切さ：推定・検定・予測

この章では，データ分析の基盤となる統計学を学ぶことの大切さをまず強調してきた．統計学の手法はおおまかには推定，検定，予測の三つに分けられる．

1) **推　定**：平均，分散(ばらつき)，95%信頼区間など，手持ちのデータセット(標本 sample とよぶ)をもとに，母集団(population)の基本統計量を定量的に推測する．本書では第2章"母集団と標本"と，第3章"大数の法則，正規分布，中心極限定理"，第4章"推定と誤差"，第14章"ベイズ統計の基礎"などがこれに相当する内容である．

2) **検　定**：平均値などに差があるか否かをテストし判断する．第5章"2標本の平均値間の有意差検定：t検定"，第6章"一元配置の分散分析と多重比較"，第7章"多元配置の分散分析と交互作用"，第12章"ノンパラメトリック検定(1)：観測度数の利用"などがこれに相当する．

3) **予　測**：座標表面で，X軸とY軸の二つのデータセットからその間の関係性を定量化したり，最ももっともらしい関数を求め，そこからX軸の値からY軸の最適な予測値を決める．第8章"相関"，第9章"回帰"，第10章"一般化線形モデル(GLM)"，第11章"一般化線形混合モデル(GLMM)と過分散対応"，第13章"ノンパラメトリック検定(2)：順位の利用"などがこれに相当する．

もちろん，この三つは相互に連携し入り混じっている．たとえば，回帰分析の線形モデルは，分散分析と同一の統計解析となる．つまり，X軸からY軸を予測すると同時にX軸の要因がどの程度有意な効果をもつかを検定する．これは以下のような右辺の説明変数の関数から，左辺の応答変数の予測を得る図式にまとめられる．

$$応答変数の予測 \leftarrow 関数f(説明変数 + 誤差)$$

これが統計モデルの一般的形式であり，本書の全体に通用するので念頭に置いてもらいたい．

2

母集団と標本

　統計学の最初の第一歩は，データを集めるところから始まる．データ収集は，必ずしも自分で被験者を集めて実験してデータを取得するだけにとどまらない．最近は，全国規模，世界規模で運営されているサイトでは，誰でもそこにある公開されたデータセットにアクセスできる．教育学者や社会科学者，自然科学者は，文部科学省や厚生労働省，国連のさまざまな部門，国際的な学会連合などのさまざまなサイトに入って，このような公開データセットを利用してデータ解析し，論文を書ける時代となった．

　もちろん，個人や少人数の研究者が調査や実験のデザインを練り，被験者を集めたり，あるいは，自然界の多様な環境条件に応じて調査をしてデータ解析を進める伝統的な手法をとっている研究者はずっと多いだろう．

　この章では，母集団と標本という重要な概念を説明する．母集団から正しく標本を抽出するのは，意外と間違いやすいので，しっかり理解してほしい．

2・1　母集団と標本の関係

　図2・1は母集団と標本の関係を示している．**母集団**（population）は，調査対象となる数値や属性などを共有する集合全体をさす．日本の18歳男子の身長とか，ヨーロッパ人の各血液型の比率など，その属性によって規定される総体であり，この世に一つだけ存在する．一方，**標本**（sample）は母集団と共通の属性をもち，母集団の真部分集合として母集団の推定のために設けられたデータの小さな集合である．母集団の対象はときには数千万，数億以上もの大きさになる場合もあるので，

経費や労力の理由で，ずっと少ないデータ数を調査の対象とする．標本は一つだけ抽出することもあるが，母集団からいくつも抽出することもまた可能である．そして，統計学の目的の一つは，標本から母集団の性質を明らかにすることである．特に，知りたい性質として，母集団の代表的な値を示す平均値 μ（**母平均**）や，母集団のデータのばらつき度合いを示す分散 σ^2（**母分散**）がある．多くの場合，これらの値は，母集団に含まれるすべてのデータを調べることをしない限りは，ふつうは未知である．そこで，標本を母集団の一部として抽出し，その標本の個々のデータをもとに母集団の性質を推定するのである．

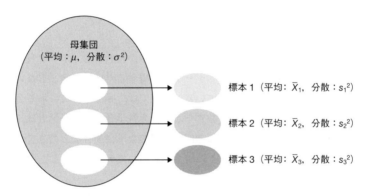

図2・1 母集団と標本の関係 標本が三つ抽出されており，それぞれ平均値と分散をもつ．

データとは実験や調査などで取得した個々の値である．"標本の大きさ"とは一つの標本に含まれる"データの数"をさし，**標本サイズ**あるいは**サンプルサイズ**ともよばれる．データをスコアとよぶこともあるが，統計量である t 値や F 値（第5章，第6章参照）なども t スコア，F スコアとよばれるので，混乱を避けるため，この本ではデータで統一する．一方，**標本数**（サンプル数）は母集団から抽出する"標本の数"である．

母集団と標本の関係を説明するために，最初に具体的な事例から入ることにしたい．まず第1章で紹介した全国小学6年生の身長データを見てみよう．第1章で，ある小学校Pの6年生では男子 144.6 cm，女子=146.1 cm で，女子の方が平均的に高い事例をあげた．これを背景に，母集団と標本の関係を説明する．

いま調査の対象となる命題として，次のようなものを考える．

2・1 母集団と標本の関係

"日本の小学6年生(11歳)は,女子の方が男子よりも平均して身長が高い"このとき,母集団は"日本の小学6年生"であり,属性として"性別(男女)"を考慮することになる.文部科学省は小学6年生の身長を,全国津々浦々余すところなく個々の生徒を調べ上げており,この調査によって得られた傾向が,男子＝全国平均 145.0 cm,女子＝全国平均 146.8 cm である.この調査は**全数調査**であり,11歳の小学校男子・女子でそれぞれ55万人ほどにもなる大集団のデータである.

しかし,全数調査のデータはきわめてまれである.中央の行政府だから全国の都道府県に号令をかけてデータを集めることができるが,仮に個人の研究者がこれと同じ調査を実施しようとすると,限られた労力,時間や経費を考えれば,対象となる児童をすべて調べ上げることは到底無理である.実際の事例では,想定された母集団性質(母集団の統計量あるいはパラメータとよぶ:平均やばらつきの指標の標準偏差など)は未知の場合がほとんどである.

では,もし文部科学省の全数調査データが使えないときに,個人として研究する私たちはどのようにこの命題を調査したらよいだろうか？——適切な標本を設定して,その被験者のデータをもって,母集団の命題の真偽を判定するのである.

仮に私たちの自治体に出かけて,市内の小学校の6年生の身長データが得られたとして,これを標本としたとしよう.これは簡便なやり方で,労力や経費をかけずに効率良くデータを集められるし,母集団と標本の重要な共通性を備えている.そして,この市内の小学6年生の男女の身長データから,この命題をしかるべき検定法を使って検定し,結論を導くことになる.

ただ,厳密なことを言えば,一つの自治体は全国の典型ではない.地方に比べて都会の小学校の方が中学受験に挑戦する児童が多い傾向があれば,塾通いなどでスポーツや屋外での体を使った遊びは少ないかもしれない.小学校高学年でのスポーツや遊びは骨格や関節の発達を促し,身長の増加につながる可能性はあるかもしれない.だとしたら,ある自治体に限ったデータでは,バイアス(傾向ある差異)が含まれることも念頭に置いておく必要はあるだろう.

このように,標本抽出を厳密に実施するとなるとけっこう難しい."日本全国小学6年生(11歳)""性別(男女)"の属性以外は,個々の被験者はすべて期待値にあらかじめ偏りが生じるような集め方をしてはいけない,つまり決められた条件以外は**無作為抽出**(乱数などを使って母集団からランダムに被験者や対象を選ぶやり

方）をする必要がある．乱数*とは，出現する値に規則性のない数の列のことをいう．たとえば，北海道から沖縄まで，無作為で出した乱数（コンピュータが簡単に出してくれる）に従っていくつかの都道府県を選び，その自治体（市町村）をさらに乱数で選び出し，その教育委員会が公開している小学校の男女別の身長データの収集をあちこちに依頼することなどが考えられる．さきほどの一つの自治体に比べると，ずっと無作為化が進んだといえる．このようにして**標本の無作為抽出**を進める．

一方，母集団が理論上は想定されても，それが抽象的で把握しづらいことも想定される．たとえば，下記の生態学的な命題を調査することを考えてみよう．

"広葉の落葉樹は針葉樹に比べて葉の蒸散速度が高い"

この場合，母集団はどのように設定したらよいだろうか．

- 広葉の落葉樹や針葉樹として，どのような樹種を選定すればよいのか？
- 季節はいつがよいのか？ 春夏秋冬の任意でかまわないのか？
- 調査地域を限定しておく必要はあるのか？ 東北地方がよいのか，西日本がよいのか？
- 樹齢はどの程度に設定するのか？ 大木か，若い樹か？

このように考えてくると，この命題は科学的に母集団を定義するには任意性が大きすぎる印象をもつかもしれない．しかし，"秋田県の標高1000 mの山地で，7月中旬～下旬に，15 mの胸高直径70 cm相当のブナとマツを使って1週間にわたって毎日蒸散速度を測定したとき"というような詳細なただし書きをつけた母集団では，逆に，一般化しにくくなる．つまり，**母集団の属性を絞りすぎると命題の一般性が失われる**という**トレードオフ**（一方を追求すると，他方は犠牲にせざるをえない関係のこと）に注意する必要がある．

このように，母集団の具体的な条件設定と検証すべき命題の一般性とはトレードオフにあり，両方をちょうどバランスよく設定することが肝要である．上記の事例では，母集団の命題をゆるく広く設けておき，標本の方を具体的な設定にして，多様な樹種や幅広い木の年齢，いくつかの地方や複数の季節を設けて，両者を比較する調査デザインが適切だろう．

---

* 出現する乱数がある分布の特徴をもつときには，一様乱数や正規乱数などの分布の種類でよぶ．コンピュータがつくる乱数は，完全な乱数ではなく周期が生じるので疑似乱数とよばれるが，最近の急速な能力向上によって，周期がきわめて長い乱数列をつくれるようになった．

2・2 標本の性質

簡単なデータセット（個々のデータの集合）である図2・2を見てみよう．これは仮想のデータの頻度分布（ヒストグラム；各階級に含まれるデータ数の頻度を示す）である．ここで各データを把握するときに，少なくとも以下の2点が必要である．

1) データの分布の位置はどのような値にあるのだろうか？ 標本Aも標本Bも5の辺りを中心に分布している．
2) データの分布はどの程度ばらついているのか？ 標本Aは5の周辺にばらつきが少なくそろって分布しているが，標本BはAに比べてずっとばらついている．

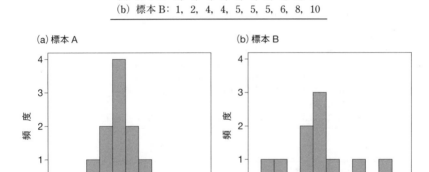

図2・2　仮想の二つの標本AとBの頻度分布

もう一つの事例は図2・3で，二つの小学校の6年生男子の体重を示している．ちなみに文部科学省平成25年度学校保健統計調査によると，小学6年生（11歳）男子の体重は全国平均=38.3 kgであることを念頭に置いておこう．この男子生徒の体重を把握するときにも，同じように次の2点の把握が必要である．

3) データの分布の位置はどのような値にあるのだろうか？ 図2・3(a)を見ると

38 kg の辺りを中心に分布している．さらに，両校の 6 年 1 組の男子の体重は，全国平均 38.3 kg と比べて大きいのか小さいのか？

4) 生徒たちの体重は（どの程度）ばらついているのか？ たとえば，35～40 kg の間にだいたいそろっているのか？ あるいは，やせた生徒もいれば肥満の生徒もいて，かなりばらついているのか？

(a) 小学校 A の 6 年生男子 70 人の体重一覧

43.3,	43.1,	42.6,	42.4,	42.2,	41.8,	41.7,	41.6,	41.5,	41.4,
40.8,	40.6,	40.5,	40.4,	40.4,	40.3,	40.2,	39.9,	39.9,	39.8,
39.7,	39.6,	39.6,	39.5,	39.4,	39.3,	38.9,	38.9,	38.8,	38.8,
38.7,	38.7,	38.6,	38.6,	**38.5,**	**38.4,**	38.3,	38.2,	38.1,	38.1,
37.6,	37.4,	37.1,	37.8,	37.6,	37.5,	37.4,	37.3,	37.2,	37.1,
37.1,	36.6,	36.5,	36.5,	36.4,	36.3,	36.2,	36.1,	35.4,	35.3,
35.2,	35.1,	35.1,	34.7,	34.3,	34.2,	33.2,	33.1,	32.7,	31.5

平均 = 38.24 kg
標準偏差 = 2.59

(b) 小学校 B の 6 年生男子 70 人の体重一覧

47.3,	46.1,	45.6,	45.1,	44.5,	44.4,	43.7,	42.6,	42.5,	42.5,
41.4,	41.8,	41.6,	41.5,	40.7,	40.5,	40.4,	40.3,	40.1,	40.1,
39.9,	39.8,	39.7,	39.6,	39.6,	39.5,	39.4,	38.9,	38.8,	38.8,
38.7,	38.7,	38.6,	38.4,	**38.2,**	**38.1,**	38.1,	37.8,	37.7,	37.5,
37.5,	37.4,	37.3,	37.3,	37.1,	36.8,	36.8,	36.7,	36.6,	36.4,
36.2,	35.4,	35.4,	35.4,	35.3,	35.2,	34.9,	34.8,	34.7,	34.7,
33.9,	33.8,	33.7,	33.3,	33.1,	32.8,	32.5,	32.1,	31.7,	29.5

平均 = 38.24 kg
標準偏差 = 3.68

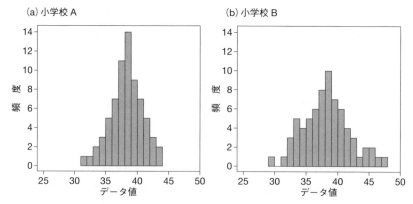

図 2・3 二つの小学校の 6 年生男子生徒（70 人ずつ）の体重データと頻度分布　表のデータは両校とも降順で並べてあり，太字下線の二つのデータの平均が中央値（メジアン）を示す．

2・2・1 中心や位置を表す指標

標本の中心を表す尺度としてよく使われるのは平均値，中央値，最頻度の三つである．

a. 平 均 値（mean ミーン，average アベレイジ）

平均は最もよく知られており，そして中心を表すには最も有効な尺度である．平均値はデータの合計をデータ個数で割ったもので，以下の(2・1)式で計算する．

$$\bar{X} = \frac{1}{n} \sum_{i=1}^{n} X_i \qquad (2・1)$$

ここで，$\bar{X}$は平均値，Xは個々のデータ値，nはデータの総数である．Σは総和を表す演算記号であり，添え字iによって，総和する範囲を"$i=1$からnまで足す"のように示す．

図2・2の標本AもBも平均値を計算すると5である．では，図2・3の男子の体重の平均値を計算してみよう．このとき，学校名AとBを平均の添え字に付すとわかりやすい．$n=70$として，小学校Aと小学校Bの体重の平均値はそれぞれ以下となる．

$$\bar{X}_A = \frac{(43.3+43.1+\cdots+32.7+31.5)}{70} = 38.24$$

$$\bar{X}_B = \frac{(47.3+46.1+\cdots+31.7+29.5)}{70} = 38.24$$

b. 中 央 値（median メジアン）

中央値とは，データを大きい方から小さい方へと順番に並べたときに，ちょうど中央にくる値である．データ総数が奇数ならば中央にくるデータが中央値であり，偶数ならば中央にくる二つのデータの平均が中央値である．たとえば図2・2の標本AとBの中央値は，データ総数が10で，中央値は標本AもBも5である．図2・3も同様に，データ総数が両校とも70なので，中央の二つのデータの平均が中央値となる．A校は38.45 kgとなり，B校は38.15 kgとなる．

c. 最 頻 値（mode モード）

最頻値とは分布の中で最も出現する度合いの高いデータ値のことである．たとえば図2・2の標本は，AもBも最頻値が5となっている．図2・3の体重の頻度分布では，最頻値は小学校AもBも38 kg以上39 kg未満の階級である．

では，この三つの尺度のなかで中心を表す指標としては，どれが最もよいだろうか？　多くの場合で平均は有効かつ有益な分布を位置づける尺度であると認識され，広く用いられている．母集団の平均値と標本の平均値を区別するときには，母集団平均は一般にギリシャ文字の μ（ミュー）で表し，これを推定するための標本平均を $\bar{X}$ で表す．中央値も箱ひげ図（コラム 2・1 を参照）を利用してデータセットの全体像を示すときにはよく使われる．

コラム 2・1　箱 ひ げ 図

　データをプロットする方法の一つに，箱ひげ図がある（図 2・4）．通常の平均値±エラーバー（p.39 参照）といったプロットの方法とは異なり，データがどのように分布しているかを詳細に示すことができ，特に外れ値にも対応しているという特徴がある．読み取り方は以下のとおりである．箱の上端と下端が，それぞれデータを大きい順に並べたときの 25％，75％の位置にくるデータ（上側四分位値，下側四分位値という）を表し，箱内部の太い実線が中央値を表す．箱の上端から箱の高さ（＝上側四分位値－下側四分位値）×1.5 の範囲にある最大値をひげとして描く．それよりも大きい値を上側外れ値として点をプロットする．下側も同様である．

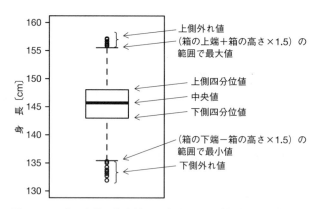

図 2・4　P 市の小学 6 年生男子の身長データ（全数 2000 人）の箱ひげ図．平均＝145.5 cm，標準偏差＝4.0 で正規乱数 **rnorm( )** 関数から発生させたもの．

2・2・2 ばらつき（変動）を表す指標

各データのばらつき（＝変動 variation. 日本語の"変動"は時間的変動を意味することが多いので，この本では"ばらつき"とよぶ）を表す尺度もまた，データの集合の特性を把握するときに必要である．標本のばらつきや変動を表す尺度としては，平方和，標本分散，標準偏差の三つが使われる．

a．平方和（sum of squares） データ値すべてを用いてばらつきの大きさを表す有効な方法の一つは，各データが代表的なデータ（平均値が最も適切）からどれくらい離れているかをもとにしたものである．各データは全般的に見て平均値からどの程度近いか，あるいは遠いだろうか？ 各データの平均値からの隔たりを**偏差**（deviation）とよび，以下で表される．

$$\text{偏差} = X_i - \bar{X}$$

では，この偏差をすべて足したら，ばらつきの尺度となるだろうか？ 残念ながら，偏差は平均値からプラスに離れているデータもあればマイナスに離れているデータもあって，それらを総和するとちょうどゼロになってしまう．

$$\sum_{i=1}^{n}(X_i - \bar{X}) = 0$$

偏差のデータには平均値からの距離に符号（＋，－）があり，それは平均の性質から＋側と－側で総和すればちょうど相殺されるのである．そこで，偏差を絶対値にすればよいのだが，絶対値の記号をいつも各偏差のデータに付けるのは面倒なので，いっそ偏差をすべて二乗すればプラスになるから都合がよい．これにもとづいて生まれた尺度が**平方和**（偏差の平方和）であり，ふつう SS と略される．

$$SS = \sum_{i=1}^{n}(X_i - \bar{X})^2 \tag{2・2}$$

右辺（ ）内が偏差であり，たとえば，図2・3(a)の小学校Aの一番体重の重い男子生徒のデータの場合は，偏差 43.3－38.24＝5.06 となる．つまり，この生徒は平均値から 5.06 kg 離れていることがわかり，平方和の計算では $5.06^2 = 25.60$ が足し込まれる．図2・3(a)の場合は，平方和は 464.02 となる．

b．標本分散（sample variance） ばらつきの尺度として平方和を用いることには，実は不適当な面がある．それは，平方和がデータの個数に依存するからである．たとえば，データ個数が異なる二つのデータセットの分布を比較するとき，実際にはばらつきが小さい分布であってもデータの個数が多いために SS が大きくなることがある．そこで，データの個数に依存しないように基準化するために，SS

をデータ個数で割ってやると，新たな尺度としての統計量が生まれる．これが**標本分散**(variance)である．これを s^2 と記す．

標本分散 s^2 は，以下のように SS を n で割る方法

$$\frac{SS}{n} = \frac{1}{n}\sum_{i=1}^{n}(X_i-\bar{X})^2$$

よりも，

$$\frac{SS}{n-1} = \frac{1}{n-1}\sum_{i=1}^{n}(X_i-\bar{X})^2 \qquad (2\cdot3)$$

の方がよい．分散には SS の最も重要な性質が残っている．ばらつきが大きければ大きいほど，つまり，平均値の周囲にデータ値が広く散らばっていればいるほど，分散は大きくなる．

コラム2・2　平方和の計算方法

ここで統計学で広く使われている簡単な平方和の計算法を紹介する．

$$\begin{aligned}
SS &= \sum_{i=1}^{n}(X_i-\bar{X})^2 \\
&= \sum_{i=1}^{n}X_i^2 - 2\bar{X}\sum_{i=1}^{n}X_i + n\bar{X}^2 \\
&= \sum_{i=1}^{n}X_i^2 - 2\left(\frac{1}{n}\sum_{i=1}^{n}X_i\right)\sum_{i=1}^{n}X_i + n\left(\frac{1}{n}\sum_{i=1}^{n}X_i\right)^2 \\
&= \sum_{i=1}^{n}X_i^2 - \frac{1}{n}\left(\sum_{i=1}^{n}X_i\right)^2
\end{aligned}$$

"データを二乗して総和した値から，データを総和したのち二乗しデータ数で割った値を引く"と覚えるとよい．この式を用いると，図2・2のデータの平方和は，以下のように簡単に求められる．

$$\text{標本 A の } SS = 262 - \frac{50^2}{10} = 262 - 250 = 12$$

$$\text{標本 B の } SS = 294 - \frac{50^2}{10} = 312 - 250 = 62$$

ここから標準偏差はすぐに求められ，標本A=1.15，標本B=1.94 となる．

2・2 標本の性質

c. 標準偏差（standard deviation） ばらつきの尺度としてよく用いられるのは**標準偏差**(s)で，これは標本分散 s^2 の平方根をとったものである．**母集団標準偏差**は σ（シグマ）で表す．

$$標準偏差 = \sqrt{s^2}$$

標本内のデータのばらつきが大きければ，標準偏差も大きくなる．図2・3(a)の小学校Aの6年生男子の体重の標準偏差は2.59，(b)の小学校Bの6年生男子の体重は3.68である．両校の平均値が同じでも，図2・3の二つの分布をみると，標準偏差の大小となって差が如実に表れていることを実感してもらいたい．

さて，ばらつきを示す三つの尺度，平方和 SS，分散 s^2，標準偏差 s は式の成り立ちをみると互いに密接に関連していることは明らかである．基本は"平均値からの差の2乗の総和＝平方和"から出発しているからである．三つの尺度は不可分のものとして理解しておこう．

d. 範囲（range レンジ） ばらつきの尺度として用いられる最も簡単なものは"範囲"で，レンジとよぶことが多い．レンジは，標本のデータ分布の最大と最小のデータ値の差である．レンジは算出が最も容易なのだが，ばらつきの尺度としてレンジを用いるのは適切ではない．なぜなら，極端なデータが一つ含まれるだけで，レンジは一気に大きくなってしまうからである．

2・2・3 不偏分散

分散を計算するのは，単に標本のばらつきを知るためだけではなく，母集団の分散の推定（標本から母集団の特徴を定量的に推測すること）を行うためでもある．母集団の分散は σ^2（シグマ2乗）で表される．われわれの目的は得られた標本から母集団について推定することである．SS を n で割る標本の分散から推定される母集団分散は，実際よりも小さくなる傾向がある（コラム2・3参照）．特に，大標本よりも小標本の方が標本分散によって母集団分散を推定するときには過小評価しやすい．

この理由で，母集団分散の推定には，(2・3)式で定義した**不偏分散**(s^2)として扱うのが一般的である．SS で割る分母は n ではなく，$n-1$ である（コラム2・4参照）．こうすることによって，標本分散を母集団分散の推定値にする．大標本の場合は，n から1を引いても分散の計算には大きな影響を与えないが，小標本の場合は大きく影響する．

コラム 2・3 不偏分散はなぜ平方和を $n-1$ で割るか？

母集団から標本を抽出し，統計量を計算することで母集団の性質を推定できることを第 4 章で学ぶ．ここでは標本から母集団の分散を推定する際に使われる不偏分散の式において，なぜ平方和を n ではなく $n-1$ で割るのかを説明する．

標本としてデータが $X_1, X_2, \cdots, X_n$ と n 個あったとしよう．各データと標本平均の差 $X_i - \bar{X}$ を偏差といい，このままだと負の値もとりうる．二乗することで各データが標本平均からどのくらい離れているかを表す指標とするのであった．これを n 個のデータに関して和をとって平方和 $\sum_{i=1}^{n}(X_i - \bar{X})^2$ とし，データ一つ当たり平均的にどの程度ばらついているかを表すために，これを標本サイズ n で割った値を用いるのが自然だと思うだろう．しかし，平方和を n で割った値は，標本のばらつきの程度を表すには問題ないが，母集団の真の分散を推定するときには不適切であることがわかっている．正しくは，母集団の分散の推定値 s^2 は

$$s^2 = \frac{1}{n-1} \sum_{i=1}^{n}(X_i - \bar{X})^2$$

と表され，平方和を n ではなく $n-1$ で割る必要がある．s^2 を**不偏分散**といい，母集団の分散の不偏推定量になっている．そもそも**不偏推定量**とは，標本から求めた統計量が，母集団の性質を偏りなく表す値であることを意味する．

数学的に書くと，$E(\ )$ は期待値を意味することにして，標本から求めた統計量 X が母集団の性質 y の不偏推定量であるとは

$$E(X) = y$$

と書ける．これは，標本の統計量 X を無限回繰返しとってきたときの期待値が母集団の性質 y に一致するということである．たとえば，

$$E(\bar{X}) = \mu$$

である．これはある標本サイズ n で標本を抽出し，標本平均 $\bar{X}$ を計算する作業を何度も繰返し，さらにその平均をとると，母集団の真の平均に一致することを意味する．そのため，標本平均 $\bar{X}$ は，母集団の平均値の不偏推定量である．

不偏分散の話に戻ると，$n-1$ で割る直感的な理解としては，n で割ると母集団の分散を過小評価する，つまり偏りがあることになり，$n-1$ で割ることで少し大きめに補正し，不偏推定量にするためである．なぜ n で割った際に過小評価になるかというと，平方和を計算する際に，真の平均は未知であるため使えず，その代わりに標本平均との偏差を考えるからである．標本平均は真の平均からすでにずれており〔ずれ方は標準誤差（§4・1 参照）に従う〕，各データは真の平均よりも標本

平均に近い傾向があるため，近いところを基準にばらつきの程度を評価していることになる．そのため，母集団の分散を過小評価することになるのである．

以下，数学的に理解したい人向けに証明を紹介する．

$$
\begin{aligned}
E(s^2) &= E\left(\frac{1}{n-1}\sum_{i=1}^{n}(X_i-\bar{X})^2\right) \\
&= \frac{1}{n-1}E\left(\sum_{i=1}^{n}(X_i-\mu+\mu-\bar{X})^2\right) \\
&= \frac{1}{n-1}E\left(\sum_{i=1}^{n}(X_i-\mu)^2 + 2(\mu-\bar{X})\sum_{i=1}^{n}(X_i-\mu) + \sum_{i=1}^{n}(\mu-\bar{X})^2\right) \\
&= \frac{1}{n-1}E\left(\sum_{i=1}^{n}(X_i-\mu)^2 - 2n(\bar{X}-\mu)^2 + n(\bar{X}-\mu)^2\right) \\
&= \frac{1}{n-1}\left[E\left(\sum_{i=1}^{n}(X_i-\mu)^2\right) - E\left(n(\bar{X}-\mu)^2\right)\right] \cdots\cdots (1)
\end{aligned}
$$

ここで，(1)式の一つ目の期待値は，真の平均と偏差をとったときの平方和の期待値であり，二つ目の期待値は，標本平均と真の平均の差の二乗和の期待値である．

$E\left((X_i-\mu)^2\right)=\sigma^2$ と $E\left((\bar{X}-\mu)^2\right)=\dfrac{\sigma^2}{n}$ を用いて，計算を進めると，

$$
\begin{aligned}
(1) &= \frac{1}{n-1}\left(n\sigma^2 - n\frac{\sigma^2}{n}\right) \\
&= \frac{1}{n-1}(n-1)\sigma^2 \\
&= \sigma^2
\end{aligned}
$$

となり，$E(s^2)=\sigma^2$ が得られた．真の平均との偏差であれば平方和を n で割ることは問題ないが，標本平均との偏差をとって平方和を計算しているため，二つ目の期待値の項が効き，ちょうど σ^2 分だけ一つ目の期待値から引かれるのである．そのため $n\sigma^2$ から σ^2 を差し引いた値を $n-1$ で割ることで，σ^2 が得られる．もし最初のアイデアどおり平方和を n で割ると，最後の結果は σ^2 を $(n-1)/n$ 倍した値になり，過小評価していることがわかる．また，それは n が小さいときに顕著である．

コラム 2・4　自由度とは

　標本分散から母集団分散を推定するときに分母で n から 1 を引く意味には，標本から母集団を推定するときの"自由度の減少"が関係する．では，**自由度** (degree of freedom, df とも記す) とは何だろうか？ 自由度は，未知の変数のうち独立に自由に選べるものの数と定義される．つまり，未知数の数から変数間に成り立つ関係式 (束縛条件) の数を引いたものとなる．たとえば，算術平均値を求めるときは，データの総和を n で割るので，相互のデータ間には束縛条件はない．しかし，仮に 5 個の整数のデータからなる標本の算術平均をもとに，母集団の母平均を推定して $\bar{X}$ が求められると，以下のような関係が生じる．たとえば，$\bar{X}=2$ であったとしよう．この条件下で X_1, X_2, X_3, X_4 までは好きな整数を自由に入れることができる．仮に 3, -1, 8, 2 としよう．しかし，$\bar{X}=2$ なのだから，5 番目の整数 X_5 は自由な整数値をとることはできない．いくつになる必要があるのか？ もちろん $X_5=-2$ である．

$$(X_1 + X_2 + X_3 + X_4 + X_5)/5 = \bar{X}$$
$$[3 + (-1) + 8 + 2 + X_5?]/5 = \bar{X} = 2$$

このように，五つの未知数に対して四つまでは自由に値をとることができるが，平均値が束縛条件になっているため，5 番目の未知数はもはや決まった値しかとれないのである．母集団の母平均を標本のデータの平均を使って推定したので，自由度が一つ減少することになる．

　次の事例を見てみよう．同じく 5 個のデータからなる標本では，各データと平均値の差を総和することで平方和 (偏差二乗総和, SS) が求められ，そこから母集団の母分散が推定される．

$$Var(X) = \frac{1}{n} \sum_{i=1}^{5} (X_i - \bar{X})^2$$

上述したように，平方和はデータ数が多くなると際限なく大きくなっていくために，偏差二乗を平均化する必要がある．では，平方和をデータの数 $n(=5)$ そのもので割ってよいだろうか？ この式をよく見ると，偏差を求める際に $\bar{X}$ を推定している．そして偏差の総和はゼロであるという束縛条件があるので，四つまでのデータと偏差が決まると，最後の 5 番目の偏差が何であるかはその時点で決まる．そのため，5 番目の偏差は自由な値をとることはできない．つまり，母分散の推定は自由度が一つ減った状態になっているのである．

　なお，不偏分散で平方和を $n-1$ で割る意味については，コラム 2・3 "不偏分散はなぜ平方和を $n-1$ で割るか？" も参照してほしい．

2・3 Rを使って計算してみよう

ここでRで簡単な計算を実行してみよう．Rの四則演算は，和は **+**，減は **-**，乗は *****，除は **/** で表す．右辺の値から左辺への代入は **<-** を使う*．

```
a <- 10
x <- (5+3)*2-a/5
x
[1] 14
```

1行目は **a** に右辺の 10 を代入する．2行目は右辺の計算を左辺の **x** に代入する．3行目は **x** の変数名だけを入力し，Enter キーを押すと値を表示してくれる．

次に，以下の 10 個のデータについて，Rを使って基礎統計量を計算してみる．

1，2，3，4，5，6，7，8，9，10

まず，数値列を作成する関数 **c()** を使ってオブジェクト **x** に入力する．Rでは一般に変数のことをオブジェクトとよぶ．なぜなら，Rはいろいろなタイプの変数として，たとえば，スカラー（ふつうの整数や実数一つ），数値列（ベクトル），行列，データフレーム，リストなどが自由に使えるので，それらを総称してオブジェクトとよぶのである．このオブジェクト **x** をさまざまな基礎統計量を計算する関数の引数（その関数に動作指令を与える情報のこと）として与えることで，関数の結果が得られる．

手始めに，算術平均を求める関数 **mean()** と，不偏分散を求める関数 **var()** を使って，平均値，不偏分散，標準偏差を求めてみよう．

```
d <- c(1, 2, 3, 4, 5, 6, 7, 8, 9, 10)
mean(d)
[1] 5.5
var(d)
[1] 9.166667
sd(d)
[1] 3.02765
```

以下，基礎的な関数の使い方などを解説する．

① **c()** は入力した数値列を作成する．左辺のオブジェクトは，先頭の文字はア

---

* Rでは多くの計算機言語に必要な変数宣言は不要である．

ルファベットで，2番目以降は数字やピリオド(.)や下線(_)を含めてもよい．
（他の特殊文字も特別な設定を施すと使えるが，一般には使わない方がよい）
② `mean()` は平均を求める．
③ `var()` は不偏分散（平方和を $n-1$ で割った値）を求める．
④ `sd()` は標準偏差を求める．

さらに，Rの練習として，上記の同じ数列について別の関数を使って計算してみよう．たとえば，`var()` 関数を使わずに不偏分散を求めてみる．この場合，総和の関数 `sum()` とデータの個数を求める関数 `length()` を使う．

```
d <- c(1, 2, 3, 4, 5, 6, 7, 8, 9, 10)
a <- sum(d)/length(d)
a
[1] 5.5
b <- sum((d-a)^2)/(length(d)-1)
b
[1] 9.166667
sqrt(var(d))
[1] 3.02765
```

このRスクリプトを解説すると，以下のようになる．
① `sum()` はデータの総和を求める．
② `length()` はデータの個数を求める．
③ `sum((d-a)^2)` は（偏差）^{2} の総和，すなわち SS（平方和）となる．
④ Rはオブジェクト同士の演算として，`d` の10個のオブジェクトのデータ値に対して，`a`（平均値）を引くことを一挙に実行する．

演習問題 2・1　`mean()` と `var()` を使って，以下の数値列の平均値と不偏分散，標準偏差を求めよ．
　　5.1，7.4，10.3，9.2，6.5，6.1，7.9，8.7，8.1，9.4

演習問題 2・2　問題 2・1 の数値列に対して，`mean()` と `var()` を使わずに，平均と不偏分散，標準偏差を求めよ．

3

大数の法則，正規分布，中心極限定理

　この章では，統計学で重要な二つの法則を学ぶ．それは**大数の法則**（law of large number）と**中心極限定理**（central limit theorem）である．大数の法則とは，"標本サイズが大きくなるほど，その標本の平均は母集団平均に近づく"というものである．一方，中心極限定理は，"母集団分布がどのような分布であっても[*1]，標本を抽出したときの平均は正規分布に収束する"ことを意味する．

　この二つの法則と定理は重要で，大数の法則を知っているがゆえに，調査時に研究者は標本サイズを十分に大きくするように設定するのである．

　本章では，中心極限定理の説明の前に，統計学で最も頻繁に登場する確率分布である**正規分布**の初歩を少し解説するが，詳細な説明や演習は第4章を参照されたい．

3・1　大数の法則：ベルヌーイ試行と真の値への収束

　いま，正しく表と裏が出るコインを使ってコイントスをする状況を考える．このように，1回の実験で二つの事象（表・裏）のいずれかが生じ，しかもそのような事象が起こる確率がいつも一定である場合を**ベルヌーイ**[*2]**試行**とよぶ．正しいコインならば表が出る確率と裏が出る確率は1:1で，期待確率は0.5ずつである．よって，1万回もコイントスをすると，おそらく表と裏は平均して5000回前後で，た

[*1]　たとえばレヴィ分布やコーシー分布のように右に長く尾を引いて分散が無限に発散するかまたは定義できない分布は中心極限定理が成立しない．
[*2]　ヤコブ・ベルヌーイ（Jakob Bernoulli，1654〜1705，スイスの数学者・科学者）

とえば表 4500 回,裏 5500 回などのように現れてくるだろう.いかさまのコインでない限りは,表が 3000 回で裏が 7000 回などという,2 倍以上も裏が出る偏った割合では出てこないと考えられる.

では,コイントスが 4 回だとどうなるだろうか? 表と裏が確率 0.5 ずつで生じるとはいえ,表裏でちょうど 2 回ずつ出るものだろうか? 読者は経験的に,表と裏が均等に出るとは限らないことを察知しているはずだ.表 3 回・裏 1 回とか,4 回ともすべて裏ということもまれではなく生じるはずだ.つまり,コイントスの回数が少ないときには,表と裏が期待される確率どおりに出ないことになる.よって,コイントスの回数が十分に多いと表裏がだいたい 1:1 になることが期待され,逆にごく少ない回数だと 1:1 から大きく崩れると思われる.

コイントスの例を一般化してみよう.コイントスで理想的に想定される表裏の発生確率 1:1(確率は 0.5 ずつ)は,母集団の表と裏の出る期待確率であると考えられる.そして,上記の 4 回とか 1 万回のコイントスは,母集団から抽出した標本である.つまり,コイントスのベルヌーイ試行を,4 回, 10 回, ……, 100 回, 1000 回, 10000 回の標本サイズで母集団平均(期待値)を推定する作業であることにほかならない.

ではここで,1 回ごとのコイントスの結果を x_i とし,表が出たときに 1 とし,裏が出たときは 0 として,表が出た割合について考えてみよう.10 回のコイントスのうち,表が出た回数(つまり 10 回分の得点)r は以下のようになる.

$$r = x_1 + x_2 + \cdots + x_{10}$$

表が出た割合 y は,$y = \frac{r}{10}$ となる.n 回コイントスをした場合は一般に $\frac{r}{n}$ となり,これを相対頻度という.10 回のコイントスを何度も繰返すと,表の出る回数は 1 回や 9 回はきわめてまれであり,中央の 4 回,5 回,6 回あたりは頻繁に生じることは容易に想像できる.実際に図 3・1 をみると,表が 5 回出る(相対頻度=0.5)確率が最も高く,それより少ない場合や多い場合の確率が左右対称で減少していくことがわかる.この図 3・1 の確率を求めるには R では **dbinom( )** 関数を使えば 1 行で求められる.この演習は章末に載せておいた(演習問題 3・2).

一般に,r は確率変数で,$n=10$,$p=0.5$ の二項分布 Bi(10, 0.5)に従う.すなわち,

$$P(r) = {}_{10}C_r (0.5)^r (1-0.5)^{10-r} \qquad (3・1)$$

ここで,$r=0, 1, 2, \ldots, 10$ である.二項分布の期待値と分散は以下であることがわかっている.

$$E(r) = np \qquad (3・2)$$

$$Var(r) = np(1-p) \qquad (3\cdot 3)$$

ここから，$E(r/n)=p=0.5$ は母集団の真の期待値となる．n 回中 r 回表が出る確率は $P(r)$ で示され，表 3・1 となる．

表 3・1　コイントス 10 回の試行で表が出る二項分布の確率 $P(r)$
　　x <- dbinom(0:10, 10, p=0.5) で出力された数値を小数点以下 3 桁で四捨五入したもの（図 3・1 も参照）．

表の回数	0	1	2	3	4	5	6	7	8	9	10
確　率	<0.001	0.010	0.044	0.117	0.205	0.246	0.205	0.117	0.044	0.010	<0.001

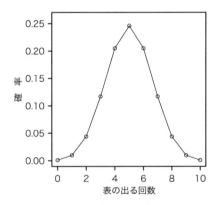

図 3・1　コイントスを 10 回実施したときの表の出る回数の確率分布

では，1 セットの試行回数を 10 回からどんどん増やしていき，相対頻度が期待値 $p=0.5$ のまわり 0.5 ± 0.1 の範囲に入る確率を調べてみよう．

$$\begin{aligned}
&10\ \text{回} \quad \cdots\cdots \quad P(0.4\leq r/10\leq 0.6) = 0.65625 \\
&50\ \text{回} \quad \cdots\cdots \quad P(0.4\leq r/50\leq 0.6) = 0.88108 \\
&100\ \text{回} \quad \cdots\cdots \quad P(0.4\leq r/100\leq 0.6) = 0.9647998
\end{aligned}$$

このように，n を増やしていくと確率は上がっていき，$n=100$ では表の出る相対頻度が $0.4\leq \frac{r}{n} \leq 0.6$ の範囲に納まる割合は 0.95 を超えて 1 に近づいていく．コイントスの回数をさらに大きくし，期待値 0.5 のまわりの相対頻度を 0.5 ± 0.01 で調べるとどうなるか．

200 回 ...... $P(0.49 \leq r/200 \leq 0.51) = 0.276229$
500 回 ...... $P(0.49 \leq r/500 \leq 0.51) = 0.3771906$
1000 回 ...... $P(0.49 \leq r/1000 \leq 0.51) = 0.49334$
10000 回 ...... $P(0.49 \leq r/10000 \leq 0.51) = 0.9555742$

このように，十分な標本サイズになると，ほとんどの値が真の期待値 $p=0.5$ の周囲に収束する．この調査は 0.5 のまわりで ±0.1 や ±0.01 の範囲で調べたが，これを一般の数式で表現すると，ε がどんな小さい正の値であっても以下の式が成り立つ．

$$P\left(\left|\frac{r}{n}-0.5\right|\leq\varepsilon\right) \to 1 \quad (n\to\infty) \qquad (3\cdot4)$$

これが大数の法則とよばれる法則である．つまり，大数の法則とは，十分な大きさの標本を調べれば，母集団の平均値特性をかなり正確に知ることができることを意味する．そして，図 3・2 に示すように，この法則はもとの母集団分布が二項分布でなくどのような確率分布であっても[*1]，n 個のデータからなる標本平均値は母集団平均値 μ に対して成り立つ[*2]．

$$P(|\bar{X}_{(n)}-\mu|\leq\varepsilon) \to 1 \quad (n\to\infty) \qquad (3\cdot5)$$

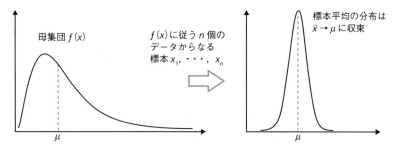

図 3・2　母集団分布（母平均＝μ）と標本平均（$\bar{x}$）にみられる関係　いかなる母集団分布（母平均＝μ）であっても標本サイズを十分大きくすると標本の算術平均は真の期待値 μ に収束する（大数の法則）．

[*1] コーシー分布など平均値が定義できない分布の場合は大数の法則が成立しない．
[*2] この命題はチェビシェフの不等式を用いて証明できるが，本書の範囲を超えるのでここでは述べない．興味ある読者は，東大教養学部統計学教室編，"基礎統計学Ⅰ 統計学入門"，東大出版会(1991)，p.160〜163 を参照のこと．

3・2 正規分布

では，**正規分布**とは何だろうか？ ここで古典的なデータをひも解いてみよう．表3・2は古典的名著の"統計的方法"(G.W. スネデッカーほか著)に登場する100頭のブタの20日間における体重増加量（ポンド）のデータである．これを頻度分布としてグラフに描くと，図3・3のようにほぼ左右対称に近いベル型の頻度分布が得られる．この分布には特徴があり，測定値の大部分は中心付近にあり，中心から両側へ離れるにつれて頻度が少なくなる（確率分布の高さが低くなる）．図3・3は正規分布とよばれるもので，このベル型の頻度分布は自然界や人間社会の多くの現象でみられ，統計学では大変重要な分布である．ほかにも，たとえば小学校の生徒の身長や座高，工場で生産された個々のボルトの長さや缶ジュースの1缶ごとの容

表3・2　100頭のブタの20日間における**体重増加量**(ポンド)[a]（昇順で整列してある）

個体番号	増加量	個体番号	増加量	個体番号	増加量	個体番号	増加量
00	3	25	24	50	30	75	37
01	7	26	24	51	30	76	37
02	11	27	24	52	30	77	38
03	12	28	25	53	30	78	38
04	13	29	25	54	30	79	39
05	14	30	25	55	31	80	39
06	15	31	26	56	31	81	39
07	16	32	26	57	31	82	40
08	17	33	26	58	31	83	40
09	17	34	26	59	32	84	41
10	18	35	27	60	32	85	41
11	18	36	27	61	33	86	41
12	18	37	27	62	33	87	42
13	19	38	28	63	33	88	42
14	19	39	28	64	33	89	42
15	19	40	28	65	33	90	43
16	20	41	29	66	34	91	43
17	20	42	29	67	34	92	44
18	21	43	29	68	34	93	45
19	21	44	29	69	35	94	46
20	21	45	30	70	35	95	47
21	22	46	30	71	35	96	48
22	22	47	30	72	36	97	49
23	23	48	30	73	36	98	53
24	23	49	30	74	36	99	57

[a] G.W. スネデッカー，W.G. コクラン著，畑村又好ほか訳，"統計的方法"，原著第6版，岩波書店(1972)，p.64 より．

量(微妙に誤差が生じる)など,経験的に正規分布に従うといわれている.
　正規分布を記述する数式は,数学者 A. ド・モアブルによって 1773 年に初めて導かれたといわれている.その後,1786 年にフランスの天文学者で数学者だった P. ラプラスによって独立に導かれた.1809 年にはドイツの数学者 K.F. ガウスが別の導出法を示した.そのため正規分布は,彼の名をとって"ガウス分布"とよぶことも物理学では多い.

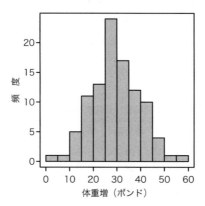

図 3・3　100 頭のブタの 20 日間における体重増加(ポンド)
　　　　の頻度分布(データは表 3・2 を参照)

　正規分布の導出方法の一つに,二項分布を展開して近似をとることで,正規分布の**確率密度関数**を得ることができる.確率密度関数とは,確率変数が連続であるとき,そのとりうる値での相対的な起こりやすさ(値は確率ではないことに注意)を示す関数である.確率変数がある範囲の値となる確率は,その変数の密度をその範囲で積分することで得られる.確率密度関数は常に非負であり,とりうる範囲全体を積分するとその値は 1 である.たとえば,正規分布なら $-\infty$ から ∞ までの積分が 1 となる.正規分布の確率密度関数の導出は,二項分布の(3・1)式の n を無限大にしてテイラー展開とはさみうちの原理という数学演算を駆使するので,解説はこの本のレベルを超える.興味のある読者は各自調べてほしい.
　このように得られた正規分布の確率密度関数 $f(x)$ は以下である.

$$f(x) = \frac{1}{\sqrt{2\pi}\,\sigma} \exp\left[\frac{-(x-\mu)^2}{2\sigma^2}\right] \quad (-\infty < x < \infty) \quad (3・6)$$

ここで exp[　]は自然対数の底 e のべき乗を示し,μ は平均,σ は標準偏差,π は

円周率である．μ と σ のパラメータの値が変われば，正規分布の曲線は変形することになる．つまり，パラメータ μ と σ の値が変わるとベル型分布の形を維持したまま，ピークの位置とばらつきの大きさが変化する．図3・4に異なる平均値と標準偏差をもつ三つの正規分布の曲線を示しておいた．

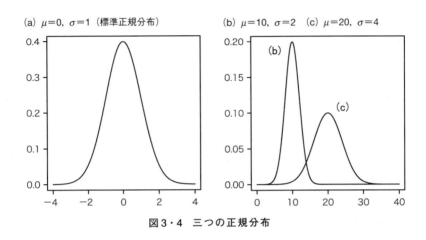

図3・4　三つの正規分布

図3・4(a)の正規分布をみてほしい．これは，平均＝0，標準偏差＝1の標準正規分布とよばれるものである．そして，0を中心に，横軸で正の標準偏差で1だけ離れた位置までの曲線の下の面積は0.3413になる（図3・5）．つまり，0から標準偏差1までは34.13％のデータが含まれることを意味する．同様に，標準偏差で2離れ

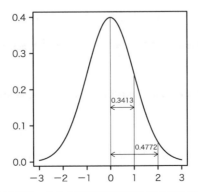

図3・5　正規分布における，0から標準偏差単位1または2までの範囲に入る確率

た位置までの面積は 0.4772(47.72 %) となる (図 3・5). なお, 正規分布は左右対称なので, 0 を中心に左右の標準偏差 1 までの位置を考えればこの確率は 2 倍となり 0.6826 (68.26 %), 標準偏差 2 までの位置ならば 0.9544 (95.44 %) となる. ちなみに, 標準偏差 3 までは片側で 0.4986 (49.86 %), 両側で 0.9972 (99.72 %) である.

このように, 正規分布に従うときはスコアを平均値からの差を標準偏差単位で表すとたいへん便利である. これを一般に **Z スコア** とよび, Z スコアは標準正規分布に従う.

$$Z = \frac{x_i - \mu}{\sigma} \tag{3・7}$$

データそのものではなく, Z スコアに変換することでデータの挙動をたやすく理解できるようになる.

では, 正規分布における平均 0 から標準偏差単位 1 または 2 までの範囲に入る確率を R で求めてみよう. 図 3・4(b) と (c) はそれぞれ平均値と標準偏差が異なる二つの正規分布であるが, 標準偏差で 1 だけ離れた位置までの確率は, `pnorm()` 関数を使うことで簡単に導出できる. `pnorm()` は −∞ からある位置までの**累積確率分布**を示す R の関数である. 累積確率分布とは $f(x)$ を以下のように積分した $F(q)$ の分布である. 確率変数 x が $a \le x \le b$ の範囲に入る確率は $F(b) - F(a)$ で求められる.

$$F(q) = \int_{-\infty}^{q} f(x)\,dx$$

平均値から標準偏差 1 までの区間に入る**確率**は, 以下の式で求められることになる.

$$\begin{bmatrix} -\infty \text{から正の標準偏差 1 の} \\ \text{位置までの累積確率} \end{bmatrix} - [-\infty \text{から平均値までの累積確率}]$$

これを R のスクリプトで書けば, 以下のようになる.

```
xb1 <- pnorm(12,mean=10,sd=2)- pnorm(10,mean=10,sd=2)
xb1
[1] 0.3413447
xc1 <- pnorm(24,mean=20,sd=4)- pnorm(20,mean=20,sd=4)
xc1
[1] 0.3413447
```

同様に, 標準偏差単位で 2 離れた位置 [(b) は 14, (c) は 28] までの累積確率は以下となる.

```
xb2 <- pnorm(14,mean=10,sd=2)- pnorm(10,mean=10,sd=2)
xb2
[1] 0.4772499
xc2 <- pnorm(28,mean=20,sd=4)- pnorm(20,mean=20,sd=4)
xc2
[1] 0.4772499
```

このように，図3・4(b)と(c)は平均値も標準偏差も異なる二つの正規分布であるにもかかわらず，標準偏差単位でみると共通の累積確率であることがわかる．

3・3 中心極限定理

§3・1では大数の法則を説明したが，これに比べて中心極限定理は，標本サイズが大きくなるにつれて，標本平均($\overline{X}$)が母平均(μ)に収束するときの法則を述べている．つまり，標本の示す平均値（標本平均値）は，標本の大きさnが大きくなると，真の値（母平均）の周りに正規分布を伴いながら母平均に収束するのである．そして，母集団分布がどのようなものであっても，標本の平均値は正規分布に収束する．これが中心極限定理が示す重要なパターンである．

中心極限定理を数学的に証明するにはモーメント母関数を用いるのだが，これはこの本の範囲を越えているので，代わりにモンテカルロシミュレーション（乱数を駆使したシミュレーション）で中心極限定理が現れることを実感してみよう．

まず標本サイズnとして，0から10までの連続型の一様分布に従う乱数をn個，**runif()** 関数から抽出する．このnは後で$n=3$, 10, 1000と変えて比較する．Mを標本抽出回数とし，$M=10$万回とする．一様分布の母集団なので，母平均は5であるが，一様乱数を発生させる作業を繰返すたびに標本平均は少しずつ異なる．**mean.d** としてn個の一様乱数の平均値を格納するベクトルをつくっておき，**for** ループで { } の過程を$k=1$からMまで繰返すが，{ } 内では，0から10までの一様乱数をn個抽出して，その平均値を **mean.d** のk番目 **mean.d[k]** に格納する．最後に **hist()** 関数で **mean.d** を頻度分布で描画する（**breaks** で頻度分布を50で区分）．標本サイズnが小さいときは正規分布からややずれており，nが大きくなるに従って（たとえば$n=1000$），標本平均は4.7～5.3の狭い範囲で正規分布を伴って収束してくる．nが1000よりもっと大きくなると，もっと狭い範囲で正規分布を伴って収束する．この頻度分布が正規分布になっているかを確認するには，

図3・6(d)のQ-Qplotで見るとよい．**qqnorm(mean.d)** でQ-Qplotが描けるが，横軸は標準正規分布の理論的変位値（quantile，0を中心に標準偏差単位で−4〜4までの範囲），縦軸は標本平均の頻度分布変位値（5.0を中心に4.6〜5.4付近までの範囲）である．標本が正規分布に従うと右上がりの1本の直線になるので，それでほぼ正規分布になっていることがわかる．

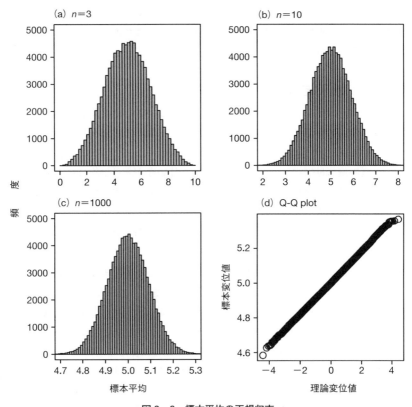

図3・6 標本平均の正規収束

なお，1回の標本サイズを $n=3$ など小さくすると，正規分布への収束が悪い．また，標本の繰返しを1千や1万に少なくすると，最後の標本平均の現出はきれいで滑らかな正規分布にはならずに，でこぼこが目立つ分布になる．コラム3・1にRスクリプトを示すので，読者はぜひいろいろ試してみることを勧める．

コラム 3・1　中心極限定理のシミュレーション

中心極限定理をシミュレーションで実感する R スクリプトを解説する.

```
① n <- 1000
② M <- 100000
③ mean.d <- numeric(M)
④ for(k in 1:M) {
⑤   d <- runif(n, 0, 10)
⑥   mean.d[k] <- mean(d)
⑦   }
⑧ hist(mean.d, breaks=50)
⑨ qqnorm(mean.d)
```

① $n=1000$ で標本サイズを指定
② $M=10$ 万の抽出回数を指定
③ `mean.d` で n 個の一様乱数の平均値を格納
④〜⑦ `for` ループで { } の過程を M 回繰返す
⑤ 0 から 10 の連続値の一様乱数を n 個抽出して `d` に入力.
⑥ n 個の一様乱数の平均値を `mean.d` の k 番目に格納.
⑧ `mean.d` を頻度分布で描画（ここでは `breaks` で頻度分布を 50 で区分した).
⑨ `qqnorm()` 関数で Q-Qplot を描画する.

演習問題 3・1　Q 市の小学 6 年生男子 1000 人の身長のデータがあり，全体の平均値が 145.8 cm で標準偏差が 4 cm だった．この身長データは正規分布すると仮定して，以下の問に答えよ．
(1) 153 cm 以上 156 cm 以下の生徒は何人いるか．
(2) 平均値から標準偏差単位で 2 を超える生徒は何人いるか．

演習問題 3・2　表裏が均等に出ると期待できるコインがある．3 回コイントスをして，表が 3 回とも続けて出る確率を求めよ．

4

推定と誤差

　第2章で母集団と標本の関係を学んだ．標本は母集団の性質（平均値やばらつき，分布など）を調べるために抽出する．母集団は一般にとても大きく，全数を余すところなく調べるのは困難な場合が多く，ときには抽象的ですらある．そこで，具体的な調査の対象として標本をとるのである．ただし，標本は母集団の性質とは同一ではない．標本はとるたびごとに少しずつ異なるデータの集合（データセット）となる．そのため，標本から母集団の性質を推定するときには，必ず**誤差**がつきまとう．1回の標本で母集団の性質を推定すると，誤差はどのくらいあるのだろう．誤差の大きさを理解することで，誤差をどのように扱えばよいかも見えてくる．この章では，誤差の扱い方を学ぼう．

4・1　標準誤差とは

　第3章で中心極限定理を学んだ．これは，母集団から標本を抽出してその平均をとるという作業をいくつも繰返すと，標本の平均値の分布は正規分布に収束するという定理である．標本平均値の分布もまた，通常の分布として扱えるので，平均値，分散，標準偏差などを求めることができる．標本平均の分布の平均は母集団の真の平均に一致する．では標本平均の分布のばらつき度合いである標準偏差はどうだろうか．標本平均の分布の標準偏差を特に**標準誤差**（standard error of the mean., s.e., SE あるいは SEM と略す）とよび，しばしば $s_{\bar{x}}$ で記す．この値は，標本平均が真の平均からどの程度ずれることがどのくらい起こるかを表すため，標本から母平均を推定する際の誤差の大きさの尺度として用いられる．

4・1 標準誤差とは

標準誤差は以下で求めることができる．

$$s_{\bar{X}} = \frac{s}{\sqrt{n}} \qquad (4・1)$$

ここで s は標本標準偏差，n は標本サイズ（データ数）である．よって，s が小さく，標本サイズ n が大きいほど，標準誤差 $s_{\bar{X}}$ は小さくなることがわかる．つまり，母集団の分布のばらつきの度合いが小さい場合，または標本サイズが大きい場合に標本平均と母集団の真の平均の差（＝誤差）が小さくなりやすく，確からしい平均値が得られることになる．

この関係を実感するために，仮想のデータセットを使って簡単なシミュレーションを実行してみよう．母集団として，平均値が 145.5 cm，標準偏差＝4.0 cm の正規分布から発生させた仮想の P 市小学 6 年生男子 2000 人分の身長のデータを考える．この仮想データは，R を使って，以下のように正規乱数を発生させる **rnorm()** 関数を使うことで簡単に得られる．これをベクトル **d** に格納し，ヒストグラムを描いたのが図 4・1 である．母平均は 145.5124 でほぼ 145.5 である．

```
d <- rnorm(2000, mean=145.5, sd=4.0)
hist(d)
mean(d)
[1] 145.5124
```

ここから，**sample()** 関数を使って，さまざまな標本サイズで（n＝10, 40, 160,

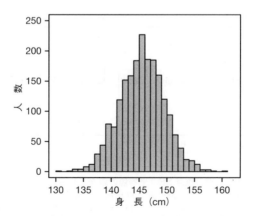

図 4・1　P 市の小学 6 年生男子の身長データ（全数 2000 人）のヒストグラム．平均＝145.5 cm，標準偏差＝4.0 で正規乱数 **rnorm()** 関数から発生させたもの．

640)おのおの10回ずつ独立に無作為抽出しよう．このときの標本平均値と(4・1)式で求められる標準誤差が図4・2に示されている．まず重要なことは，標本平均値（丸プロット）は毎回，母平均（点線）と完全に一致することはなく，母平均のまわりでばらつくことである．平均に限らず，母集団の性質を標本から推定するときに生じる誤差・ばらつきを**標本誤差**（サンプリングエラー）という．ばらつきの程度は，n が大きくなると小さくなり，特に $n=640$ では母平均とかなり近い値でばらついている．このばらつきを標準誤差として定量化することができ，図ではエラーバーとして丸の上下に描いた（エラーバーの詳しい見方は p.39 参照）．標本平均のばらつきとエラーバーの大きさが，おおむね対応していることがわかる．標準誤差は(4・1)式を見るとわかるように，n が k 倍大きくなったときに $1/\sqrt{k}$ 倍されるので，標本サイズが $n=10$ から 40 と 4 倍になると標準誤差は 1/2 倍になる．$n=640$ の標本平均値はずっと確からしい母平均の推定になっていることがわかる．

図4・3は上記のシミュレーションで，母集団の標準偏差を 4.0 cm から 2.0 cm

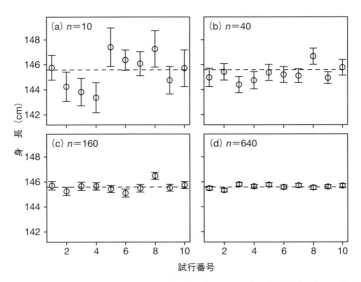

図4・2 標本の大きさと標準誤差 SE（平均値の確からしさ）の関係（母集団の標準偏差 = 4 の場合）P市小学 6 年生 2000 人（母集団）から四つの標本サイズ，$n=10$, 40, 160, 640 でそれぞれ独立に 10 回ずつ抽出した．標本平均値は丸で描かれており，標準誤差がエラーバーとしてその上下に描かれている．標本サイズが大きくなるほど，標準誤差は小さくなり，平均値推定がより確からしくなる．

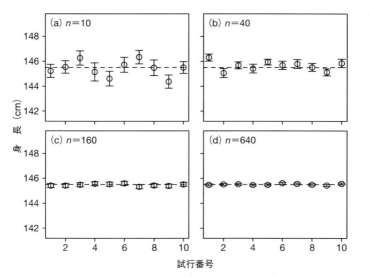

図4・3 標本の大きさと標準誤差 SE(平均値の確からしさ)の関係(母集団の標準偏差=2 の場合) P 市小学 6 年生 2000 人(母集団)から四つの標本サイズ,$n=10$, 40, 160, 640 でそれぞれ独立に 10 回ずつ抽出した.標本平均値は丸で描かれており,標準誤差がエラーバーとしてその上下に描かれている.標本サイズが大きくなるほど,標準誤差は小さくなり,平均値推定がより確からしくなる.

エラーバー

エラーバーとは,平均値の上下に,目的の統計量の大きさを示すものとして図中に描かれる.エラーバーにはおもに 3 種類あり,① 標準偏差,② 標準誤差,③ 95 % 信頼区間である.エラーバーでどの統計量を示すかを目的に応じて適切に選ぶ必要がある.

① 標準偏差は,いま対象としている標本のデータのばらつきの程度を示すもので,平均値を中心に標準偏差 1 単位を上下にエラーバーで示す.±SD と記す.

② 標準誤差は,図 4・2 がまさにそれであり,平均値の確からしさとして標準誤差 1 単位で上下にエラーバーを示している.±SE と記す.標準誤差は,本文にあるように,標準偏差を標本サイズの平方根で割っているので,標本サイズが大きいほど標準誤差は小さくなり,エラーバーは短くなる.

③ 95%信頼区間を平均値の上下につける場合は,エラーバーを超えた領域は,この標本平均値からは有意確率 5%で有意に外れていることを示す目安となる.この 95%信頼区間は,標準誤差に,標本サイズから決まる自由度で規定された t 分布の 2.5%変位点の t 値をかけて,その大きさを上下にバーの長さで示す.±95 % CI と記す.

に変更したものである（他の設定は同一）．母集団のもともとのばらつきが小さいと，より確からしい平均値が得られやすいことがわかるだろう．

ここでは標準誤差は平均値の確からしさを表す指標として簡単に実感してもらったが，標準誤差は標本平均の分布の標準偏差であるため，以下で登場する統計的検定で重要な役割をもつ．

4・2 正規分布と t 分布

母集団から抽出した標本の平均は正規分布に従うのが中心極限定理である．ここで母集団が正規分布である正規母集団での標本抽出を考えてみよう．正規分布は第3章で解説したので，しばしば第3章に戻りながら説明したい．

a．分散が既知のときの標本平均値の分布 標本平均 $\bar{X}$ は，正規分布に従う $X_1, X_2, \cdots, X_n$ の和を n で割ったものである．$\bar{X}$ の分布は正規分布であり，$\bar{X}$ の分布の平均は母平均 μ と同一である．$\bar{X}$ の標準偏差は $\sqrt{\sigma^2/n}$ である．(3・6)式にならって基準化し，u という統計量を以下のように定義すると，

$$u = \frac{\bar{X} - \mu}{\sqrt{\sigma^2/n}} \quad (4・2)$$

となり，これは標準正規分布 $N(0, 1)$ に従う．

b．分散が未知のときの標本平均値の分布 "母集団の分散が既知である"状況は，ふつうは現実的ではない．母集団のパラメータ（母平均，母分散など）がわからないから母集団から標本を抽出して，その標本平均や標本分散で母集団の性質を推定するのだから．よって，(4・2)式は母分散が未知であるならば，このままでは使えない．

しかし，多くのデータセットは正規分布に従う，あるいは適切な変数変換を施せば正規分布に近似的に従うので，これを活かすことができる．そこで，母分散 σ^2 を標本分散（不偏分散）s^2 で置き換えることで現実的に使えるようにしたのが，**スチューデント*の t 分布**である．以下で定義される t という統計量は t 分布に従う．

$$t = \frac{\bar{X} - \mu}{\sqrt{s^2/n}} = \frac{\bar{X} - \mu}{s/\sqrt{n}} \quad (4・3)$$

---

* スチューデント（Student）とは，ギネス醸造社の社員 W. S. Gosset が t 分布を1908年に論文発表したときに，社員は秘密保持で論文発表できない会社の規則になっていたために用いたペンネームだといわれる．20世紀の大統計学者 R. A. Fisher がこの t 分布の重要性を広めたので，一躍，Student の名のまま有名になった．

(4・3)式の分子は，標本平均と母平均の差，そして分母は標本平均値の分布の標準偏差，つまり標準誤差である．この(4・3)式はもはや標準正規分布 N(0, 1) には従わない．どの程度ずれるかは，標本サイズに依存する．正規分布と t 分布の違いを示したのが図 4・4 である．標本サイズに関連した値として，自由度がある（p.20 参照）．t 分布は自由度だけを唯一のパラメータとしてもつ分布であり，t 分布は自由度に依存して分布が変わる．たとえば $n=5$ のときは，平均値（分布の頂上）周りが正規分布よりは低く，周辺にいくほど高くなる（厚くなる）．しかし，$n=30$ を越えると，t 分布は正規分布と区別がつかないほど似てきて，n が無限大（$n=\infty$）になると完全に正規分布と一致し，(4・2)式と同一となる．

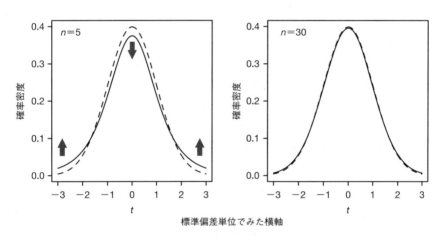

図 4・4 正規分布と t 分布の違い（破線：正規分布，実線：t 分布） t 分布は自由度に依存して分布が変わる．$n=5$ のときは，平均値（頂上）が正規分布よりは低く，裾野にいくほど高くなる（厚くなる）．$n=30$ を越えると，t 分布は正規分布と区別がつかないほど似てくる．

4・3 95％信頼区間と 1 標本の t 検定

標準誤差 $s_{\bar{x}}$ は平均値がどのくらい確からしいかの誤差の尺度になるものではあっても，それだけで平均値を推定したことにはならない．そこで，標準誤差にもとづいて母平均を推定する方法を紹介しよう．

何度も繰返すが，サンプリングすると標本平均が確率的にばらつくために，母集団の真の平均 μ とその標本平均の間には誤差が生じる．低い確率で大きなずれも

生じる.そこで,サンプリングを何度も行ったときに平均的にみて20回中19回,真の平均が入ってくる区間すなわち**95％信頼区間**(95% confidence interval, 95% CI)を求めることで,その母平均を**推定**する*.推定とは母集団の統計量を標本から定量的に推定することである.

95％信頼区間の範囲は,(4・3)式を変形することで,以下のように定義される.

$$\bar{X} + t_{(n-1,\ \alpha/2)} \times s_{\bar{X}} \leq \mu \leq \bar{X} + t_{(n-1,\ 1-\alpha/2)} \times s_{\bar{X}} \qquad (4 \cdot 4)$$

ここでnは標本サイズ(サンプルサイズ)であり,$t_{(n-1,\ \alpha/2)}$は自由度$n-1$での確率点(パーセント点)$\alpha/2$の統計量tの値を表す.ちなみに,$t_{(5-1,\ 0.025)} = -2.776$である.95％信頼区間は,$\alpha = 0.05$として両側を考慮して2.5％〜97.5％の区間となる(両側検定については後述§4・4).

図4・5をみてほしい.これは母平均$\mu = 145.5$の分布から標本サイズ$n = 40$で独立に20回サンプリングし,95％信頼区間とともにプロットしたものである.試行番号14以外はすべて,この区間の内側に真の平均$\mu = 145.5$(点線)が入っていることがわかる.星印をつけた試行番号14は,真の平均がこの区間外に位置するため,20回に1回の外れであることを示している.真の平均がこの範囲に入るといったときに,同様のサンプリングを20回行ったとき19回正しい,ということを意味する.また,この区間が狭いほど,確からしく平均値を推定していることになる.

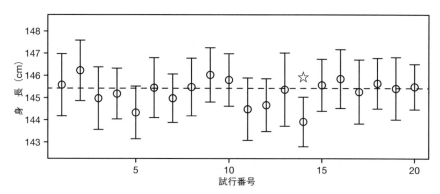

図4・5 標本平均と95％信頼区間 ☆印がついている14回目の試行は95％信頼区間から外れている.サンプリングを行い,95％信頼区間を描くと,平均して20回中19回がこの範囲に真の平均値が含まれる.

---

* 95％である理由は特になく,99％信頼区間を図示することもある.

次に統計的検定について簡単に紹介しよう．詳しくは第5章で学ぶが，最も簡単な統計的検定の一つとして，**1標本の t 検定**（one sample t-test）は，今述べた平均値の推定と深く関連するので，ここで学んでしまおう．

統計的検定とは，母集団に関するある仮説のもとで，今観察されたデータがどの程度起こりやすいか（または起こりにくいか）を調べることで，その仮説が正しいかどうかを判断することである．今，具体例として，§4・1で登場したP市の小学6年生男子の身長のデータを使おう．平均値＝145.5 cm の母集団から，標本サイズ $n=20$ の標本を一つ取ると（標本Ⓐとする），以下であった．

```
n <- 20
x <- sample(d, n, replace=F)
```

すると以下のデータが得られた（表示のため小数点以下1桁にしてある）．

　　　149.6，150.8，143.4，149.1，145.7，144.6，146.9，141.1，141.1，138.7
　　　154.3，141.7，142.5，140.3，148.4，155.4，148.4，144.8，143.0，152.0

標本平均 $\bar{X}=146.09$ となった．

目標は，今，真の母集団の平均がわからないとして（今は，データをつくるために母平均145.5 とわかっているが），この標本だけから，仮説『母平均は145.5である』が正しいかどうかを判断することである．

これをもとに1標本の t 検定を行うと，以下のような出力が得られる．

```
t.test(x, mu=145.5)

        One Sample t-test

data: x
t = 0.556, df = 19, p-value = 0.5847
alternative hypothesis: true mean is not equal to 145.5
95 percent confidence interval:
 143.8525 148.3393
sample estimates:
mean of x
 146.0959
```

この出力は，標本平均値 $\bar{X}=146.0959$ に対して，t 値＝0.556，有意確率 $P=0.5847$ となる．95％信頼区間は下限＝143.8525，上限＝148.3393 と示されているの

で，その範囲は仮説として考えている真の母平均 $\mu=145.5\,\mathrm{cm}$ を含んでいる．これを有意な差はないとみなす．つまり仮説『真の平均＝145.5』のもとで，標本平均＝146.0959 はよくあることなのだから，仮説『真の平均＝145.5』は間違っているとはいえないのである．確かに実際にこの標本平均は，母平均＝145.5 の母集団から得られた標本であり，その判断は正しい．ここで示されている P 値とは，母平均 145.5 の仮説が正しいとしたとき，今観察された平均値以上に極端な値が得られる確率である．そのため 95％信頼区間の端に真の母平均が位置した場合には，$P=0.05$ となる．

これが有意確率 $P<0.05$ となると，真の母平均はこの 95％信頼区間から有意に外れている，と結論できる．このことを確認するために，標本Ⓑ として平均値を 2 増やした，平均 147.5 の母集団から抽出し，仮説『真の平均＝145.5』が正しいかどうかを調べてみよう．標本Ⓑ の 20 人の身長のデータは以下となった．

147.5, 151.5, 153.2, 144.8, 142.8, 147.5, 147.9, 151.0, 147.0, 152.8
151.1, 144.0, 146.6, 146.3, 145.8, 145.3, 147.3, 153.9, 156.9, 146.3

標本平均 $\bar{X}=148.475$ となった．これを同様に 1 標本の t 検定で解析すると，以下のような出力になる．

```
t.test(x, mu=145.5)

        One Sample t-test

data: x
t = 3.5585, df = 19, p-value = 0.002097
alternative hypothesis: true mean is not equal to 145.5
95 percent confidence interval:
 146.7252 150.2248
sample estimates:
mean of x
 148.475
```

この出力は，標本平均値 $\bar{X}=148.475$ に対して，t 値＝3.5585，有意確率 $P=0.002097$ となっている．この意味は，95％信頼区間は下限＝146.7252，上限＝150.2248 と示されているので，仮説として想定している母平均 $\mu=145.5\,\mathrm{cm}$ がその範囲から有意に外れている，という推定である．そのため仮説『真の平均＝145.5』のもとでは，今得られたデータが生じることはごくまれなので，『真の平均＝

145.5』は誤っているという判断をするのである．現に，正しい母平均は147.5だったわけであり，この判断は正しい．

このように，1標本の t 検定と 95％信頼区間は密接な関係にある．実際には母平均はほとんどの場合は未知なので，1回の標本のデータだけから母平均を推定することになる．そのとき，標本平均値の上下に標準誤差×t 値で平均からの誤差を95％信頼区間で推定している．

4・4 t 値と両側検定

最後に t 値と両側検定を説明しよう．私たちが興味のあるのは，多くの場合，有意確率 $P=0.05$ となるときの t 値である．t 分布は自由度に依存して変わる．たとえば，先ほどのP市の小学6年生男子の身長で，20人の標本を抽出したときの自由度 $df=19$ の t 分布で，$P=0.05$ になるときの t 値を，Rの `qt()` 関数を使って調べてみよう．これは図4・6に示されている．

```
x <- seq(-3, 3, 0.1)
y <- dt(x, df=19)
plot(x, y, type="l")
qt(0.025, df=19)
 [1] -2.093024
qt(1-0.025, df=19)
 [1] 2.093024
```

`seq()` は横軸 `x` に $[-3, 3]$ の区間で 0.1 刻みの数値列を作成する．`qt()` 関数は引数に確率を与えることで，分位点（quantile，コラム2・1参照）を返してくる．`qt(0.025, df=19)` は下側 2.5％点を返し，`qt(1-0.025,df=19)` は上側 2.5％点を返してくる．上側 2.5％領域と下側 2.5％領域を足して両側 5％となる．

"両側5％の検定，つまり有意水準 $\alpha=0.05$ での両側検定" とはどういう意味だろうか？ これは，仮説が正しいと仮定したときに，下側 2.5％点以下，または上側 2.5％点以上の t 値が生じるのは，20回に1回の割合の発生確率であることを意味する．つまり，図4・5の14番は 95％信頼区間で母平均から有意に外れていることがわかったが，このような大きな外れが生じるのは20回に1回の割合でしかない．20回に19回は図4・5の14番以外のように母平均が 95％信頼区間の内側に入るのである．

このとき，標本平均値と母平均がどちらが大小になるかは決まっていない．つまり，標本平均値が大きくなる場合もあれば，小さくなる場合もあり，両方を見るのが両側検定である．多くの状況では両側検定を使えばよい．ただし，科学的な理由でどちらかが必ず大きくなることが保証されている場合は，片側検定を利用して，一方向に 5 % 点以上（あるいは以下）を考えればよいことになる．この点については，第 5 章で二つの標本の平均値の有意差検定で説明するときにふれる．

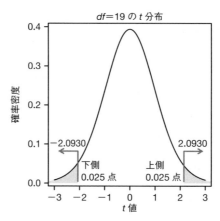

図 4・6　t 分布における両側 5 % 点の t 値．上側 2.5 % 領域と下側 2.5 % 領域を足して両側 5 % となる．

演習問題 4・1　(1) 以下の 12 個のデータの標準誤差を求めよ．
　　15.2,　11.3,　15.7,　18.2,　12.4,　13.0,　16.6,　17.3,　16.2,　18.7,　14.5,　13.7
(2) 同じく 95 % 信頼区間を求めよ．
演習問題 4・2　問題 4・1 のデータの平均値は 13.5 よりも 5 % で有意に大きいといえるか？
演習問題 4・3　(1) 自由度 7 の t 分布を描け．
(2) 上側 2.5 % 点（＝97.5 %）の t 値はいくつか？　また，下側 2.5 % 点の t 値はいくつか？

5

2標本の平均値間の有意差検定: t検定

　調査や実験のデータでは，平均値間の差を解析することが非常に多い．たとえば，ある処理を施した標本（処理区）とそうでない標本（対照区）とで，個々のデータを集計して平均をとったときに，処理区の平均値の方が対照区の平均値よりも大きかったとしよう．しかし，二つの標本がすべて同じデータから構成されることがない限りは，平均値が完全にぴったり等しくなることはふつうはありえず，何がしか値が違うのは当たり前である．よって，処理区の平均値が対照区と比べて少し大きかったからといって，この処理には効果があるとみなすのは早計である．では，処理区の平均値が対照区と比べてどのくらい大きかったら，"これは意味のある差だ"とみなしたらよいのだろう？

　本章では，二つの標本を想定し，それらの平均値間の差がどのような条件を満たしたら"有意な差"となるかを説明する．その条件をt分布を利用して検出するので，これを **t検定** とよぶ．

5・1　2標本の平均値間の"有意な差"とは？

　ここで図5・1の"ある小学校6年1組の男女15名ずつの身長(cm)"のデータを見てみよう．平均値は，ばらつきの大きい場合（図5・1a）と小さい場合（図5・1b）でともに同じになっており，男子=144.6 cm，女子=146.1 cm で，差は1.5 cmである．つまり，このデータセットは，(a)と(b)の平均値は男女ごとに同じで，ばらつきだけが異なる．

　この二つの標本をもとに，『11歳（小学6年生）だと女子の方が男子の方よりも身長が有意に高い』という命題の真偽を考える．このときに登場する言葉，"有意

に高い"とはどういう意味だろうか？ 字義どおりならば"意味のある"だが，これではわからない．——大事なことは，男女二つの標本に含まれるデータがたまたま女子の方が偶然高かったという意味ではなく，11歳の小学6年生は，"母集団として女子の方が男子よりも身長が高い"と結論づけることである．つまり，二つの標本の差を問題にしているのではなく，標本の背景にある"母集団の平均値が女子

(a) ばらつきの大きい場合		(b) ばらつきの小さい場合	
男	女	男	女
143.1	138.7	142.3	143.5
140.9	142.8	142.5	144.6
147.2	150.3	145.7	143.4
139.8	148.4	143.5	146.6
141.3	141.7	144.2	145.3
150.7	149.5	145.1	147.7
149.4	156.5	145.9	147.2
145.6	144.6	145.2	147.8
146.5	144.4	146.8	145.3
148.5	145.7	145.7	145.7
141.2	148.3	145.4	147.5
136.5	140.8	144.6	147.2
145.8	146.2	144.2	148.8
148.1	149.9	145.9	147.9
144.3	144.1	142.1	143.3
平均 144.6	平均 146.1	平均 144.6	平均 146.1

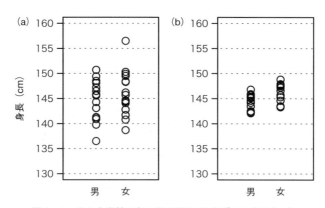

図5・1 ある小学校6年1組の男女15名ずつの身長(cm)

の方が男子よりも高い($\mu_{男子} < \mu_{女子}$)"ことを結論している.

第4章"推定と誤差"で,標本のデータから母集団の性質を推定することを学んだ.本章ではそれをふまえて,二つの標本の平均値間に有意な差があるか否かを検定する.これは,二つの母集団は異なっていて片方の母平均が高いと結論してよいか否かを判定する統計的問題である.

5・2 帰無仮説と対立仮説:"第1種の過誤"と"第2種の過誤"

二つの標本の平均値の有意差に関わるt検定に限らず,検定をするときには,まず**帰無仮説**(null hypothesis)を設定する必要がある.ここでいう帰無仮説とは何か? これは,同一の母集団から抽出したと仮定した二つの標本の平均値間の差についての仮説である.同一の母集団から抽出した二つの標本の平均値は,上述したように少し異なっているのがふつうである.なぜなら,二つの標本のデータのランダムな組合わせによって,たまたま平均値間に大小が生じている状態だからである.これを**標本誤差**(sampling error)とよぶ.この状態を想定するのが帰無仮説であり,『$H_0: \mu_A = \mu_B$』と記述する(図5・2a).前例の小学6年生11歳の男子・女

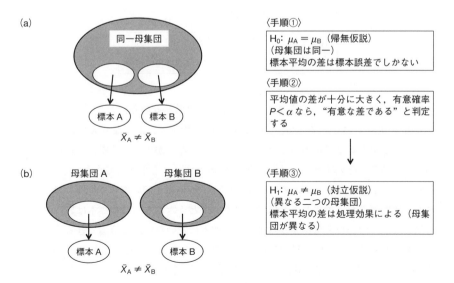

図5・2 帰無仮説の考え方と手順

子の身長の場合は，真実として差がなく，同一母集団からランダムに抽出した二つの標本でしかない，と考えるのが帰無仮説である．

それに対して，この事例では，男子と女子の身長差は性差であると考えるのが**対立仮説**(alternative hypothesis)であり，『$H_1: \mu_A \neq \mu_B$』と記述する（図5・2b）．

統計的に検定するとき，この二つの仮説を立てるのはたいへん重要なことである．統計的検定は，まず帰無仮説を立ててそれを検定するのが手順①であり，手順②でそれが棄却されたら，手順③で対立仮説を採択する順番になっている（図5・2）．次の節で詳しく説明するが，統計的検定とは帰無仮説を検定する（**帰無仮説検定** null hypothesis testing）のであって，対立仮説を検定するのではない．

帰無仮説と対立仮説の関係を見てみると，統計的な意味で二つの過誤が生じることに気づく．それは**第1種の過誤**と**第2種の過誤**であり，この関係を表5・1にまとめた．

- 第1種の過誤：帰無仮説が真なのに，それを誤って棄却する過誤
- 第2種の過誤：帰無仮説が偽なのに，それを棄却しない過誤

表5・1　真実と決定（"第1種の過誤"と"第2種の過誤"の関係）

決　定	真　実	
	H_0 が真	H_0 が偽
H_0 を棄却	第1種の過誤	正しい決定
H_0 を棄却せず	正しい決定	第2種の過誤

第1種の過誤が起こる確率を，有意水準（α水準ともいう）として，$\alpha=0.05$とか0.01と決めておく．そして，二つの標本の平均値の差がかなり大きい値になった場合，ランダムな標本誤差だけでここまで大きな差が生じる確率はどれだけかを問うのである．その確率がα水準（仮に0.05とする）を下回って小さいとなれば，そのようにまれな現象（ランダムな事象として20回に1回の確率で発生）は，ランダムな標本誤差だけで生じるとは考えにくく，どうみても二つの標本は異なる処理を施した二つの異なる母集団から抽出した標本に違いない，と結論できる．そのときに第1種の過誤として誤る有意確率を$P<0.05$（5％で有意）とか$P<0.01$（1％で有意）と記す．なお，最近のRを利用した統計的検定では，Rは有意確率Pをダイレクトに計算してくるので，専門の論文などでは$P<0.05$と記すよりも，

直接の有意確率を $P=0.00256$ などと記す場合が多くなった．（コラム 5・1 も参照）

一方，第 2 種の過誤が起こる確率を β 水準とよび，その余事象の確率 $(1-\beta)$ は，対立仮説が真であるときに帰無仮説を正しく棄却する確率であり，**統計的検定の検出力**（statistical power）とよばれる．これは初心者が簡単に計算することは難しい[*]．α 水準と違って，研究者は直接 β 水準を決めることはできないが，β を減少させることは可能であり，それによって実験の感度を上げることができる．その方法は，本章の後半でまとめて説明する．

大事なことは，α 水準と β 水準が，検出力を介してトレードオフの関係にあることだ．個々の統計的検定の検出力 $(1-\beta)$ は，仮に第 1 種の過誤を犯すのを避けようとして，厳しすぎる α 水準（たとえば $\alpha=0.001$：0.1 ％で有意）を設定した場合は低くなり，きわめて大きな平均値の差が出ない限りは帰無仮説を棄却できないことになる．つまり，帰無仮説が偽であるにもかかわらずいつまでたっても棄却できないことになる（表 5・1）．これでは β 水準がいたずらに大きくなってしまい，その統計的検定は意味をなさない．よって α 水準を適切に設定する必要がある．

5・3 帰無仮説検定：t 検定の概念と計算法

二つの標本の母集団が正規分布に従っていて，かつ分散が等しい場合には，二つの平均値の差の標本分布は，自由度 n_1+n_2-2 の t 分布に従うことが数理統計的に証明されている．ここで，n_1 は標本 1 の標本サイズ，n_2 は標本 2 の標本サイズである．

t 分布を利用するには，第 4 章の (4・3) 式のように基準スコアに直す必要がある．つまり，二つの標本の平均値の差 $(\bar{X}_1-\bar{X}_2)$ が，仮定した母平均の差 $(\mu_1-\mu_2)$ から標準誤差単位（標本平均値の分布を考えるので標準誤差になる）でどれだけ離れているかを計算する必要がある．標本平均の差の標準誤差は $s_{\bar{X}_1-\bar{X}_2}$ で表されるので，基準スコア t は以下のようになる．

$$t = \frac{(\bar{X}_1-\bar{X}_2) - (\mu_1-\mu_2)}{s_{\bar{X}_1-\bar{X}_2}} \qquad (5・1)$$

---

[*] `power.t.test()` 関数で t 検定の検出力を推定できるが，本書では説明しない．

(5・1)式の分子は，帰無仮説を立てると $(\mu_1=\mu_2)$，分子の $(\mu_1-\mu_2)$ は 0 となる．$(\bar{X}_1-\bar{X}_2)$ は実際の二つの標本平均を代入して差をとる．分子の計算はこれですべてである．

標本平均値の差の標準誤差（5・1式の分母）　　二つの平均値の差の標準誤差は，以下の式によって二つの標本から計算できる．

$$s_{\bar{X}_1-\bar{X}_2} = \sqrt{s_{\bar{X}_1}^2 + s_{\bar{X}_2}^2} \qquad (5 \cdot 2)$$

これは以下の式にほかならない．

$$s_{\bar{X}_1-\bar{X}_2} = \sqrt{\frac{s_1^2}{n_1} + \frac{s_2^2}{n_2}} \qquad (5 \cdot 3)$$

このとき，もし $s_1^2=s_2^2=s^2$ ならば，以下の式となって簡単である．

$$s_{\bar{X}_1-\bar{X}_2} = \sqrt{s^2\left(\frac{n_2+n_1}{n_1 n_2}\right)} \qquad (5 \cdot 4)$$

帰無仮説は同一母集団を仮定するので $\sigma_1^2=\sigma_2^2$ とすると，s_1^2 と s_2^2 はともに母集団分散の推定値となる．しかし，どちらも偶然のランダムな変動による標本誤差のために母集団分散とは少しずつ異なるはずである．よって，どちらかの標本分散を使うよりは，二つの標本分散を込みにした情報を使用するのが妥当である．二つの標本からの情報を込みにしたときの母集団分散の推定値 s_P^2 は以下となる．

$$s_P^2 = \frac{SS_1 + SS_2}{n_1+n_2-2} \qquad (5 \cdot 5)$$

この s_P^2 を合算分散とよぶ．つまり，二つの標本の平方和を足して (n_1+n_2-2) で割る．この (n_1+n_2-2) が自由度となる．よって，標本平均の差の標準誤差 $s_{\bar{X}_1-\bar{X}_2}$ は以下のようになる．

$$s_{\bar{X}_1-\bar{X}_2} = \sqrt{s_P^2\left(\frac{n_2+n_1}{n_1 n_2}\right)} \qquad (5 \cdot 6)$$

これで，(5・1)式の分母が求められた．

5・4　t 検定の考え方と R を使った計算

t 検定を R を利用して実際に計算してみる．ここでは簡単な例として，表 5・2 に載せてある医療の新手術法（New）と旧手術法（Old）とで，手術を施したおのおの 8 人の患者の入院日数を t 検定で比較してみよう．

まず母集団は新手術法と旧手術法の患者全体である．そしてここでの帰無仮説 H_0 は二つの手術法で入院日数は同じであると置く．一方，対立仮説 H_1 は二つの手術法で入院日数が有意に異なるとする．

表 5・2　新手術法と旧手術法による入院日数の比較

入院日数（日）	
新手術	旧手術
2	5
3	7
6	5
7	8
4	9
5	7
6	7
3	6
平均 4.5	平均 6.75

次に t 検定を R で実行する．

```
New <- c(2, 3 ,6, 7, 4, 5, 6, 3)
Old <- c(5, 7, 5, 8, 9, 7, 7, 6)
t.test(New, Old, var=T)

        Two Sample t-test
data:  New and Old
t = -2.8259, df = 14, p-value = 0.01347
alternative hypothesis: true difference in means is not
equal to 0
95 percent confidence interval:
 -3.9576713 -0.5423287
sample estimates:
mean of x mean of y
     4.50      6.75
```

結果がグレーの網掛けで出力されている．これによると，新手術法（New）の平均値＝4.5日，旧手術法（Old）の平均値＝6.75，t値は `t = -2.8259`（符号はどちらの平均値から引くかだけの問題なので気にしなくてよい．この場合は，新手術法から旧手術法を引くので負），自由度 `df=14(=8+8-2)`，有意確率 `p-value= 0.01347` となっている．つまり，1.3％の有意確率をもって有意な差が検出された．よって，帰無仮説 H_0 は棄却され，対立仮説 H_1 を採択する．つまり，新手術法の入院日数は，有意に短かいと結論できる．出力にある95％信頼区間は第4章で学んだが，この場合は平均値の差の95％CIである．

なお，`t.test(New, Old, var=T)` の3番目の引数 `var=T` は，"等分散の条件が満たされる" 条件下での t 検定を意味している．この `var=T` を付けないと，`t.test()` 関数は "ウェルチの検定" となる（§5・7参照）．また，2番目の条件として正規分布に従うことも重要であり，母集団のデータが正規分布に従わないときは t 検定は使えない．これについては本章の最後で正規性の検定（シャピロ-ウィルクの検定）を説明しておく．

a. Rを使った t 検定の検算　このように，Rを使えば t 検定は1行程度で結果が得られ便利であるが，手計算も実行して検算してみるのは大事である．この作業にもRは大いに有効性を発揮し，関数電卓などは不要である．

(1) まず，t 値の分子を計算するが，これはまったく簡単で，ただ平均値の差をとるだけである．差は日数にして2.25日．
(2) 次に t 値の分母を計算する．(5・5)式を計算するには，二つの標本の平方和を計算する必要がある．それにはまず平均値をRで求める．

```
mean_N <- mean(New)
mean_N
[1] 4.5
mean_O <- mean(Old)
mean_O
[1] 6.75
```

二つの標本の平方和を求める．

```
SS_N <- sum((New-mean_N)^2)
SS_N
[1] 22
```

```
SS_O <- sum((Old-mean_O)^2)
SS_O
[1] 13.5
```

一応，`SS_N` と `SS_O` の中身を確かめるために，総和 `sum()` 関数の内側（偏差からなるベクトル）の部分を見てみよう．ちゃんと値が入っていることがわかる．

```
New-mean_N
[1] -2.5 -1.5  1.5  2.5 -0.5  0.5  1.5 -1.5
Old-mean_O
[1] -1.75  0.25 -1.75  1.25  2.25  0.25  0.25 -0.75
```

(3) さらに，二つの標本を込みにした標準誤差を計算する．標本サイズは `length()` 関数を用いる．

```
sP2 <- (SS_N + SS_O)/(length(New)+length(Old)-2)
sP2
[1] 2.535714
```

(4) 分母の最終値として，二つの標本平均値の差の標準誤差 `SE_mean` を求める．

```
SE_mean <-
sqrt(sP2*(length(New)+length(Old))/
(length(New)*length(Old)))
SE_mean
[1] 0.7961963
```

(5) 最後に，t 値を求める．

```
2.25/SE_mean
[1] 2.825936
```

この値が `t.test(New, Old, var=T)` から出力された `t = -2.825936` と同じになっていることを確認できた．

b. 有意となる t 値の意味　　この事例での t 検定の結果が意味するところを，図 5・3 で説明してみよう．t 分布は自由度に依存して分布形が異なり，今回は `df=14` の t 分布である．t 分布が `t=0` を頂点として左右の＋側と－側になだら

かに尾を引くベル型になることは，第4章で説明した．この分布に従って，`qt()`関数を用いて有意になる t 値の上限と下限を求めてみよう．下限の確率 0.025（2.5％）と，上限の確率 1−0.025（97.5％）を指定すると，`qt(0.025,df=14)` は **-2.144**，`qt(0.975,df=14)` は **2.144** となる．この上限と下限の間に挟まれる絶対値の小さな領域が，ランダムな変動による標本誤差で生じる平均値の差の t 値となる．今回の二つの手術法での入院日数では，t 値＝−2.8259 なので，下限の−2.144 よりもさらにマイナス側に絶対値の大きな値になっており，有意な差の領域に入っていることがわかる．

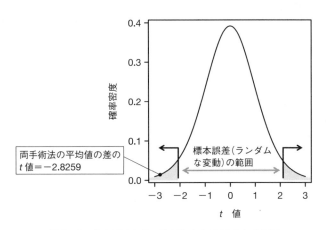

図 5・3　自由度 14 の t 分布と左右 2.5％点の位置

c. 両側検定と片側検定　"α 水準 5％の検定"では，なぜ t 値の＋側と−側の両極端に 2.5％の領域を半分ずつ分けるのだろうか？ これは，二つの標本の平均値の差が＋側になるか−側になるかは問題とせず，どちら側であっても合計で有意確率を 5％（帰無仮説のもとでは 20 回に 1 回の大きな差）に設定するからである．これを**両側検定**とよび，対立仮説は『$H_1: \mu_A \neq \mu_B$』である．

これに対して，"二つの標本の平均値に差が生じるならば，必ず片方が大きくなる"場合も考えられる．たとえば，科学的に処理の効果が＋側か−側かに論理的に決まっている場合などであり，例をあげると，種子からの芽生えの生育に与える肥料 A の効果を調べるとき，純水を与えた対照区に対して，肥料 A を純水と混ぜて与えた処理区との差を調べるなどが考えられる．この場合は，肥料 A の成分など

から,対照区と処理区とで差が生じるならば,処理区の方がよく育つだろう.純水を与えた対照区の方が生育がよいのは理屈のうえで合わない.この場合は,対立仮説は『$H_1: \mu_C < \mu_T$』(対照区 control,処理区 treatment の略)となり,＋側に有意確率5％を設定して t 検定を実行する.これを**片側検定**とよび,有意確率5％を与える上限の t 値が小さくなる方向にずれる(図5・4).たとえば,仮に上述の2種類の手術法のデータを片側検定してみると,95％点を与える t 値は `qt(0.95, df=14)` で 1.761 となる.つまり,有意な t 値の上限は両側検定の `t=2.144` よりも小さくなるので,片側検定では有意な差が出やすくなることがわかる.しかし,この二つの手術法の入院日数の例では,新手術法だからといって入院日数が短縮する科学的裏付けはないので,より有意な差が得られるという理由で軽々しく片側検定を使うことは不適切である.

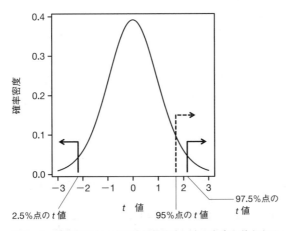

図5・4 両側検定(→)と片側検定(--→)の有意な差となる t 値の領域の違い

5・5 t 検定のいくつかの事例

t 検定のいくつかの事例をRで計算してみよう.まず,図5・1の小学6年生11歳男女の身長を使って t 検定をやってみよう.(a)は個々の身長データのばらつきが大きい場合である.$t = -0.982$ で有意確率 $P = 0.3345$ となり,有意な差は得られない.よって帰無仮説 H_0 は棄却できない.つまり男女の身長に差はないとの結論となる.

```
boys <- c(143.1,140.9,147.2,139.8,141.3,150.7,149.4,145.6,
          146.5,148.5,141.2,136.5,145.8,148.1,144.3)
girls <- c(138.7,142.8,150.3,148.4,141.7,149.5,156.5,144.6,
           144.4,145.7,148.3,140.8,146.2,149.9,144.1)
t.test(boys, girls, var=T)

        Two Sample t-test

data:  boys and girls
t = -0.982, df = 28, p-value = 0.3345
alternative hypothesis: true difference in means is not
equal to 0
95 percent confidence interval:
 -4.731732  1.665065
sample estimates:
mean of x mean of y
 144.5933  146.1267
```

次に,身長の平均値は同じでも,ばらつきの小さい(b)を試してみよう.$t=-2.523$ で有意確率 $P=0.01759$ となり,今度は有意な差が得られた.よって,帰無仮説 H_0 を棄却して対立仮説 H_1 を採択する.つまり,男女の身長には有意な差があるといえる.

```
boys <- c(142.3,142.5,145.7,143.5,144.2,145.1,145.9,
          145.2,146.8,
          145.7,145.4,144.6,144.2,145.9,142.1)
girls<- c(143.5,144.6,143.4,146.6,145.3,147.7,147.2,
          147.8,145.3,
          145.7,147.5,147.2,148.8,147.9,143.3)
t.test(boys, girls, var=T)

    Two Sample t-test

data:  boys and girls
t = -2.523, df = 28, p-value = 0.01759
alternative hypothesis: true difference in means is not
equal to 0
```

```
95 percent confidence interval:
 -2.7419982 -0.2846684
sample estimates:
mean of x mean of y
 144.6067   146.1200
```

このように，ばらつきの大小は t 検定の結果に大きく影響を与える．小学生の身長の調査は，実験と違ってばらつきを抑えることはできないが，実験室や野外調査の場合は，できるだけ条件をそろえることで，ばらつきを抑えることが肝要である．

別の事例として，今度は標本サイズの大小の影響を調べた事例を取上げる．事例は植物の組織培養で，成長因子を加えた処理区 g.T と加えない対照区 g.C の伸長 (mm) を比較したい．このときに，実験の繰返しを六つ設けた表 5・3(a) をまず t 検定で分析する．

表 5・3 植物の組織培養で成長因子を加えた処理区 g.T と加えない対照区 g.C の伸長 (mm) の比較

(a)	処理 g.T	処理 g.C	(b)	処理 g.T	処理 g.C
	5.5	3.9		5.5	3.9
	4.2	4.1		4.2	4.1
	3.7	3.8		3.7	3.8
	5.1	3.2		5.1	3.2
	4.4	4.5		4.4	4.5
	4.3	3.8		4.3	3.8
				5.5	3.9
				4.2	4.1
				3.7	3.8
				5.1	3.2
				4.4	4.5
				4.3	3.8
	平均 4.53	平均 3.88		平均 4.53	平均 3.88

```
g.T <- c(5.5,4.2,3.7,5.1,4.4,4.3)
g.C <- c(3.9,4.1,3.8,3.2,4.5,3.8)
t.test(g.T, g.C, var=T)
```

```
        Two Sample t-test

data:  g.T and g.C
t = 2.0414, df = 10, p-value = 0.06849
alternative hypothesis: true difference in means is not
equal to 0
95 percent confidence interval:
 -0.05947555  1.35947555
sample estimates:
mean of x mean of y
 4.533333  3.883333
```

この場合は，$t=2.0414$ で有意確率 $P=0.06849$ となり，有意な差ではない．よって帰無仮説 H_0 は棄却できない．ただし，この場合 α 水準 $P=0.05$ にかなり近いので，成長因子を加えた処理 g.T は組織の伸長を増加させる傾向はありそうだ．こういう $0.05 < P < 0.10$（有意確率が 5 % から 10 % の間）の領域を，"マージナル" とよぶこともある．

　検出力を高める最も有効な手立ては<u>標本サイズを大きくする</u>ことである．この標本サイズの大きさの効果を理解するために，同じデータセットを，表 5・3(b) のように単純に標本サイズを 2 倍にしたら t 検定の結果はどうなるかを調べてみよう．

```
g.T <- c(5.5,4.2,3.7,5.1,4.4,4.3, 5.5,4.2,3.7,5.1,4.4,4.3)
g.C <- c(3.9,4.1,3.8,3.2,4.5,3.8, 3.9,4.1,3.8,3.2,4.5,3.8)
t.test(g.T, g.C, var=T)

        Two Sample t-test

data:  g.T and g.C
t = 3.0278, df = 22, p-value = 0.006182
alternative hypothesis: true difference in means is not
equal to 0
95 percent confidence interval:
 0.2047889 1.0952111
sample estimates:
mean of x mean of y
 4.533333  3.883333
```

今度は $t=3.0278$ で有意確率 $P=0.006182=0.6\%$ での強い有意差が得られた．よって帰無仮説 H_0 を棄却できる．このように，繰返し数を単純に増やすだけで，t 検定の検出力が上がった．

では，繰返し数を単純に増やすだけで，t 検定の検出力が上がったのはなぜだろうか？答えは(5・1)式の分母の構造にある．(5・1)式の分母は基本的に(5・6)式であり，s_p^2 は平均値の差の分散で，それを二つの標本サイズを込みにしてかけた以下の項は標本サイズ n_i が増えるほど小さくなる．

$$\left(\frac{1}{n_1} + \frac{1}{n_2}\right) = \frac{n_1 + n_2}{n_1 n_2}$$

一般に，標本サイズが大きくなるほど標準誤差は小さくなるので，(5・1)式の分母は小さくなっていく．そのため，分子の平均値の差が変わらなくても，標本サイズを増やすだけで t 検定の検出力は上がるのである．

5・6 検出力を高めるもう一つの方法：対応のある t 検定

t 検定を使うとき，検出力を高めるもう一つの方法がある．図5・5は2種類の食事療法であるトマト療法とバナナ療法を，体格・生理状態の似た被験者に数カ月施したときの体重減少を比較した架空のデータである．図5・5では，濃い領域はトマト療法のデータ，薄い領域はバナナ療法のプロットである．それぞれのデータ領域は大きくばらついている．しかし，差をとった横棒の長さはばらつきが小さいことに注意されたい．これは図5・5の表にも表れており，右端の列は，トマト療法の体重減少からバナナ療法の体重減少の差を，被験者のペアごとに示している．

では，これをふまえて，表のデータを t 検定で分析してみよう．まず最初に，これまで説明してきたふつうの t 検定を使おう．

```
d.T <- c(6,16,10,14,24,8)
d.B <- c(1,10,5,15,20,3)
t.test(d.T, d.B, var=T)

        Two Sample t-test

data:  d.T and d.B
t = 0.9918, df = 10, p-value = 0.3447
```

```
alternative hypothesis: true difference in means is not
equal to 0
95 percent confidence interval:
 -4.98652 12.98652
sample estimates:
mean of x mean of y
       13        9
```

トマト療法の方が体重減少は平均的に大きいように思われるが,図5・5にみられるように,データのばらつきが大きいので,$t=0.9918$ で有意確率 $P=0.3447$ で有意

対	トマト療法 (T)	バナナ療法 (B)	差 D (T−B)
1	6	1	5
2	16	10	6
3	10	5	5
4	14	15	−1
5	24	20	4
6	8	3	5
平均	平均 13	平均 9	平均 4

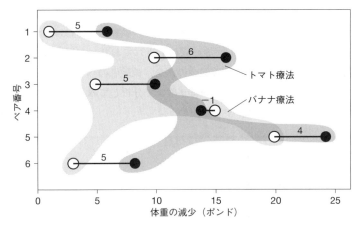

図 5・5 二つの食事療法による体格・生理状態が似た被験者ペアのデータ(対応データの t 検定) 濃い領域と●はトマト療法のデータ,薄い領域と○はバナナ療法のデータである.それぞれのデータ領域は大きくばらついているが,トマト療法の体重減少からバナナ療法の体重減少の差をとった横棒の長さは,ばらつきが小さいことに注意.

5・6 検出力を高めるもう一つの方法

な結果にはならなかった．よって帰無仮説 H_0 は棄却できない．

では，体格・生理状態の似た被験者を組みにして差をとる"対応のある t 検定（paired t-test）"で分析するとどうなるだろうか？ 対応のある t 検定の場合は，二つの標本を使うふつうの t 検定ではなく，1標本の t 検定となる．その使い方は以下のようになる．

```
D <- c(5,6,5,-1,4,5)
t.test(D, mu=0)

        One Sample t-test

data:  D
t = 3.873, df = 5, p-value = 0.01172
alternative hypothesis: true mean is not equal to 0
95 percent confidence interval:
 1.345114 6.654886
sample estimates:
mean of x
        4
```

1標本の t 検定は，実は第4章"推定と誤差"で，95％信頼区間を説明したときに登場している．

今回は，二つの標本から2名ずつペアになった被験者の体重減少の差のデータを D に格納し，母平均 mu=0 を帰無仮説として，t 検定で分析している．その結果，$t=3.873$，有意確率 $P=0.01172$ の厳しい有意な差が得られた．よって帰無仮説 H_0 を棄却し，対立仮説 H_1 を採択する．

ただし，t 検定は（次章の分散分析も）平均値を検定するとき，二つの標本は正規性・等分散性が満たされていることが前提条件となる．よって，二つの標本の正規性と等分散性を確認してから，t 検定を実行する手順が必要である．

正規性はシャピロ・ウィルク（Shapilo-Wilk）検定を実施すればよい．これは当該の標本が正規分布に従う母集団から抽出されたとの帰無仮説を検定するものである．検定統計量 W の理解は高度な知識を要し，この本の範囲を超えるため，ここでは R でのシャピロ・ウィルク検定の **shapiro.test()** 関数を使うことだけに説明をとどめる．事例として，図5・1の小学6年生の男女15名の身長について，ば

らつきの大きな方(a)の男女のデータで正規性検定を実行してみる.

```
boys <-c(143.1,140.9,147.2,139.8,141.3,150.7,149.4,145.6,146.5,
148.5,141.2,136.5,145.8,148.1,144.3)
girls <- c(138.7,142.8,150.3,148.4,141.7,149.5,156.5,144.6,144.4,
145.7,148.3,140.8,146.2,149.9,144.1)

shapiro.test(boys)

        Shapiro-Wilk normality test
data:  boys
W = 0.96769, p-value = 0.8224

shapiro.test(girls)

        Shapiro-Wilk normality test
data:  girls
W = 0.9699, p-value = 0.8566
```

男子も女子も,Wの値は1.0にかなり近く,有意確率は$P=0.8224$(男子),$P=0.8566$(女子)となり,正規分布に従う母集団から標本が抽出されたという帰無仮説は棄却されない.よって,男女のデータともに正規性は確認された.Wの値が棄却値を下回ると,正規性が棄却される.シャピロ・ウィルク検定の有意確率はデータが四つ以上あると近似的に求められる.

次に,等分散性の検定だが,これにはバートレットの等分散検定(バートレットの均等性検定)を使う.バートレット検定は2群以上の標本を対象に,これらの標本は母分散がすべて等しい母集団から抽出したものであると考える帰無仮説を検定する.群(標本)がkある場合は,検定統計量Bは近似的に自由度$k-1$のχ^2分布に従う.

事例として,ここでも図5・1(a)の身長データを取上げよう.**bartlett.test()** 関数の使い方は,以下のようにする.15名ずつの男女の身長をまとめて **score** というオブジェクトに入力する.要因として15名ずつの男女の性別を1と2のコードをつけるが,これはただの数値ではなく,要因であることをRに指定するために **factor()** 関数で囲む.あとは,**bartlett.test()** の引数として,**score~sex** のモデルを指定する.~はチルダとよび,Rでは[応答変数]~[説明

変数］のモデルの両辺をつなぐものとして使われる．

```
score <-c(143.1,140.9,147.2,139.8,141.3,150.7,149.4,145.6,146.5,
148.5,141.2,136.5,145.8,148.1,144.3,138.7,142.8,150.3,148.4,
141.7,149.5,156.5,144.6,144.4,145.7,148.3,140.8,146.2,149.9,144.1)
sex <- factor(c(rep(1,15),rep(2,15)))

bartlett.test(score~sex)

        Bartlett test of homogeneity of variances

data:   score by sex
Bartlett's K-squared = 0.16669, df = 1, p-value = 0.6831
```

出力結果は，検定統計量 $B=0.16669$ で有意確率 $P=0.6831$ となり，男子と女子で分散は等しいとの帰無仮説（均等性）は棄却できないことを意味する．

5・7 二つの標本が等分散でないときの有意差検定：ウェルチの検定

上述のようにt検定は，二つの標本が正規分布に従い，等しい分散をもっている母集団から抽出したことを前提条件としている．そのため，ばらつきの差異が大きい二つの標本の平均値の有意差検定にt検定を使うのは誤りとなる．では，どのように対処したらよいだろうか？

この場合は，(5・5)式の合算分散を使わずに，おのおのの標本の不偏分散を使って少し違ったt値を計算する．このやり方をウェルチ（Welch）のt検定とよぶ．おのおのの標本 X_1, X_2 の平均を $\bar{X}_1$, $\bar{X}_2$ とし，それらの不偏分散は s_1^2, s_2^2 とする．このとき，ウェルチのt値は以下を計算する．

$$t = \frac{\bar{X}_1 - \bar{X}_2}{\sqrt{(s_1^2/n_1) + (s_2^2/n_2)}} \tag{5・7}$$

このt値が，近似的に以下の自由度dfのt分布に従うことを利用するのである．

$$df = \frac{\{(s_1^2/n_1) + (s_2^2/n_2)\}^2}{\dfrac{(s_1^2/n_1)^2}{n_1 - 1} + \dfrac{(s_2^2/n_2)^2}{n_2 - 1}} \tag{5・8}$$

この自由度は整数にはならないが，t分布は自由度が整数でない場合にも拡張できる．

ここで，分散が等しいとはいえない二つの標本の事例で，ウェルチのt検定を実行してみよう．二つの標本のデータは以下である（図5・6）．

```
X1 <- c(23, 20, 20, 24, 17, 19, 26, 22, 19, 21)
X2 <- c(17, 23, 25, 34, 25, 28, 20, 31, 26, 36)
```

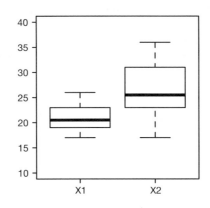

図5・6　分散が等しくない二つの標本の箱ひげ図

まず，両方の標本の不偏分散は，どの程度の差異があるかを調べる．

```
var(X1)
[1] 7.211111
var(X2)
[1] 35.38889
```

X_2の方が約5倍も大きいことがわかる．上述のバートレットの均等性検定を実行する．

```
score <- c(X1, X2)
group <- factor(c(rep(1,10),rep(2,10)))

bartlett.test(score~group)
```

5・7 二つの標本が等分散でないときの有意差検定：ウェルチの検定

```
        Bartlett test of homogeneity of variances

data:   score by group
Bartlett's K-squared = 4.906, df = 1, p-value = 0.02676
```

　出力結果はバートレットの検定統計量 $B=4.906$ で，有意確率 $P=0.02676$ となり，二つの標本の分散には違いがあることを示している．このバートレット検定で両標本の分散に有意な差異がなければ，本章で説明してきた通常の t 検定を使ってよい．しかし，この事例では有意な差異があるのだから，不等分散に対応するウェルチの検定を使うことになる．使い方はきわめて簡単で，`t.test()` の引数から等分散指定の `var=T` を削除すればよいのである．つまり，関数 `t.test()` のデフォルトはウェルチの検定となっている．

```
t.test(X1, X2)

        Welch Two Sample t-test

data:   X1 and X2
t = -2.6163, df = 12.522, p-value = 0.02188
alternative hypothesis: true difference in means is not
equal to 0
95 percent confidence interval:
 -9.8763303 -0.9236697
sample estimates:
mean of x mean of y
    21.1      26.5
```

　`t=-2.6163` となり，有意確率 $P=0.02188$ で，二つの標本の平均値には有意な差があると結論できる．ここで，自由度は `df=12.522` で実数になっていることに注意したい．二つの標本で合計して標本サイズは 20 なので，通常の t 検定ならば `df=18` であるところ，両標本の分散に大きな違いがあるために，自由度がずっと小さくなっている．

　ただし，2 標本が不等分散になっている場合の対応策として重宝されるウェルチの検定といえども，正規分布の母集団から抽出した二つの標本でなかったら，やはり使えない．たとえば，一方の標本はデータが右に長く尾を引く分布で，もう片方

の標本は双山形であったりすると，ウェルチの検定は不適切である．この場合は，第12章の"ノンパラメトリック法(1)：観測度数の利用"で，不等分散で正規性も崩れている二つの標本の検定が可能な方法を解説している．

まとめ

このように，簡単な t 検定であっても，それを深く理解することは，実験デザインの改善にも大きく貢献する．ぜひ，統計的検定を十分に理解して，調査や実験などの研究に役立たせてもらいたい．

演習問題5・1 (1) 種子の芽生えの伸長に光照射が効果を与えるか否かの実験をした．伸長のデータ(cm)は以下である．t 検定を実行せよ．
　　処理T（光を照射）：　　25, 15, 19, 17, 22, 20
　　処理C（光照射なし）：16, 18, 17, 11, 19, 14
(2) このデータだと，`t = 2.0377, df = 10, p-value = 0.06891`となり，マージナルな結果となる．では，このデータをそのまま2倍に複製して，各処理区でデータを12個にすると，結果はどのようになるか？

演習問題5・2 精神科医が患者の性格をプラスの面を先に知らせた場合とマイナスの面を先に知らせた場合での，患者の回復度（20点満点）に関する臨床心理を調査した．t 検定を実行せよ．
　　プラスの面を先：　　12, 16, 11, 9, 18, 17, 14, 16, 10, 11
　　マイナスの面を先：　9, 10, 11, 8, 7, 9, 6, 10, 11, 13, 12

演習問題5・3 体格や血液検査の同等な被験者をペアにして，二つの器具をそれぞれ2カ月間使用したときの減量に及ぼす効果を調べた．一つは腹筋を鍛える器具，もう一つは室内ジョギング器具である．その結果，減量した数値(kg)は以下である．
　　腹筋鍛練：　　　　1.2, 2.0, 1.3, 1.7, 2.0, 1.9, 1.3
　　室内ジョギング：2.3, 2.6, 1.9, 2.8, 1.5, 1.9, 2.2

コラム 5・1　$P<0.05$ であれば万々歳？

第5章で仮説検定の考え方を学んだ．以降の章においても同様に有意確率 P 値に注目し，有意水準 α を下回っていれば帰無仮説を棄却し，対立仮説を採択するという判断をしていくが，ここで P 値に関する注意点を喚起する．

2群（AとB）の平均値の差を比較する例を考えよう．仮説検定では，帰無仮説を $\mu_A=\mu_B$，対立仮説を $\mu_A\neq\mu_B$ として設定し，検定統計量に基づいて判断するのであった．多くの研究者は，自分の仮説（差があるという対立仮説）が支持されてほしいので，P 値が有意水準を下回っていると喜ぶわけだ．しかし，注意してほしい．$\mu_A\neq\mu_B$ であることがわかっても，一体どの程度の差があるのかについては何も言っていないのである．差が1000という大きな値であろうが，0.001という小さな値であろうが，$\mu_A\neq\mu_B$ である．図5・7(a)は標準偏差が1で，平均値がそれぞれ0と2の正規分布を図示したものである．一方，図5・7(b)は同様に標準偏差1であるが，平均0と0.1の正規分布である．どちらの場合であっても $\mu_A\neq\mu_B$ である点で同

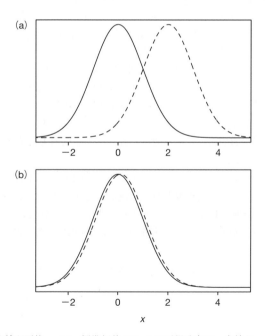

図 5・7　(a) 実線が平均 $\mu_A=0$，標準偏差 $SD=1$ の正規分布で，点線が $\mu_B=2$，$SD=1$ の正規分布．(b) 実線が $\mu_A=0$，$SD=1$ の正規分布で，点線が $\mu_B=0.1$，$SD=1$ の正規分布である．どちらであっても平均値は等しくない．

じである．

　特に注意すべき点は，統計的仮説検定において，標本サイズを大きくすると，どんなに小さな差であってもP値は小さくなり，有意であると判定される．図5・7(a)の例で，標本サイズ10ずつの標本をとってきて，t検定を実行すると，$P<0.01$という結果が得られ，差があると判断される．一方，図5・7(b)の例で標本サイズ10ずつでt検定を実行すると$P=0.43$となり，差があるとは判断されないものの，標本サイズを仮に1000ずつに増やすと，$P=0.014$となり有意な差があると判断される．標本サイズを増やすことで平均値の差が0.1であっても検出できたわけだが，これは統計的に有意な差であっても，その実験の文脈や背景をふまえたうえで，本当に意味のある差なのだろうか？たとえば生物の実験で，標準偏差1のばらつきをもつデータに対し平均値の差0.1は，意味のある差なのだろうか？それぞれの文脈で，どの程度の差があれば，本当に意味のある差があるとみなすかを考える必要がある．

　このような，差があったときにどの程度の差であるかの指標を**効果量**（effect size）とよぶ．効果量に関してはさまざまな定義があるが，たとえば，基準化された効果量として，平均値の差を標準偏差で割った値がある．上記の例ではそれぞれ2と0.1となる．論文で，P値だけでなく，効果量も報告する分野も出始めている．

　効果量に関連して，実験をする際に標本サイズをいくつにするか，という重要な問題も生じてくる．実は，有意水準α，検出力$1-\beta$，効果量，標本サイズの四つの値は，そのうち三つを決めると残り一つが自動的に決まる値である．そのため，検出力をたとえば0.8などに設定し，効果量を実験の背景から決めると，実験を行うべき標本サイズが算出できる．このような手順で実験計画を立て，実験し，統計解析をするのが理想的である．Rを使った詳しい手順は巻末に載せた参考文献を手にとっていただきたい．

　このような問題に対するもう一つの対応策は，第14章で紹介するベイズ推定である．ベイズ推定では，帰無仮説と対立仮説を設定するのではなく，データから真の平均の差の確率分布を推定する．そのため，実際にどの程度の差があるかを結果として明示することができるという特徴がある．興味のある読者は第14章を読んでいただきたい．

6

一元配置の分散分析と多重比較

　第5章では二つの標本の平均値の帰無仮説検定として t 検定を学んだ．では，三つの標本の平均値の差はどのように検定すればよいのだろうか？ここで2標本の差の t 検定を3回繰返したら，誤りである．この章と次の第7章では，3標本以上の仮説検定を正しく行う分散分析（ANOVA: analysis of variance）を学ぶ．たとえば，植物の生育を 20 ℃，25 ℃，30 ℃ で調べるとき，温度という一つの要因で，三つの水準レベルで条件を設定している．このとき一元配置の分散分析とよぶ．この統計的手法は 20 世紀の統計学者 R. A. Fisher が開発したもので，母集団が正規分布であることを前提とした統計学（パラメトリック統計学，第 12 章参照）の中心をなすものである．本章では，まず三つ以上の標本のデータセットで一元配置の分散分析を解説する．そのうえで，どの標本の平均値間に有意な差があるのかを検出する多重比較法を説明する．これには適切な検定法を使わなければいけない．不適切と評価が定まっている多くの検定法が混在しているので，注意を要する．

6・1　t 検定を繰返すのは誤り！

　三つの標本（A, B, C：これを群 group とよぶ）の平均値（$\bar{X}_A$, $\bar{X}_B$, $\bar{X}_C$）を考え，これらの平均値が同一母集団からの三つの標本から得られた値であるかを帰無仮説検定する．このとき，帰無仮説は $H_0: \mu_A = \mu_B = \mu_C$ となる．α 水準 5% の意味は，"二つの標本は同一母集団を仮定してランダムに抽出して得られる場合の平均値の差が 20 回に 1 回の大きな値"となることは図 5・2 で説明した．

　いま仮に，二つの標本ごとに t 検定を施す状況を想定してみよう．つまり，① 標

本 A と標本 B(H_0: $\mu_A = \mu_B$), ② 標本 B と標本 C(H_0: $\mu_B = \mu_C$), ③ 標本 C と標本 A (H_0: $\mu_C = \mu_A$) のペアで有意水準 5% で t 検定を実行してみる.1 回の検定で第 1 種の過誤が α 水準 = 5% で生じるということは,3 回込みで正しく H_0 を棄却できる確率は $(1-0.05)^3 = 0.95^3 = 0.857$ となる.つまり,t 検定を 3 回繰返すと,$\bar{X}_A$, $\bar{X}_B$, $\bar{X}_C$ のどれかの間に有意差を検出してしまう第 1 種の過誤の確率は,実に $1-0.857 = 0.143$ まで上昇する.

これは重大な誤りである.群全体として第 1 種の過誤の α 水準 0.05 を保つ統計的検定が必要であり,本章ではその方法を説明する.先に分散分析を説明して,そのあとで,各群の平均値間の多重比較法を説明する.

なお,これらの検定法は,母集団が正規分布に従い,各群の分散も等しい場合に適用できる.そうでない場合は第 12 章,第 13 章のノンパラメトリック法を参照してほしい.

6・2 一元配置分散分析(1-way ANOVA)の原理

図 6・1 を見てみよう.三つの標本を想定する.これが同一母集団(μ が共通)から抽出された三つの標本であると考えるのが帰無仮説で,H_0: $\mu_1 = \mu_2 = \mu_3$ と設定できる.これに対して,対立仮説は H_1: $\overline{\mu_1 = \mu_2 = \mu_3}$ である(上のバーは否定の意味で,すべて等しいわけではなく,少なくとも一つは有意差あり).これは決し

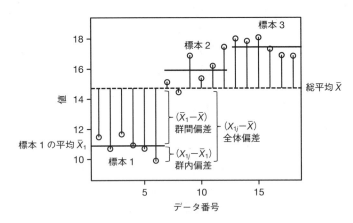

図 6・1 分散分析(ANOVA)の概念図 三つの標本を想定する.

6・2 一元配置分散分析（1-way ANOVA）の原理

て H_1: $\mu_1 \neq \mu_2$ かつ $\mu_2 \neq \mu_3$ かつ $\mu_3 \neq \mu_1$ ではないことに注意してほしい．対立仮説は，あくまで三つの標本のうち少なくとも一つの平均値間に有意差が生じる状況を考えている．三つの標本のどの平均値間に有意差が生じるかを検出する方法は，本章の後半の多重比較法で説明する．

表6・1に従って，総平均($\bar{X}$)から各データ(X_{ij})の偏差($X_{ij}-\bar{X}$，これを全体偏差とよぶ）を考える．ここで，添え字の i は群の番号で群の総数は m である．添え字 j は i 群内の各データの j 番目の値を示す．群を水準とよぶこともある．また，各群の母集団分布は正規分布に従うと仮定し（正規性），すべての群を通して母分散は等しいと仮定する（等分散）．

表6・1 一元配置デザインのデータ形式

群	標本サイズ	データ				平均
第1群	n_1	X_{11}	X_{12}	$\cdots$	X_{1n_1}	$\bar{X}_1$
第2群	n_2	X_{21}	X_{22}	$\cdots$	X_{2n_2}	$\bar{X}_2$
$\vdots$	$\vdots$	$\vdots$	$\vdots$		$\vdots$	$\vdots$
第i群	n_i	X_{i1}	X_{i2}	$\cdots$	X_{in_i}	$\bar{X}_i$
$\vdots$	$\vdots$	$\vdots$	$\vdots$		$\vdots$	$\vdots$
第m群	n_m	X_{m1}	X_{m2}	$\cdots$	X_{mn_m}	$\bar{X}_m$
	$N=n_1+n_2+\cdots +n_i+\cdots + n_m$					

図6・1に示したように，全体偏差 $X_{ij}-\bar{X}$ は［群 i の平均($\bar{X}_i$)から総平均($\bar{X}$)の偏差（これを**群間偏差**とよぶ）］と［群 i 内の各データ(X_{ij})から群 i の平均($\bar{X}_i$)との偏差（これを**群内偏差**とよぶ）］の和で表される．ここから，p.74 の囲みに示した式に従って総平方和の分割を考えよう．ここで

$$総平均 \bar{X} = \frac{1}{N}\sum_{i=1}^{m}\sum_{j=1}^{n_i} X_{ij}$$

とする．

総平方和＝［総平均($\bar{X}$)から各データ(X_{ij})の偏差］^{2} の総和
　　　　＝［群 i 内の各データ(X_{ij})から群 i の平均($\bar{X}_i$)の偏差］^{2} の総和
　　　　＋［群 i の平均($\bar{X}_i$)から総平均($\bar{X}$)の偏差］^{2} の総和　　　　(6・1)

これを数式で表したのが p.74 の囲みである．右辺第1項が**群内平方和**で，第2項が**群間平方和**となる．

次に，平方和から分散を求めるときは，第2章の(2・3)式で学んだように［分散＝平方和/自由度］だった．自由度は，不偏分散にするときは標本サイズ n から1引くことにしていたので，今回も定義どおりの分散ではなく，不偏分散を計算する．群の数(標本の数)は m なので自由度は $m-1$ でわかりやすい．群内の標本サイズを n 個とすると自由度は $n-1$，これが m 群だけあるのだから $m(n-1)$ となる．各群の標本サイズが異なるときは，群内自由度は $(n_1-1)+(n_2-1)+\cdots+(n_m-1)$

表 6・2 分散分析(ANOVA)の表 上の段の記号は，SS: 平方和，df: 自由度，MS: 平均平方（推定された分散），F 値．表内の記号は，SS_B: 群間平方和，SS_W: 群内平方和，m: 群の総数，n: 群内の繰返し総数，i: 群の番号，j: 群内のデータ番号．

SS	df	MS	F
$SS_B = \sum_{i=1}^{m} n_i(\bar{X}_i - \bar{X})^2$	$df_B = m-1$	$MS_B = \dfrac{SS_B}{df_B}$	$\dfrac{MS_B}{MS_W}$
$SS_W = \sum_{i=1}^{m}\sum_{j=1}^{n_i}(X_{ij} - \bar{X}_i)^2$	$df_W = m(n-1)$ または $df_W = (n_1-1)+(n_2-1)+\cdots+(n_m-1)$	$MS_W = \dfrac{SS_W}{df_W}$	
$SS_T = \sum_{i=1}^{m}\sum_{j=1}^{n_i}(X_{ij} - \bar{X})^2$	$df_T = mn-1$ または $df_T = n_1+n_2+\cdots+n_m-1$		

総平方和は，

$$\sum_{i=1}^{m}\sum_{j=1}^{n_i}\left\{(X_{ij} - \bar{X}_i) + (\bar{X}_i - \bar{X})\right\}^2$$

$$= \underbrace{\sum_{i=1}^{m}\sum_{j=1}^{n_i}(X_{ij} - \bar{X}_i)^2}_{\text{群内平方和}} + \underbrace{\sum_{i=1}^{m}\sum_{j=1}^{n_i}2(X_{ij} - \bar{X}_i)(\bar{X}_i - \bar{X})}_{=0} + \underbrace{\sum_{i=1}^{m}\sum_{j=1}^{n_i}(\bar{X}_i - \bar{X})^2}_{\text{群間平方和}}$$

中間項は
$$\sum_{i=1}^{m}\sum_{j=1}^{n_i} 2(X_{ij} - \bar{X}_i)(\bar{X}_i - \bar{X})$$

$$= 2\sum_{i=1}^{m}\sum_{j=1}^{n_i}(X_{ij}\bar{X}_i - X_{ij}\bar{X} - \bar{X}_i\bar{X}_i + \bar{X}_i\bar{X})$$

$$= 2\sum_{i=1}^{m}(n_i\bar{X}_i)\bar{X}_i - 2\sum_{i=1}^{m}(n_i\bar{X}_i)\bar{X} - 2\sum_{i=1}^{m}n_i\bar{X}_i^2 + 2\sum_{i=1}^{m}(n_i\bar{X}_i)\bar{X} = 0$$

総平方和を群内と群間の2種類の平方和に分割する式の変形

6・2 一元配置分散分析（1-way ANOVA）の原理

となる．よって，群間平方和と群内平方和をおのおのの自由度で割ることで，二つの分散の推定値が得られる．分散分析では，これを**平均平方**（MS: mean squares）とよぶ．

$$群間分散(平均平方)(MS_B) = 群間平方和(SS_B)/(m-1)$$
$$群内分散(平均平方)(MS_W) = 群内平方和(SS_W)/[m(n-1)] \quad (6・2)$$
$$総平方和(SS_T) = 群間平方和(SS_B) + 群内平方和(SS_W)$$

群間の平均平方を群内の平均平方で割ったものを F 値または分散比とよぶ（F は Fisher の頭文字）．これをまとめたのが，表 6・2 の ANOVA 表である．総自由度＝群間自由度＋群内自由度でもある．注意したいことは，F 値は分子と分母の二つの自由度をもつ点である．

$$F = \frac{群間分散}{群内分散} \quad (6・3)$$

さて，ここで再度，三つ以上の標本の平均値の間に有意差をどうやって検出できるか，分散分析の基本問題に立ち戻ってみよう．(6・2)式まで理解できれば，キーポイントはもう間近である．要点は，群間分散と群内分散のどちらが大きいかの差異は何に由来するか，である．群間分散が大きいということは，各群の平均値が大きく違うことに原因がある．一方，群内分散が大きいことは，一つの標本内での各

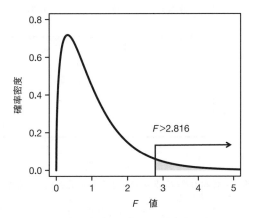

図 6・2 例として自由度 (3, 44) の F 分布を示す．$F > 2.816$ の灰色の領域が確率 0.05 の棄却域を示す．

データにばらつきが大きいことに由来する．帰無仮説では，各標本は同一母集団（μ は共通）から抽出されたことを想定している．帰無仮説に従う場合は，F 値は自由度 $m-1$, $m(n-1)$ の F 分布に従う．もし F 値がこの F 分布の棄却域（図 6・2）に入れば，これらの標本は共通の母集団から抽出したものではない，つまり違う母集団から抽出したものであると判断することができる．これは第 5 章の図 5・2 で説明した帰無仮説検定の原則である．

図 6・3 を見てほしい．(a)は，群内の分散に比べて群間の隔たり（分散）が大き

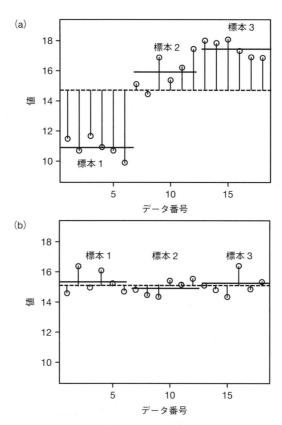

図 6・3 分散分析が各標本の処理効果の有意差を示す場合と，処理効果が有意でない場合 (a) 各標本のばらつきに比べて各標本の平均の差が大きい場合は，標本間の平均値の差が有意に大きく，処理効果があると判定される．(b) 各標本のばらつきに比べて各標本の平均の差が小さい場合は，処理効果はないと判定される．（各標本の平均値の離れ具合と各標本のばらつきによって，処理効果の強弱が見てとれることに注意）

い場合を表しており，処理効果は強く，群間の平均値の差が有意に大きいと判定される．一方，(b)のように群内の分散と群間の分散が同じ程度で，標本の分布が重なっている場合は，処理効果は弱いかほとんどないと判定される．各群の平均の離れ具合と各群内のばらつきによって，この図は処理効果の強弱が見てとれる．F値の大小は，群間分散と群内分散の比で表すことになる．つまり，F値の変動成分は以下の(6・4)式にまとめられる．分子には処理効果（各群の平均に差異をもたらす効果）と偶然のばらつき（異なる群での平均値間の偶然のばらつき），分母には群内の繰返しに生じるばらつきがくるので，F値の大きな値が得られるならば，それは分子の強い処理効果によってもたらされることになる．この処理効果が小さいほど，分子と分母は"同程度の偶然のばらつき"が支配する結果となり，F値は1前後に小さくなる．

$$F = \frac{[処理効果 + 偶然のばらつき]}{[偶然のばらつき]} \tag{6・4}$$

6・3 Rを使ったANOVAの事例

Rを用いた分散分析の具体的な計算法について，事例を使って説明しよう．表6・3はストロンチウム鉱山の付近の五つの湖でストロンチウム濃度(mg/L)を測定したデータである．データをざっと眺めてみると，ストロンチウム濃度は一つの湖の中ではだいたいそろっている．しかし，湖ごとにはけっこう違いがあるように見える．これをRを使って確かめてみよう．

表6・3 五つの湖でのストロンチウム濃度 (mg/L)

stron	lake	stron	lake	stron	lake	stron	lake
28.2	1	37.9	2	43.7	3	56.3	5
33.2	1	37.1	2	40.1	3	54.1	5
36.4	1	43.6	2	41	4	59.4	5
34.6	1	42.4	2	44.1	4	62.7	5
29.1	1	46.3	3	46.4	4	60	5
31	1	42.1	3	40.2	4	57.3	5
39.6	2	43.5	3	38.6	4		
40.8	2	48.8	3	36.3	4		

まずc関数で個々のデータを入力する．次に，要因である湖の番号をrep()関数を使ってlakeに入力する．たとえば，1番目の湖はデータが6個あるのでrep(1,6)，2番目の湖も6個なのでrep(2,6)，…と入力していく．次の作業は，このlakeの1~6は要因のコードであって，普通の数値ではないことを指定するため，factor()関数でfactor(lake)のように要因として指定する．最後に分散分析のaov()関数で引数にモデルを指定するが，このとき応答変数~説明変数（要因）の形式をとる．~はチルダとよぶ．今回はaov(d1 ~ lake)となる．ANOVAの表まで見せたいなら，summary()で囲む．

```
d1 <- c(28.2, 33.2, 36.4, 34.6, 29.1, 31.0,
        39.6, 40.8, 37.9, 37.1, 43.6, 42.4,
        46.3, 42.1, 43.5, 48.8, 43.7, 40.1,
        41.0, 44.1, 46.4, 40.2, 38.6, 36.3,
        56.3, 54.1, 59.4, 62.7, 60.0, 57.3)
lake <- c(rep(1,6),rep(2,6),rep(3,6),rep(4,6),rep(5,6))
lake <- factor(lake)
summary(aov(d1~lake))
```

以下のような出力が得られる．

```
            Df  Sum Sq  Mean Sq  F value   Pr(>F)
lake         4  2193.4    548.4    56.16  3.95e-12 ***
Residuals   25   244.1      9.8
---
Signif. codes:  0 '***' 0.001 '**' 0.01 '*' 0.05 '.' 0.1 ' '
```

もう一つ，データ入力からANOVAのモデルを指定する別のやり方を紹介する．データはread.csv()関数で，Excelで作成したcsvファイルからよび込む方法である．ただし，csvファイルの置き場所の絶対パスを入力するか，Rの作業ディレクトリを変更し，相対パスを入力する必要がある．Windows PCの場合はファイルの上にマウスポインタを置いて，右クリックから"プロパティ"を選ぶと，絶対パスを見せてくれる．ただし，パス階層の区切りの記号¥を/に変えること．相対パスで入力する場合には，Rの作業ディレクトリをファイルがある場所に変更する必要がある．コマンドで行うにはsetwd("ディレクトリ名")とすればよい．または，Windowsであれば，メニューの"ファイル"から"ディレクトリの変更"

6・3 Rを使ったANOVAの事例

を選ぶ，Macであればメニューの"その他"から"作業をディレクトリの変更"を選ぶことで変更できる．本書のスクリプトでは，ファイルの場所を相対パスで記述した．csvファイルの1行目に列名称がついていない場合はオプションで **header=F** を指定する．**d2** をRコンソール上で開いてみると，1列目に **stron** という列名でデータが入っており，2列目に要因の湖のコード名が入っている．このようなExcelの表のようなオブジェクト形式はデータフレーム（data frame）とよばれ，Rではデータをまとめて一つの変数にするときに使われる．データフレームの各列の情報にアクセスするには，**d2$lake** のように［データフレーム名］**$**［列名］で入力する必要がある．

```
d2 <- read.csv("table6-3.csv")
lake <- factor(d2$lake)
summary(aov(d2$stron ~ lake))
              Df    Sum Sq   Mean Sq   F value   Pr(>F)
 lake          4    2193.4    548.4     56.16    3.95e-12 ***
Residuals     25     244.1      9.8
---
Signif. codes:  0 '***' 0.001 '**' 0.01 '*' 0.05 '.' 0.1
```

ANOVA表を見ると，湖の効果については非常に小さな有意確率（$P=3.95\times 10^{-12}$）が得られた．ちなみに，***は$0<P<0.001$の範囲，**は$0.001<P<0.01$，*は$0.01<P<0.05$を示す．また，. は$0.05<P<0.1$のマージナル領域を示す．

ではここで，分散分析の原理をRを使って理解してみよう．一番目の入力法のデータ **d1** を利用する．群の総数＝**m**，各群の標本サイズ＝**n** とし，群間平方和 **SS.b** と群内平方和 **SS.w** を初期値0にして，そこから **for (i in 1:m) {······}** のループで湖ごとに足し込んでいく．**for** ループが終わったところで **SS.w** と **SS.b** の2種類の平方和が格納されている．それをそれぞれの自由度で割って2種類の平均平方（**MS.b**, **MS.w**）を求め，最後にF値を求める．上記のANOVA表と同じ値が得られた．

```
m <- 5
n <- 6
SS.w <- 0
SS.b <- 0
for (i in 1:m) {
```

```
    SS.w <- SS.w + sum((d1[(n*(i-1)+1):(n*i))]-mean(d1[(n*(i-
    1)+1):(n*i))]))^2)
    SS.b <- SS.b + sum(n*(mean(d1[(n*(i-1)+1):(n*i))])-
    mean(d1))^2)
  }
SS.w
[1] 244.13
SS.b
[1] 2193.442
MS.b <- SS.b/(m-1)
MS.w <- SS.w/(m*(n-1))
MS.b
[1] 548.3605
MS.w
[1] 9.7652
F <- MS.b/MS.w
F
[1] 56.15456
1-pf(F, 4, 25)
[1] 3.947842e-12
```

検算の最終行は，F値（分位数）と二つの自由度を与えると，F分布の累積確率を返してくる関数 `pf()` を使っている．これで検算はすべて合っていることがわかった．統計解析の検算をプログラミングすることで，その検定法の原理が身に着くので，ぜひ他の検定法でもできるだけ心がけてほしい．

次の事例（表6・4）は，ある品種のブタに異なる4種類の餌をそれぞれ与えて160日たった時点での体重(kg)である．ふつうのブタの品種はだいたい平均して

表6・4 ある品種のブタに4種類の異なる餌を与えたときの160日後の体重(kg)[a]

餌1	餌2	餌3	餌4
60.8	68.7	102.6	87.9
57.0	67.7	102.1	84.2
65.0	74.0	100.2	83.1
58.6	66.3	96.5	85.7
61.7	69.8	——	90.3

a) J.H. Zar, "Biostatistical Analysis, 4th ed.", Prentice Hall (1999) より表10・1を改変．

6・3 Rを使ったANOVAの事例

1.2 kg～1.4 kgで産まれてくるが、6カ月経つと100 kg～120 kgになるので、半年で体重が約100倍にもなる家畜である。ちなみに、ヒトの出生時は約3 kg前後だが、体重が10倍に育つには9年（小学4年生の体重の全国平均＝約30 kg）、20倍に育つには20年近くかかる。ブタの体重増加がいかに際立っていることか！

表6・4には、餌3に1匹分のデータ欠損がある。しかし、上で使ったANOVAの関数 `aov()` は、委細かまわず分析してくれるので便利だ。ここではExcelで作成したデータファイル（csv形式）を `d` に読み込んでみよう。データ欠損はNAに置き換えて入力することに注意したい。（データが欠損していることはしばしばあるが、それを空欄ではなくNAとしておくとよい*。特にcsvファイルから読み込む

```
d <- read.csv("table6-4.csv")
d
     Pig feed
1   60.8    1
2   57.0    1
3   65.0    1
4   58.6    1
5   61.7    1
6   68.7    2
7   67.7    2
8   74.0    2
9   66.3    2
10  69.8    2
11 102.6    3
12 102.1    3
13 100.2    3
14  96.5    3
15    NA    3
16  87.9    4
17  84.2    4
18  83.1    4
19  85.7    4
20  90.3    4
```

---

* `t.test()` のように自動でNAを無視する関数もあるし、`sum()` や `mean()` などのように `mean(x, na.rm = T)` としてオプション `na.rm = T` を指定することでNAが無視されて実行される関数もある。NAが無視されず、さらに `na.rm` が指定できない関数の場合は、`y <- x[!is.na(x)]` としてNAを除去した変数を新たにつくることで対処できる。

場合に，途中に空欄があるとRでの読み込み時にエラーになるのでcsvファイル中でNAとしておこう．ただし，NAを含んだ変数に対しRの関数を適用するときには，関数によってNAの扱いが異なるので注意が必要である．)

RからExcelのデータを読み込むと，格納したオブジェクトはデータフレーム型になっている．第1列＝ブタの体重（pig），第2列＝餌（feed）．

このままでは，Rはどの列が要因で，どの列がデータなのかがわからないので，以下のように指定し，その後に **aov()** 関数を実施する．

```
y <- d$Pig
feed <- factor(d$feed)
summary(aov(y ~ feed))

            Df   Sum Sq   Mean Sq   F value   Pr(>F)
feed         3     4226    1408.8    164.6    1.06e-11 ***
Residuals   15      128       8.6
---
Signif. codes:  0 '***' 0.001 '**' 0.01 '*' 0.05 '.' 0.1 ' ' 1
1 observation deleted due to missingness
```

得られたF値＝164.6となり，有意確率はきわめて小さいP値＝1.06×10^{-11}と計算された．このブタの体重には4種類の餌の違いが強く効いている．

チューキー（Tukey）のHSD検定

では，どの群間で平均値に有意差があるのだろうか？ 多重比較法の代表的な検定法の一つは，チューキーのHSD検定（honestly significant difference test）である．これを手始めに，群間で検定してみよう．その後で，節を変えて，多重比較法の全体を解説する．

表6・3で登場した五つの湖でのストロンチウム濃度のデータを使って説明する．分散分析の結果は，残差MS＝9.8であった．各処理区の繰返しn＝6なので，標準誤差（SE）が以下のように求められる．

$$SE = \sqrt{\frac{残差\ MS}{n}} = \sqrt{\frac{9.8}{6}} = 1.28$$

6・3 Rを使ったANOVAの事例

表6・5 五つの湖でのストロンチウム濃度のチューキーのHSD検定結果

比較	平均値の差	SE	差/SE=q	棄却値 $q_{(0.05, 25.5)}$	結論
5 vs. 1	26.2	1.28	20.47	4.153	H_0 棄却: $\mu_5 \neq \mu_1$
5 vs. 2	18.1	1.28	14.14	4.153	H_0 棄却: $\mu_5 \neq \mu_2$
⋮	⋮	⋮	⋮	⋮	⋮
3 vs. 2	3.9	1.28	3.05	4.153	H_0 棄却できず: $\mu_3 = \mu_2$
3 vs. 4	−2.98	⋮	2.33	4.153	H_0 棄却できず: $\mu_3 = \mu_4$
⋮	⋮	⋮	⋮	⋮	⋮
2 vs. 1	8.1	1.28	6.33	4.153	H_0 棄却: $\mu_2 \neq \mu_1$

表6・6 チューキーのHSD検定を行うときのスチューデント化された q の表（α 水準 $P=0.05$ だけを抜き出した） q 値は自由度 (5, 25) の組合わせで決まり，表中で下線が引かれている $q=4.153$ がそれに相当する．

ν	$k(\text{or } p)$: 2	3	4	<u>5</u>	6	7	8	9
1	17.97	26.98	32.82	37.08	40.41	43.12	45.40	47.36
2	6.085	8.331	9.798	10.88	11.74	12.44	13.03	13.54
3	4.501	5.910	6.825	7.502	8.037	8.478	8.853	9.177
4	3.927	5.040	5.757	6.287	6.707	7.053	7.347	7.602
5	3.635	4.602	5.218	5.673	6.033	6.330	6.582	6.802
6	3.461	4.339	4.896	5.305	5.628	5.895	6.122	6.319
7	3.344	4.165	4.681	5.060	5.359	5.606	5.815	5.998
8	3.261	4.041	4.529	4.886	5.167	5.399	5.597	5.767
9	3.199	3.949	4.415	4.756	5.024	5.244	5.432	5.595
10	3.151	3.877	4.327	4.654	4.912	5.124	5.305	5.461
11	3.113	3.820	4.256	4.574	4.823	5.028	5.202	5.353
12	3.082	3.773	4.199	4.508	4.751	4.950	5.119	5.265
13	3.055	3.735	4.151	4.453	4.690	4.885	5.049	5.192
14	3.033	3.702	4.111	4.407	4.639	4.829	4.990	5.131
15	3.014	3.674	4.076	4.367	4.595	4.782	4.940	5.077
16	2.998	3.649	4.046	4.333	4.557	4.741	4.897	5.031
17	2.984	3.628	4.020	4.303	4.524	4.705	4.858	4.991
18	2.971	3.609	3.997	4.277	4.495	4.673	4.824	4.956
19	2.960	3.593	3.977	4.253	4.469	4.645	4.794	4.924
20	2.950	3.578	3.958	4.232	4.445	4.620	4.768	4.896
<u>25</u>	2.913	3.533	3.890	<u>4.153</u>	4.358	4.526	4.667	4.789
30	2.888	3.486	3.845	4.102	4.302	4.464	4.602	4.720
40	2.858	3.442	3.791	4.039	4.232	4.389	4.521	4.635
60	2.829	3.399	3.737	3.977	4.163	4.314	4.441	4.550
120	2.800	3.356	3.685	3.917	4.096	4.241	4.363	4.468
∞	2.772	3.314	3.633	3.858	4.030	4.170	4.286	4.387

次に，統計量 q を以下のように計算する．この事例では，湖1と湖5を比較してみる．

$$|q| = \frac{\bar{X}_5 - \bar{X}_1}{SE}$$

チューキーの HSD 検定に使われる q の棄却値（この事例では残差自由度（6-1）×5=25，群の数=5 なので q の棄却値は $q(0.05, 25, 5) = 4.153$ となる．表6・6中に下線を引いてある）．結果として湖1と湖5の値には有意な差があると結論できる．以下，総当たりで平均値を比較する．

Rではチューキーの HSD 検定は `TukeyHSD()` 関数が実行してくれる．

```
result <- aov(d1 ~ lake)
TukeyHSD(result)

  Tukey multiple comparisons of means
    95% family-wise confidence level

Fit: aov(formula = d1 ~ lake)
$lake
         diff       lwr       upr     p adj
2-1  8.1500000  2.851355 13.448645 0.0011293
3-1 12.0000000  6.701355 17.298645 0.0000053
4-1  9.0166667  3.718021 14.315312 0.0003339
5-1 26.2166667 20.918021 31.515312 0.0000000
3-2  3.8500000 -1.448645  9.148645 0.2376217
4-2  0.8666667 -4.431979  6.165312 0.9884803
5-2 18.0666667 12.768021 23.365312 0.0000000
4-3 -2.9833333 -8.281979  2.315312 0.4791100
5-3 14.2166667  8.918021 19.515312 0.0000003
5-4 17.2000000 11.901355 22.498645 0.0000000
```

`diff` は平均値間の差，`lwr` と `upr` はその95%信頼区間，`p adj` は有意確率．`p adj` の列の有意確率に下線が施してあるものは，有意差が得られなかった．結果は，$1^a, 2^b, 3^b, 4^b, 5^c$ となった．湖の番号の右肩についている a, b, c は，同じ文字ならばその平均値間には有意差がないことを意味する．3群以上の平均値間の多重比較の場合は，ほとんどがこのような表示をするので，覚えておいてほしい．

6・4 多重比較とは

　前節で五つの湖でストロンチウム濃度の平均値を比較する際に，チューキーのHSD法を学んだ．このように，3群以上の平均値が得られているときに，どの平均値間に差があるかを検定することを**多重比較**とよぶ．

　データ分析でよく使われる言い回しに以下がある．"前もって，母平均の均等性による帰無仮説検定を一元配置ANOVAで実行し，有意になった場合にだけ多重比較を行う．"しかし，これは一般的には正しくない．一元配置ANOVAで用いられる検定統計量（F統計量に関わる）が多重比較法の手順に含まれていない場合には，"一元配置ANOVA"と"多重比較法"の二つの検定を行うことになり，ここには検定の多重性が生じる．多重性とは，§6・1で述べたようにt検定を3回実施すると，有意水準が0.05ではなく，意図せずに増加してしまうことである．これに従えば，一元配置ANOVAの実施と，多重比較法の実施は別物であるとの考えがある(永田，吉田，1997)．あるいは，ANOVAで取上げた群をいつも多重比較にかける考え方もある(Howell, 2002)．以下で説明するように，多重比較法は，残差自由度と残差分散を計算すれば実行可能であり，必ずしもANOVAの実施は必要ない．これら二つの検定はそもそも目的が異なる．ANOVAは群間に差異をもたらす可能性のある要因によって，群の差異を十分に説明できるかの問題を問う．それに対して，多重比較法はまさに群間の差異の検出を目的とする．いずれにしても，検定の多重性が生じないように，慎重に扱う必要がある．Rで多重比較法を実行するときは，`aov()`でANOVAを実行し，その出力結果を多重比較の関数で使う方が一般に扱いやすいので，本書ではANOVAを実行してから多重比較に進むことを勧める．

　ある理論的な予測によって，ANOVAを実施せずに多重比較のデザインを前もって決めておく場合，これは**事前比較**（a priori test）とよばれる．一方，一元配置ANOVAを行った後の結果を見て，群間比較のデザインを考案するのが**事後比較**（post hoc test）である．この事後比較の多重比較法はさまざまに開発されているので，§6・4ではこれらを説明する．

　それともう一つ，t検定や分散分析と同じく，多重比較法も各群の分散は等しくなければいけない．そうでない場合は，第13章"ノンパラメトリック法(2)：順位の利用"で紹介するクラスカル・ウォリス法といくつかのノンパラメトリックの多重比較法を使うことになる．

　§6・1で述べたように，t検定を群間で繰返し実行すれば，"検定全体（族，ファミリーとよぶ）としての有意水準"が5%から上回ってしまう．族での公称の有意

水準 α を $\alpha=0.05$, または 0.01 にすることが多いが, これを"族レベルでの第 1 種の過誤 (タイプ I-FWE または FWER: type-I family-wise error rate)"とよぶ. 多重比較法は, このタイプ I-FWE を全体で公称の有意水準 5%(または 1%)へとコントロールできるように, 1 回ごとの検定による棄却限界値を調整する方法である. 公称 5% の有意水準を設けるのなら 1 回ごとの棄却値はより厳しい有意水準にしておかなければならず, それが棄却限界値である.

タイプ I-FEW の調整が適切であると定評のある多重比較法は以下である. どれも母平均を対象にして同じような手順を踏むが, 多重比較する状況がおのおの異なるので, 適切に選ぶ必要がある.

1) **チューキーとクレーマー (Tukey-Kramer) の方法**:
   群間ですべての対比較 (pair-wise comparison) を同時に検定する.
2) **ダネット (Dunnett) の方法**:
   一つの対照群と二つ以上の処理群の対比較のみを同時に検定する.
3) **シェフェ (Scheffé) の方法**:
   対比 (contrast) で表現されるすべての帰無仮説を同時に検定する.
4) **ウィリアムズ (Williams) の方法**:
   一つの対照群と二つ以上の処理群があり, 各群に順序付けがある場合 (例: 薬投与量の多さなど) に適用する. 母平均に単調増加 (もしくは単調減少) を想定できるとき, 対照群と処理群のみを同時に検定する. 検出力が高い.

ただし, 以下は標準をチューキー法で説明し, それ以外の検定法は, チューキーとの違いを説明する. また, 本書では, シェフェの方法とウィリアムズの方法についてはふれるだけにとどめて, 詳しくは説明しない."チューキーの方法はシェフェの方法よりも平均値の群間差の検出力が高いが, 群の標本サイズが異なるとチューキーの方法は使えないので, シェフェの方法を使うべき"と言われた時代があり, 今でも古い文献にはそのように掲載されている. しかし, チューキーとクレーマーの方法は群の標本サイズが異なっても, 族レベルの第 1 種の過誤 (I-FEW) を正しく調整できることが Hyter(1984) によって証明されたので, 現在では対比較ではチューキーとクレーマーの方法を使う方がよい. 詳細は, 巻末参考図書 6) を見てほしい*.

---

* これ以降の節は, 永田 靖・吉田道弘著, "統計的多重比較法の基礎", サイエンティスト社(1997)を参考にした.

6・4・1 多重比較法（1）：チューキーとクレーマーの方法

手順① 多重比較の対象となる帰無仮説グループ（族，ファミリーとよぶ）を明示する．帰無仮説は $\mathrm{H}_{(i,j)} : \mu_i = \mu_j$ である．4群あるとすると，族は以下である．

$$\mathscr{F} = [\mathrm{H}_{(1,2)},\ \mathrm{H}_{(1,3)},\ \mathrm{H}_{(1,4)},\ \mathrm{H}_{(2,3)},\ \mathrm{H}_{(2,4)},\ \mathrm{H}_{(3,4)}]$$

手順② 公称の有意水準 α を定める．$\alpha = 0.05$，または 0.01 とすることが多い．

手順③ 表6・1に示したデータから，群 i ごとの平均 $\bar{X}_i$ と不偏分散 V_i を計算する．

手順④ 残差自由度 df_e と残差分散 V_e を計算する．

$$df_e = N - m$$

$$V_e = \frac{\sum_{i}^{m}(n_i - 1)V_i}{df_e}$$

手順⑤ 群 i と j の間で検定統計量 q_{ij} を計算する．群間で標本サイズが不揃い（$n_i \neq n_j$）でも等しくても（$n \equiv n_i$），ともに（6・5）式が使える．

$$q_{ij} = \frac{\bar{X}_i - \bar{X}_j}{\sqrt{V_e \left(\dfrac{1}{n_i} + \dfrac{1}{n_j} \right)}} \tag{6・5}$$

手順⑥ $q_{ij} > q(m,\ df_e;\ \alpha)/\sqrt{2}$ となるなら，$\mathrm{H}_{(i,j)}$ を棄却し，$\mu_i \neq \mu_j$ と判断する．$q_{ij} \leq q(m,\ df_e;\ \alpha)/\sqrt{2}$ なら帰無仮説を保留する．群の標本サイズが等しいときに，もともとチューキーの方法とよばれていて，群の標本サイズが異なるときに，チューキーとクレーマーの方法へと拡張された．

では，実際のデータ表6・7を使ってRで実行してみよう．§6・3で登場した関数 `TukeyHSD()` は，チューキーとクレーマーの方法を適用しており，群の標本サイズが異なっていても使える．まず，`aov()` で分散分析を実行し，`summary()` でANOVA表を確認する．

```
d <- read.csv("table6-7.csv")
group <- factor(d$group)
summary(aov(d$score ~ group))
```

```
                Df   Sum Sq   Mean Sq   F value   Pr(>F)
group            3    80.28    26.759    10.61    9.81e-05 ***
Residuals       26    65.59     2.523
---
Signif. codes:  0 '***' 0.001 '**' 0.01 '*' 0.05 '.' 0.1 ' ' 1
```

表6・7　多重比較のための四つの群（g1〜g4）からなる仮想のデータ（score）

score	group
15	g1
16	g1
17	g1
15	g1
19	g1
19	g1
17	g1

14	g2
17	g2
16	g2
15	g2
17	g2
16	g2
18	g2

16	g3
18	g3
19	g3
17	g3
20	g3
19	g3
18	g3
21	g3

21	g4
20	g4
18	g4
19	g4
22	g4
23	g4
21	g4
19	g4

次に，`summary()` で囲わない `aov()` だけの直接の結果を `result` に格納する．`result` に格納した情報は，`summary()` で囲んだものとはだいぶ異なることに注意．

```
result <- aov(d$score ~ group)
result

Call:
   aov(formula = d$score ~ group)

Terms:
                    group   Residuals
Sum of Squares    80.27738   65.58929
Deg. of Freedom          3         26

Residual standard error: 1.58829
Estimated effects may be unbalanced
```

続いて，**result** を使って，**TukeyHSD(result)** としてチューキーの方法を実行する．出力結果の右端の **p adj** の値が 0.05 を下回っていれば，公称 $\alpha = 0.05$ のもと，その二つの群には平均値に有意差があると結論してよい．

```
TukeyHSD(result)

  Tukey multiple comparisons of means
    95% family-wise confidence level

Fit: aov(formula = d$score ~ group)

$group
           diff       lwr        upr       p adj
g2-g1 -0.7142857 -3.0433003  1.614729  0.8342852
g3-g1  1.6428571 -0.6122015  3.897916  0.2143839
g4-g1  3.5178571  1.2627985  5.772916  0.0012127
g3-g2  2.3571429  0.1020842  4.612201  0.0380588
g4-g2  4.2321429  1.9770842  6.487201  0.0001269
g4-g3  1.8750000 -0.3035936  4.053594  0.1102113
```

出力結果を見ると，g2−g1 や g3−g1 には有意差なし，g4−g1 には明瞭な有意差があり g4 の平均値が大きい．また，g3−g2 や g4−g2 の間にも有意な差があり，それぞれ前者の平均値が大きい．g4−g3 は有意差なしである．まとめると，母平均の有意差は $\alpha = 0.05$ の有意水準で図 6・4(a) のグラフ枠の上辺に記入した a, b, c の結果となる．

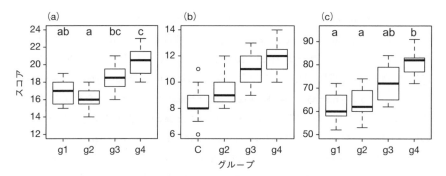

図 6・4 多重比較法の対象となるデータの箱ひげ図 (a) 表 6・7 のデータ，(b) 表 6・8 のデータ（対照群は C で表す），(c) 表 6・9 のデータ．

6・4・2　多重比較法(2)：ダネットの方法

　ダネットの方法がチューキーの方法と大きく違う点は，一つの対照群と二つ以上の処理群の対比較のみを実行することである．つまり，最初に族を明示した手順が大きく異なる．

手順①　族に含まれる帰無仮説は以下だけとなる．いま g1 が対照群，g2, g3, g4 が処理群とすると，族は以下となる．

$$\mathcal{F} = [\mathrm{H}_{(1,2)},\ \mathrm{H}_{(1,3)},\ \mathrm{H}_{(1,4)}]$$

手順②～手順④ はチューキーの方法と同じである

手順⑤ はチューキーの方法と同じ検定統計量をそのまま使う．

$$q_{1j} = \frac{\bar{X}_1 - \bar{X}_j}{\sqrt{V_e \left(\dfrac{1}{n_1} + \dfrac{1}{n_j}\right)}}$$

手順⑥　ダネットの方法はチューキーの方法よりも，比較の対象となる族のサイズはずっと小さい．したがって，棄却限界値はチューキーの方法とは異なるものを使う必要があり，ダネットの棄却値の表 $q'(m,\ df_e,\ \rho;\ \alpha)$ が統計専門書の付録に付いている（Zar, 1999 など）．ここで ρ は標本サイズに関するパラメータである．ダネットの方法では，対照群と処理群との間に標本サイズは異なってもよいが，処理群同士は標本サイズが同一の方が計算は平易になる．処理群の標本サイズが異なっている場合は ρ で調整するので複雑となる．もっとも，R を使う分には棄却値の表は必須ではないので，この教科書では割愛する．

　では，表 6・8 のデータを用いてダネットの多重比較法を実行してみよう．この場合は，群 C を対照群とみなし，g2, g3, g4 を処理群とする．R でダネットの方法を実行するには，パッケージ `{multcomp}`（注意：R. 3.1 以下ではサポートなし）に格納されている関数 `glht()` を使う（関数名は general linear hypotheses の略にちなむ）．まず，`install.packages("multcomp")` でパッケージをインストールしておき，スクリプトの冒頭で `library(multcomp)` を指定する．関数 `glht()` の使い方はやや複雑で，その第 1 引数は `aov(d$score ~ group)` の出力結果である．第 2 引数の `linfct=` は linear function の意味で，ダネットの方法を指定するときは，`linfct = mcp(group="Dunnett")` とする．これは変数名の `group` を指定してダネットの方法を使う指示である．

6・4 多重比較とは

表6・8 対照群(C)と三つの処理群(g2, g3, g4)の仮想のデータ[永田 靖・吉田道弘著, "統計的多重比較法の基礎", サイエンティスト社(1997)の表4・4より]

score	group
7	C
9	C
8	C
6	C
9	C
8	C
11	C
10	C
8	C
8	C

8	g2
9	g2
10	g2
8	g2
9	g2
9	g2
10	g2
12	g2

11	g3
12	g3
12	g3
10	g3
11	g3
13	g3
9	g3
10	g3

13	g4
12	g4
12	g4
11	g4
14	g4
12	g4
11	g4
10	g4

```
library(multcomp)
d <- read.csv("table6-8.csv")
group <- factor(d$group)
res.1 <- aov(d$score ~ group)
res.2 <- glht(res.1, linfct=mcp(group= "Dunnett"))
summary(res.2)


        Simultaneous Tests for General Linear Hypotheses

Multiple Comparisons of Means: Dunnett Contrasts

Fit: aov(formula = d$score ~ group)

Linear Hypotheses:
             Estimate  Std. Error  t value   Pr(>|t|)
g2 - C == 0    0.9750     0.6314    1.544      0.309
g3 - C == 0    2.6000     0.6314    4.118     <0.001 ***
g4 - C == 0    3.4750     0.6314    5.504     <0.001 ***
---
Signif. codes:  0 '***' 0.001 '**' 0.01 '*' 0.05 '.' 0.1 ' ' 1
(Adjusted p values reported -- single-step method)
```

ダネットの方法の関数 `glht()` は t 値を出力してくるが，これはスチューデント化された q 検定統計量である．基本的には，q は t 統計量と同じ数式になっていることに注意．対照群 C と処理群との平均値の比較では，g2-C には有意差はなく，g3-C には 0.1％未満で有意差があり，g3 の平均値が大きい．g4-C にも 0.1％未満で有意差があり，g4 の平均値が大きかった．

なお，対照群 C と処理群とを比較する多重比較法には，ダネットの方法のほかにウィリアムズ法があるが，ウィリアムズの方法は処理群の平均間に理論的に単調増加，単調減少が想定される場合に限られ，検出力が高い．事例としては，投薬量の多さの効果などである．背景の数理統計の理論が高度なので本書は取上げない．

6・4・3 シーケンシャル・ボンフェローニの方法（ホルムの方法）

上述の四つの多重比較法は，共通して，誤差自由度 df_e と誤差分散 V_e を求め，検定統計量を計算して棄却値の表からしかるべき値を見つける方法であった．これに対して，はっきりとした検定統計量や棄却値の表が開発されていない状況に遭遇する可能性もあるだろう．そのために，シンプルではあるが頑健で万能薬のような方法を紹介する．それはシーケンシャル・ボンフェローニ（Bonferroni）の方法である．別名ホルム（Holm）の方法ともよばれる．

ボンフェローニの方法の発想は，群間の対比較で t 検定を繰返すが（これだけなら不適切である），その代わり対比較の有意水準 α を帰無仮説の個数に応じて一定率で調整するのである．元祖ボンフェローニの方法は対比較で有意差が出にくい保守的すぎる方法として悪名高かったが，そこが改善されている．元祖ボンフェローニの方法の手順は，チューキーの方法の手順にならえば以下となる．

手順① 推定の対象となる族を明示し，族に含まれる帰無仮説の個数 k を求める．
$$\mathcal{F} = [H_{01}, H_{02}, \cdots, H_{0k}]$$
手順② チューキーの方法と同じく有意水準 α を定める．
手順③ 族に含まれるそれぞれの帰無仮説について，検定統計量 T_i ($i=1, 2, \cdots, k$) を選定する．t 検定であれば t 値を使う．
手順④ データをとり，検定統計量 T_i ($i=1, 2, \cdots, k$) を計算する．
手順⑤ 各検定統計量 T_i について有意水準 α/k に対応する棄却限界値を c_i としたとき，$T_i \geq c_i$ なら H_{0i} を棄却し，$T_i < c_i$ なら H_{0i} を保留する．

ここで，シーケンシャル・ボンフェローニの方法，あるいはホルムの方法は，手順②以降を改善している．

手順②′ 有意水準 α を定め，その後に，$\alpha_1=\alpha/k$, $\alpha_2=\alpha/(k-1)$, $\alpha_3=\alpha/(k-2)$, …, $\alpha_k=\alpha$ を計算する．

手順③′ 族に含まれている各帰無仮説に対して，検定統計量 T_i $(i=1, 2, \cdots, k)$ を選定する．

手順④′ データをとり，検定統計量 T_i $(i=1, 2, \cdots, k)$ を計算し，その結果を t_i とおく $(i=1, 2, \cdots, k)$．

手順⑤′ P値 $P_i = P(T_i \geq t_i)$ を求め，$P_1, P_2, \cdots, P_k$ を小さい順に並べ替えたものを $P^{(1)}, P^{(2)}, \cdots, P^{(k)}$ とする．すなわち，
$$P^{(1)} \leq P^{(2)} \leq \cdots \leq P^{(k)}$$
である．また，$P^{(1)}, P^{(2)}, \cdots, P^{(k)}$ に対応した帰無仮説を，$H^{(1)}, H^{(2)}, \cdots, H^{(k)}$ で表す．

手順⑥ $i=1$ とし，$P^{(i)} \geq \alpha_i$ ならば，帰無仮説 $H^{(i)}, H^{(i+1)}, \cdots, H^{(k)}$ をすべて保留し，検定作業を終了する．$P^{(i)} < \alpha_i$ ならば帰無仮説 $H^{(i)}$ を棄却して，手順⑧に進む．

手順⑦ $i<k$ なら，i の値を1だけ増やして手順⑦から繰返す．$i=k$ ならば，手順を終了する．

つまり，検定すべき残りの帰無仮説の個数が $k, k-1, \cdots, 2, 1$ と一つずつ減少することに着目して，有意水準を調整していることが改良となっている．これによって，ホルムの方法は元祖ボンフェローニの方法よりも帰無仮説を適切に棄却できるようになった．

では，表6・7の事例を使って，ホルムの方法をRで実行してみよう．使う関数は **pairwise.t.test()** である．先頭の二つの引数の順番を変えると，あらぬ出力になってしまうので要注意．3番目の引数で **"holm"** を指定する．

　　　　pairwise.t.test(群のデータ, 群の要因名 , **p.adj="holm")**

ただし，要因名は **d$group** をそのまま第2引数にしてかまわない．つまり，**group <- factor(d$group)** を指示する必要はない．

```
d <- read.csv("table6-7.csv")
pairwise.t.test(d$score,d$group, p.adj = "holm")

        Pairwise comparisons using t tests with pooled SD

data:   d$score and d$group
```

```
        g1       g2       g3
g2  0.40782    -        -
g3  0.11243  0.03239    -
g4  0.00112  0.00014  0.07800

P value adjustment method: holm
```

計算された有意確率が下三角行列のように出力されている．g1−g2やg1−g3の比較は有意差なし，g1−g4には強い有意差ありで，g4の平均値が大きい．g2−g3やg2−g4は有意差ありで，g3やg4の方がg2よりも大きい．g3−g4は有意差は得られず，マージナル領域である．まとめると，g1[ab]，g2[a]，g3[bc]，g4[c]の結果となった．チューキーの方法と一致している．

　もう一つ，表6・9の事例を用いてホルム法で多重比較を実行してみよう．4種類の薬の効果の仮想データである．

表6・9　4種類の薬(g1, g2, g3, g4)の効果(score)の仮想データ

score	group						
58	g1	62	g2	65	g3	77	g4
52	g1	53	g2	62	g3	72	g4
72	g1	74	g2	69	g3	83	g4
60	g1	69	g2	75	g3	81	g4
67	g1	60	g2	84	g3	91	g4
				79	g3	83	g4

```
d <- read.csv("table6-9.csv")
pairwise.t.test(d$score,d$group, p.adj = "holm")

        Pairwise comparisons using t tests with pooled SD

data:  d$score and d$group

      g1      g2      g3
g2  0.7169   -       -
```

```
g3 0.1482 0.1894 -
g4 0.0037 0.0072 0.1894

P value adjustment method: holm
```

この結果では，g1と比べて薬の効果が有意にみられるのはg4の場合だけで$P=0.0037$である．g1, g2, g3の3群では薬の種類の効果の差は有意ではなかった．またg2−g4は$P=0.0072$で有意となったが，g3g−g4は有意ではなかった．まとめると，結果の表記はg1[a]，g2[a]，g3[ab]，g4[b]となる．

ま と め

　一元配置の分散分析は，20世紀に開発された重要なデータ分析の基本である．また，多重比較法は一元配置分散分析と相まって，多くの方法が開発されてきた．その中には，タイプI-FWEを公称の有意確率5％（または1％）に調整することのできない不適切な方法も混じっている．かつては古典的な文献に現れ，今でも一部では有意差が出やすいとの理由でよく使われ続けており，大いに注意したい．それらを最後に上げておく．——2標本t検定の繰返し（ただし，有意確率を調整したt検定繰返しのホルム法は除く），無制約LSD法（least significant difference），制約付LSD法（フィッシャーのLSD法ともよばれる），ダンカン（Duncan）の方法，スチューデント・ニューマン・コイルス（Student-Newman-Keuls）法がそれである．Rでも使われる関数は残っているが，これらは使ってはいけない．

演習問題6・1　表6・4の4種類の餌でブタを飼育したときの体重増加の多重比較を，チューキーのHSD法とホルムの方法を行い，結果を比べよ．

演習問題6・2　表6・9の4種類の薬の効果を，g1を対照区，g2〜g4を処理群と見なして，ダネットの方法で多重比較を行い，ホルムの方法で対比較を実行した結果と比較せよ．

7

多元配置の分散分析と交互作用

　前の章では分散分析の基礎理論を説明し，どの標本の平均値間に有意な差が生じているのかを検出する多重比較法を解説した．前の章を受けて，本章では二つ以上の要因にもとづく多元配置（おもに二元配置）の分散分析と交互作用の検出について焦点を絞る．

　では，**交互作用**とは何だろうか？ 平たく言えば"相乗効果"である．ある現象に対して，要因Aと要因Bがそれぞれ単独で効果を及ぼすこともあるだろう．要因Aが増加すると影響も増加するし，要因Bが増加しても影響は増加する．しかし，要因Aと要因Bが同時に効果を及ぼすと，影響が大きく増進され相乗効果が現れることもある．

　たとえば，後で紹介する米国の大学の学生寮で行われた簡単な調査がある．学生寮には小さい部屋と大きな部屋とが2タイプあり，部屋の利用者も一人部屋と二人部屋がある．さて，学生寮の快適度を調査してみた．一人部屋では部屋サイズは快適度にはさほど大きな影響を与えなかった．しかし，二人部屋で小さい部屋だと快適度ははなはだしく減少する．大きな部屋だと快適度はさほど低下しない．このように，部屋の快適度には部屋サイズだけの効果ではなく，そこには部屋の人数の効果も及ぶ．つまり，二つの要因には相乗効果が大きく働いているのだ．

　このような研究デザインは，複数要因ごとに"ある／なし"や，"高／中／低"などで組立てる**実験計画法**とよばれており，統計学者フィッシャー（R. A. Fisher）が多元分散分析をもとに開発した．

　では，どのように交互作用を検出するかを学ぼう．

7・1 多元配置の分散分析の必要性

事例として,ある熱帯植物種の芽生えの伸長を実験してみた.芽生えの伸長に影響を与えるのは,一つには気温(℃)が重要であり,二つ目の要因は日射量(簡便に照度 lx で測定)だと考えて,図 7・1 のような実験デザインを考案した.(a)は平均気温(20, 22, 24 ℃)と照度(1000, 2000, 3000 lx)の二つの要因に各三つの水準を設け,片方の要因は一つの水準だけで代表させ,もう片方を三つの水準で測定した.これを要因を交換して同じ作業を実行する.一方,(b)は平均気温と照度の三つの水準をすべて総当たりで組合わせ,3×3=9 通りの条件を設けた.

(a)は,気温単独の効果や照度単独の効果は検出できるが,このデザインでは交互作用が検出できない.(b)は気温の要因が高いときと低いときに,もう片方の照度にも高いときと低いときが総当たりで組合わされているので,これならば交互作用が検出できる.図 7・1 には,仮に 3 株ずつの実験を実施したときの 10 日間の草丈の平均値が記されている.(b)からは,この熱帯植物は低温 20 ℃では照度を上げてもあまり生育せず,低温が成長の律速になっていることがわかる.22 ℃や 24 ℃では照度が上がるにつれ温度との相乗効果が現れる.(a)の実験デザインからは,それがわからない.要するに,要因 A の増減が要因 B の増減にどのように影響するかの交互作用を検出するには,(b)の実験デザインを組む必要がある.

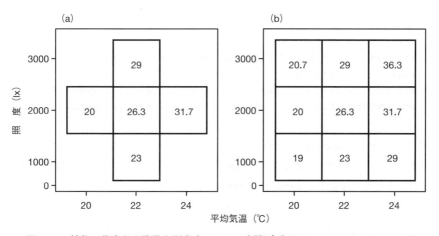

図 7・1 植物の芽生えの伸長を測定する二つの実験デザイン 一つのセルは二つの要因の組合わせを示す.(a)と(b)の実験デザインについては本文参照.各セルには,播種後の 10 日間の草丈の伸長(cm)の平均値(3 株ずつ繰返し)が記してある.

7・2 具体的な事例で交互作用を検出してみよう

ここでは，冒頭に紹介した米国の学生寮で快適度を調査した事例を取上げる．学生寮の部屋サイズ(size)には大(L)と小(S)があり，学生はそれぞれ一人部屋と二人部屋(student)に配置されている．アンケートで得られた学生の快適度(kaiteki)のデータを表7・1に示す．

表7・1 学生寮の快適度調査の結果 [a]

kaiteki	size	student
6	S	1
5	S	1
6	S	1
7	S	1
2	S	2
1	S	2
1	S	2
0	S	2
7	L	1
8	L	1
8	L	1
9	L	1
8	L	2
7	L	2
6	L	2
7	L	2

a) M. K. ジョンソンほか著，西平重喜ほか訳，"統計の基礎：考え方と使い方"（サイエンスライブラリ 11），サイエンス社(1978)，表10・5 より．

```
kaiteki <- c(6,5,6,7,2,1,1,0,7,8,8,9,8,7,6,7)
size <- factor(c(rep("S",8), rep("L",8)))
student <- factor(c(rep(1,4),rep(2,4),rep(1,4),rep(2,4)))
summary(aov(kaiteki ~ size + student + size:student))
```

快適度のデータを `c( )` で `kaiteki` に入力する．また，部屋サイズ "S" と "L" を要因として8個ずつ `rep( )` で `size` に入力する．同じく，部屋の人数を要因として，1と2を4個ずつ `rep( )` で `student` に入力する．

二元分散分析のモデルは，以下のようになる．

```
aov(kaiteki ~ size + student + size:student)
```

このモデルの右辺の1項目（`size`）と2項目（`student`）は主効果（major effect）

とよばれ，3項目の `size:student` は交互作用（interaction）とよばれる．これを要約統計量を示す関数 `summary( )` の引数にするだけで，二元分散分析を実行してくれる．出力は以下である．

```
summary(aov(kaiteki ~ size + student + size:student))
              Df Sum Sq Mean Sq F value   Pr(>F)
size           1     64   64.00      96 4.46e-07 ***
student        1     36   36.00      54 8.87e-06 ***
size:student   1     16   16.00      24 0.000367 ***
Residuals     12      8    0.67
---
Signif. codes:  0 '***' 0.001 '**' 0.01 '*' 0.05 '.' 0.1
```

出力結果はまず `size` の有意確率 P はきわめて小さく，`student` も同じく P 値がきわめて小さいので，これら二つの主効果は有意である．交互作用も P 値がとても小さいのでやはり有意である．

図7・2（これを要因配置図 factorial arrangement とよぶ）を見ると，部屋サイズと部屋人数はそれぞれ非常に強い主効果がみられる．さらに，2本の直線が平行

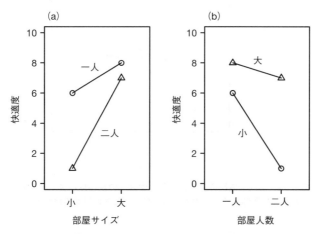

図7・2 米国のある大学の学生寮の快適度の調査の要因配置図
(a) 横軸を部屋のサイズにし，グラフを一人部屋か二人部屋かで描いたもの．(b) 横軸を部屋人数にして，グラフを部屋の大，小で描いたもの．

から大きくずれているので,交互作用も有意な強い効果があることが見てとれる.部屋サイズが大きければ,一人部屋であろうが二人部屋であろうが,快適度はさほど大きくは変わらない.しかし,部屋サイズが小さいと,二人部屋はいっきょに快適度が低下することになる.このように,二つの主効果の間で,一方の要因がもう片方の要因の影響を左右するのである.これが交互作用の本質である.

要因配置図は二元分散分析の結果を大まかに推測するにはとても便利である.ここで要因配置図の見方を,図7・2(a)をもとにした図7・3で説明しよう.横軸が部屋サイズ(大・小)で,一人部屋と二人部屋の2本の直線が描かれている.二つの直線の高さの差(横軸中点での平均値●の高さの差)が部屋人数の主効果の強さである.同様に,横軸左端での小部屋の二つの平均値(●)と横軸右端での大部屋の二つの平均値(●)を結ぶと右上がりの直線が現われ,その高さの差が部屋サイズの主効果の強さである.さらに,二つの直線が平行から大きくずれていることで,二つの要因の交互作用も有意であると推測できる.

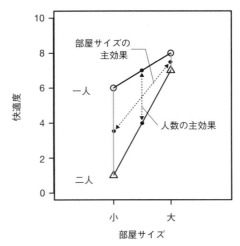

図7・3 要因配置図の見方: 米国の学生寮の快適度調査 部屋人数の主効果と部屋サイズの主効果,および交互作用が描かれている.詳細は本文参照.

練習として,図7・3にならって,図7・2(b)をもとにした要因配置図(横軸は部屋の人数)を描き,二つの主効果がどこに現れているかを確認してみよう.

7・3 二元分散分析の原理と計算法

Rを使った二元分散分析は簡単である．では，二元分散分析の原理を事例とともに理解しよう．ある栽培植物Xの生育に，土壌の性質（自然土，人工土）と施肥（なし，あり）がどのように影響しているかを調べた事例である．自然土は無機質の人工土に比べて根の伸長に負荷がかかるために，栽培品種Xでは人工土の方が根の伸長がよい可能性がある．これは一般に，水耕栽培の方が植物の成長率が高いことと関係する．しかし，人工土にはもともと栄養分が含まれていないので，施肥が重要となる．生育実験はすべて同じ日射量のもとで行われた．

植物Xの実験データは仮にExcelでつくった場合には，表7・2のように与えられる．第1列plantが生育スコア（cm）で与えられている．第2列の要因soilは"1：自然土，2：人工土"である．第3列の要因ft（肥料，fertilizer）は"1：なし，2：あり"となっている．

表7・2　植物Xの生育

plant	soil	ft									
36.1	1	1	32.6	1	2	24.4	2	1	42.1	2	2
34.1	1	1	33.8	1	2	22.8	2	1	34.1	2	2
32.7	1	1	37.3	1	2	23.5	2	1	36.5	2	2
29.2	1	1	32.5	1	2	33.7	2	1	36.5	2	2
26.5	1	1	35.7	1	2	23.7	2	1	36.8	2	2
32.8	1	1	33	1	2	25.7	2	1	34.5	2	2
36.2	1	1	41.9	1	2	26.8	2	1	34.9	2	2
29.2	1	1	34.4	1	2	23	2	1	37.2	2	2
30.8	1	1	30.9	1	2	28.8	2	1	28.9	2	2
36.1	1	1	35.1	1	2	24.5	2	1	39.1	2	2

まず最初に，Rの **aov()** 関数を使った二元分散分析を実施し，その後で二元分散分析の原理が理解できるように，計算法を解説する．

```
d <- read.csv("table7-2.csv")
```

```
soil <- factor(d$soil)
ft <- factor(d$ft)
y <- d$plant

summary(aov(y ~ soil + ft + soil:ft))
```

以下の結果が得られる．

```
summary(aov(plant ~ soil + ft + soil:ft))
            Df   Sum Sq  Mean Sq  F value   Pr(>F)
soil         1    71.3     71.3    6.426   0.015733 *
ft           1   404.5    404.5   36.462   6.18e-07 ***
soil:ft      1   160.8    160.8   14.495   0.000527 ***
Residuals   36   399.4     11.1
---
Signif. codes:  0 '***' 0.001 '**' 0.01 '*' 0.05 '.' 0.1
```

このRの出力を論文やレポートにまとめるときは，表7・3の体裁となる．有意確率を確認すると，土壌の違いの主効果は$P=0.016$であり，また，施肥の有無の主効果も有意な結果が得られた．そして，土壌と施肥の2要因の交互作用は$P=0.000527$と，これも有意な効果が得られた．また，土壌と施肥の二つの固定要因の効果を要因配置の図7・4に示す．

表7・3 植物Xの生育についての二元分散分析表

要因	SS	df	MS（平均平方）	F
グループ間	636.6	3		
土壌効果	71.289	1	71.289	6.426
施肥効果	404.496	1	404.496	36.462
交互作用	160.801	1	160.801	14.495
グループ内	399.37	36	11.09361	
総合計	1036.0	39		

では，この事例をもとに，二元分散分析の原理をRを使った統計量で確認してみたい．適宜，表7・4を参照してほしい．目標は土壌効果のF値（$MS_{土壌}/MS_{群内}$），施肥効果のF値（$MS_{施肥}/MS_{群内}$），そして交互作用のF値（$MS_{交互作用}/MS_{群内}$）を

7・3 二元分散分析の原理と計算法

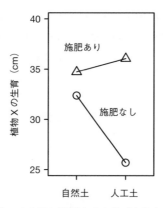

図7・4 植物Xの生育に影響する土壌（自然土，人工土）と施肥（有，無）の要因配置図

表7・4 植物Xの生育についての二元分散分析の計算

	自然土	人工土	
施肥なし	36.1 34.1 32.7 29.2 26.5 32.8 36.2 29.2 30.8 36.1	24.4 22.8 23.5 33.7 23.7 25.7 26.8 23 28.8 24.5	
	32.37	25.69	横の平均　29.03
施肥あり	32.6 33.8 37.3 32.5 35.7 33 41.9 34.4 30.9 35.1	42.1 34.1 36.5 36.5 36.8 34.5 34.9 37.2 28.9 39.1	
	34.72	36.06	横の平均　35.39
	縦の平均　33.55	縦の平均　30.88	総平均　32.21

求めることである．以下の手順で計算を進めていく．植物丈のデータを Y とし，二つの要因の組合わせ（$2 \times 2 = 4$ の分割表に分かれる）の各セル内データの添え字は i とする（$i=1, \cdots, 10$）．土壌の添え字は k（$k=1, 2$），施肥は l（$l=1, 2$）となる．つまり，各植物丈のデータは $Y_{kl(i)}$ で表される．

(1) 四つの各標本（表7・4の2×2の各セルに相当する）の平均値をとる．

```
mean(y[1:10])
 [1] 32.37
mean(y[11:20])
 [1] 34.72
mean(y[21:30])
 [1] 25.69
mean(y[31:40])
 [1] 36.06
```

(2) 二つの要因のうちの片方の添え字を固定して，縦方向の平均あるいは横方向の平均を計算する．

$$\text{自然土}(k=1)\text{の平均} = \sum_{l=1}^{2} \sum_{i=1}^{10} Y_{1l(i)}/20 = 33.55$$

$$\text{人工土}(k=2)\text{の平均} = \sum_{l=1}^{2} \sum_{i=1}^{10} Y_{2l(i)}/20 = 30.88$$

$$\text{施肥なし}(l=1)\text{の平均} = \sum_{k=1}^{2} \sum_{i=1}^{10} Y_{k1(i)}/20 = 29.03$$

$$\text{施肥あり}(l=2)\text{の平均} = \sum_{k=1}^{2} \sum_{i=1}^{10} Y_{k2(i)}/20 = 35.39$$

```
mean(y[1:20])
 [1] 33.545
mean(y[21:40])
 [1] 30.875
mean(c(y[1:10],y[21:30]))
 [1] 29.03
mean(c(y[11:20],y[31:40]))
 [1] 35.39
```

ここで，草丈データの添え字が途中で飛ぶ場合は（例：1番～10番と21番～30番，あるいは11番～20番と31番～40番），表7・2のplantのデータを`c()`関数でまとめる．あとの計算にも使うので，`Y1<- y[1:20]`, `Y2<- y[21:40]`, `Y3<- c(y[1:10],y[21:30])`, `Y4<- c(y[11:20],y[31:40])` と置く．

(3) すべてのデータの総平均($\bar{Y}$)を計算すると，$\bar{Y}=32.21$ となる．ここまでは表7・4に計算されている．

```
Y.mean <- mean(y)
Y.mean
[1] 32.21
```

(4) 総平方和(総 SS)と総自由度(総 df)を求める．

$$総\ SS=\sum_{k=1}^{2}\sum_{l=1}^{2}\sum_{i=1}^{10}(Y_{kl(i)}-\bar{Y})^2, \quad 総\ df=2\times2\times10-1=39$$

```
Y.SS <- sum((y-Y.mean)^2)
Y.SS
[1] 1035.956
```

(5) 総グループ間の平方和(総グループ間 SS)と総グループ間の自由度(総グループ間 df)を求める．

$$総グループ間\ SS=\sum_{k=1}^{2}\sum_{l=1}^{2}10(\bar{Y}_{kl}-\bar{Y})^2=636.6,$$

総グループ間 $df=2\times2-1=3$

```
among.SS <- 10*(mean(y[1:10]-Y.mean)^2 +
  10*(mean(y[11:20])-Y.mean)^2 + 10*(mean(y[21:30])-Y.mean)^2
  + 10*(mean(y[31:40])-Y.mean)^2
among.SS
[1] 636.586
```

(6) 土壌効果の平方和(土壌 SS)と土壌の自由度(土壌 df)を求める．

$$土壌\ SS=\sum_{k=1}^{2}20(\bar{Y}_k-\bar{Y})^2=71.3, \quad 土壌\ df=2-1=1$$

```
soil.SS <- 20*(mean(Y1)-Y.mean)^2+20*(mean(Y2)-Y.mean)^2
soil.SS
[1] 71.289
```

(7) 施肥効果の平方和(施肥 SS)と施肥の自由度(施肥 df)を求める.

$$\text{施肥 } SS = \sum_{l=1}^{2} 20(\bar{Y}_l - \bar{Y})^2 = 404.5, \quad \text{施肥 } df = 2-1 = 1$$

```
ft.SS <- 20*(mean(Y3)-Y.mean)^2+20*(mean(Y4)-Y.mean)^2
ft.SS
[1] 404.496
```

(8) 交互作用の平方和(交互作用 SS)と交互作用の自由度(交互作用 df)を求める.

$$\text{交互作用 } SS = \text{総グループ間 } SS - \text{土壌 } SS - \text{施肥 } SS = 636.6 - 71.3 - 404.5$$
$$= 160.8$$

交互作用 $df = (2-1) \times (2-1) = 1$

```
inter.SS <- among.SS-soil.SS-ft.SS
inter.SS
[1] 160.801
```

(9) グループ内の平方和(グループ内 SS)とグループ内自由度(グループ内 df)を求める.

$$\text{グループ内 } SS = \sum_{k=1}^{2} \sum_{l=1}^{2} \sum_{i=1}^{10} (Y_{kl(i)} - \bar{Y}_{kl})^2 = 399.4,$$

グループ内 $df = 4 \times (10-1) = 36$

```
within.SS <- sum((y[1:10]-mean(y[1:10]))^2) + sum((y[11:20]-
mean(y[11:20]))^2) + sum((y[21:30]-mean(y[21:30]))^2) +
sum((y[31:40]-mean(y[31:40]))^2)
within.SS
[1] 399.37
```

よって,Rを使って二元分散分析の表で求めた統計量の SS と df は,すべて原理で確認できた.

以上をまとめると，表7・3（Rの出力と同じ）の二元分散分析表（Summary Table of 2-way ANOVA）ができ上がる．検算をしてみると，二元分散分析には二つの固定要因が介在するにしても，基本は一元分散分析と同じ計算方法であることがわかるだろう．表7・4で確認すべき点は，(i) 総合計 SS＝グループ間 SS＋グループ内 SS になっていること，(ii) グループ間 SS の三つの要因（土壌 SS, 施肥 SS, 交互作用 SS）ではグループ間 SS＝土壌 SS＋施肥 SS＋交互作用 SS が成立すること，そして，(iii) 自由度もこの関係になっていること，である．これら三つの要因は，分散成分として独立であるために，平方和の加算が成立するのである．

7・4 線形混合モデル：**固定要因とランダム変量要因を取込む**

二つの要因のうち，片方は固定要因で，もう一方は固定要因ではなくランダム変量要因だったときは分散分析はどうしたらよいのだろう．固定要因とはこれまで出てきたような土壌の種類，施肥効果などである．一方，ランダム変量要因とは，標本のデータセット全体が"ブロック"に分かれている場合である．"ブロック"と

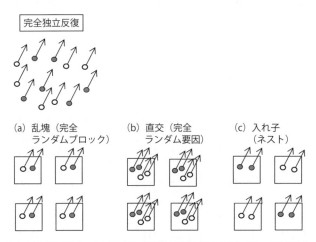

図7・5 **完全な独立反復と，いろいろな疑似反復の調査デザイン** 2種類の丸（○，●）は処理が異なり，矢印（↗）はデータ取得を意味する．□は調査区の区画や学校の組に相当する．上の"完全独立反復"だけが真の反復であり，(a)〜(c) は三つのタイプの疑似反復である．

はこの場合，調査区画・クラス・班などをさし，各グループに配置されているがゆえに，何らかのランダムな共通の効果がかかっている可能性を排除できない．そのブロックから何度もデータを抽出することになる．このときは特に，**疑似反復**（pseudo-replication）を考慮しなければいけない．このような ANOVA は，一元配置混合 ANOVA，あるいは線形混合モデルとよばれる．

図7・5を見てみよう．完全独立反復とはこれまで学んできたデータのように個々のデータが完全に独立であるデータ構造をもつ．それに対し，(a)〜(c)のデータ構造は，群（グループ）に分かれて配置されているので，上述のように，未知のランダムな共通の要因がかかっているかもしれない．(a)〜(c)は疑似反復のタイプを模式図で表したものである．(a)は"乱塊"（完全ランダムブロック）とよばれるもので，2種類の処理が調査区に一つだけ設けられている．(b)は"直交"とよばれ，2種類の処理が調査区に複数設けられる．(c)は"入れ子"（ネスト）とよばれ，同一種類の処理を一つの調査区で固めて配置する．三つの調査デザインをとることで，異なるランダム変量効果が検出できる．

よく調査で使われる事例として，"直交"を取上げてみよう．ブタのある品種を豚舎で育てるとき，高栄養餌ありとなし(対照)の2種類の餌条件を設け，この餌条

表7・5 ある品種のブタを三つの豚舎で育てた6カ月後の体重(kg)

number	wt	treat	block							
1	125	f	1	13	126	f	3	25	110	c	2
2	124	f	1	14	127	f	3	26	109	c	2
3	127	f	1	15	123	f	3	27	113	c	2
4	121	f	1	16	128	f	3	28	112	c	2
5	127	f	1	17	123	f	3	29	111	c	2
6	123	f	1	18	129	f	3	30	114	c	2
7	126	f	2	19	113	c	1	31	108	c	3
8	122	f	2	20	114	c	1	32	109	c	3
9	121	f	2	21	113	c	1	33	107	c	3
10	128	f	2	22	114	c	1	34	112	c	3
11	127	f	2	23	115	c	1	35	113	c	3
12	124	f	2	24	109	c	1	36	111	c	3

7・4 線形混合モデル

件がどれくらい生育を高めるかを体重で調査したい．ブロックとして三つの豚舎 (1), (2), (3) があり，各豚舎に"高栄養餌あり"と"なし（対照）"の二つの餌条件を6頭ずつ無作為に割り振って育て，6カ月後の体重(kg)を測定したのが表7・5である．処理は高栄養餌あり(f)／なし(c) の2種類，豚舎は (1)～(3) の3種類，ブタには個体番号が付されている．

こういう問題の常套手段として，散布図を描いてみよう．図7・6は，平均値の入れ子構造を示すために，ブタの個体番号を横軸に置いて縦軸の体重(kg)を個体別に描いている．個体番号1～18が高栄養餌区であり，個体番号19～36が対照区である．全個体の平均=118.28 kg を中心に，高栄養餌区の平均=125.06 kg，対照区の平均=111.50 kg となっており，個体番号の前半と後半とで散布図の高さが大きく二分化されている．次に，各餌条件の平均値の上下に三つの豚舎の平均値がばらついて分かれて描かれている．基本的には，ブロック構造としての豚舎はランダム変量要因であり，体重に何か傾向を与えるような，もう一つの固定要因ではない．しかし，現実のデータの集合は，ランダムに割り振った組，班，グループ，調査区，同一実験条件でも日時を変えて実施されたデータなどから構成されている場合は少なからずある．つまり，必ずしも大きな単一の標本にはなっていないことが多々あるのだ．そして，それらランダム変動要因も，構造化されたデータ集合であるがゆ

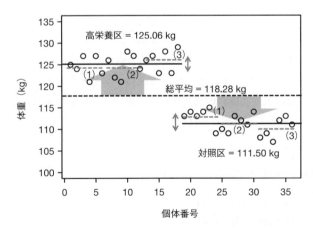

図7・6 ブタの餌条件（固定要因）と豚舎（ブロック）の散布図と平均値の構造
横軸の個体番号1～18が高栄養餌区，19～36が対照区．三つの豚舎(1)～(3)には12頭ずつが飼育されて，6頭ずつ無作為に二つの餌条件に割り振られた．

えに，ランダムなばらつきを発生させる要因となっている．このランダム変動要因の効果を，固定要因とは別途に分散分析に適切に組込む必要があり，これが線形混合モデルを使う理由である．表 7・5 と図 7・6 を R で解析してみよう．csv ファイルからデータを入力し，`d` に格納する．

ANOVA を実行する関数 `aov()` では，`Error` を指定することでランダム変量要因（この場合は `block`）をモデルに組込むことができる．表 7・5 の事例は，`Error` 構造の組み方は図 7・5(b) の"直交"型になっているので，この ANOVA は nested ANOVA（階層的 ANOVA）とよばれる．"階層的 (nested)"の意味は，固定要因として餌条件の下側に，三つの豚舎別の個々のブタの体重データがあり，個々のブタの体重データは豚舎とは独立ではない．たとえば，個体番号 1 のブタは豚舎(1) で育っており，個体番号 30 のブタは豚舎(2) で育っており，これらはランダムな誤差をもっているだけだとの理由で豚舎を適当に替えることはできない．あくまでも，個々のブタの体重は，それぞれの豚舎に"対応している"のである．よって，直交型のランダム変量のモデルへの取込みは，`aov()` の中に，`Error(block/treat)` と記す．このようにモデルを指定することによって，以下の手順で階層的 ANOVA の F 値を計算することができる．

われわれは処理（餌条件）に興味があるので，まず，『H_0: 処理区間で違いはない』とする帰無仮説を検定し，対立仮説『H_1: 処理区間で違いがある』を採択できるかを判断する．

$$F = \frac{MS_{treat}}{MS_{block:treat}}$$

この事例のブタの体重のばらつきが，階層的 ANOVA で以下のように出力される．① は主効果としての豚舎（`block`）による違い，② は主効果としての餌条件処理区の違い，③ は餌条件と豚舎の交互作用の効果，そして ④ は `Within` と出力されているように，残差である個体間ばらつきである．

```
d <- read.csv("table7-5.csv")
y <- d$wt
treat <- factor(d$treat)
block <- factor(d$block)
summary(aov(y ~ treat + Error(block/treat)))
```

まとめ

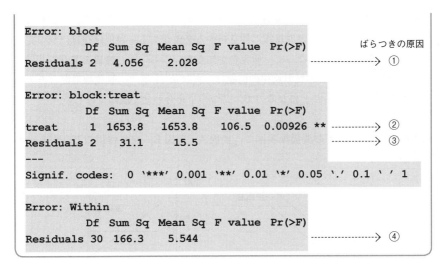

処理効果（餌条件）の F 値は

$$F = \frac{MS_\text{treat}}{MS_\text{block:treat}}$$

なので，② $MS_\text{treat}=1653.8$ であり，③ 分母の $MS_\text{block:treat}=15.5$ とあるので，Rはここから $F=106.5$ で $P=0.00926$ と出力した．このように，餌条件の処理の違いは小さな有意確率が示され，固定要因として強い効果をもつことが示された．

ちなみに，『H_0: ブロック間で違いはない』とする帰無仮説を検定し，対立仮説『H_1: ブロック間で違いがある』を検討してみると，

$$F = \frac{MS_\text{block}}{MS_\text{error}}$$

であり，① $MS_\text{block}=2.028$ で，④ Within の残差 $MS_\text{residuals}=5.544$ なので，F 値を求めてみると `1-pf(2.028/5.544,2,30)=0.6967` が求められ，`block`（豚舎）には有意な効果はないことがわかる．

まとめ

　二元 ANOVA で交互作用の効果を見てきた．このとき，両方とも固定要因からなる ANOVA と，片方が固定要因で，もう片方がランダム変動要因の組合わせの二元配置混合 ANOVA とで計算の仕方が異なることを示した．混合型 ANOVA は線形混

合モデルで解析できることを説明した．特に，標本にランダム変量要因が加わるときのデータ構造として，疑似反復に注意をする必要がある．疑似反復は，真の完全独立反復のデータとは異なって，研究者が知らないうちに同じ性質を共有させてしまう可能性がある．この疑似反復の問題は，再び第11章"一般化線形混合モデル（GLMM）"で取上げることになるので，二つの章を合わせて読んでほしい．

演習問題7・1 以下の要因配置図で，要因A，要因B，交互作用のどれが有意かを述べよ．

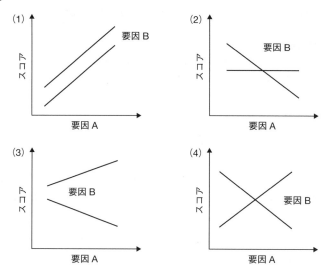

演習問題7・2 マウスを2種類の餌で1年間育てたデータセットである．これを用いて二元分散分析を実施せよ．

餌A		餌B	
♂	♀	♂	♀
55.4	47.2	50.5	47.3
49.7	49.4	48.2	46.2
52.1	51.3	48.4	48.8
49.5	54.5	52.1	50.1
53.2	48.1	51.8	48.2
51.4	50.8	49.7	47
54.3	52.7	49.2	46.5

演習問題7・3 以下の表は，ある高校の1年生の数学の期末試験の点数である．塾に通っている生徒18人（属性1とする），塾に通っていない生徒（属性2とする）18名を，それぞれA組，B組，C組から6名ずつから集めた．塾に通う効果を二元配置混合ANOVA（線形混合モデル）を使って分析せよ．

表　高校生の塾通いと数学試験の点数

indiv	score	juku	class	indiv	score	juku	class
1	78	1	A	19	66	2	A
2	72	1	A	20	71	2	A
3	81	1	A	21	72	2	A
4	71	1	A	22	60	2	A
5	74	1	A	23	58	2	A
6	72	1	A	24	55	2	A
7	85	1	B	25	58	2	B
8	83	1	B	26	49	2	B
9	79	1	B	27	62	2	B
10	77	1	B	28	69	2	B
11	75	1	B	29	70	2	B
12	77	1	B	30	63	2	B
13	83	1	C	31	65	2	C
14	86	1	C	32	59	2	C
15	74	1	C	33	54	2	C
16	76	1	C	34	67	2	C
17	73	1	C	35	66	2	C
18	71	1	C	36	67	2	C

8

相　　　　関

　この第8章"相関"と次の第9章"回帰"では，XとYの2変量の関係を分析する．図8・1は相関と回帰の違いを示している．回帰は(b)のように説明変数から応答変数を推定する関係式をあてはめる（これをXからYへの回帰とよぶ）のに対し，(a)のように，相関はXとYの2変量の関連性を示すにとどまる．

　相関の例をあげると，兄弟同士の身長，鳥の翼長と尾羽の長さ，1週間あたりのジョギングの距離と体重などの関係である．兄弟は両親からの形質を遺伝的に受け継いでいて，似ている性質も多いため，兄の身長が高いと弟の身長も高い傾向にはあるだろう．鳥の翼長と尾羽長も同じで，個体の翼長と尾羽の二つの形質は日齢が

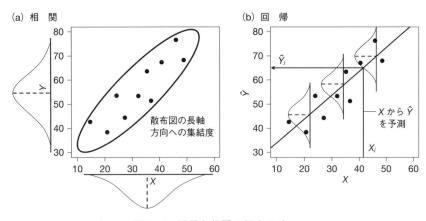

図8・1　回帰と相関の概念の違い

変わっても鳥の形はほぼ相似であり，翼長が長い個体は尾羽も長い傾向にある．また，走る距離が増えるほどカロリーが消費され，体重が減少する傾向があるだろう．このように，二つの変数が相互関連することを**相関**(correlation)とよぶ．大事なことは，相関関係があってもその間に因果関係があるかはわからないという点である(詳しくはコラム8・1を参照)．兄弟の身長では，第三の変数として遺伝子が兄弟の身長の原因になっており，兄弟の身長の間で因果関係があるわけではない．

相関関係を定量化するには，ピアソンの積率相関係数rを計算することが一般的である（厳密な定義は後述）．相関係数のさまざまな値を散布図のパターンととも

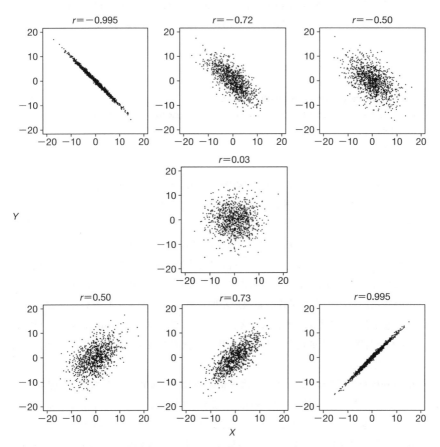

図8・2 **さまざまな相関（1）** 二次元正規分布から点(X, Y)を1000個発生させ，ピアソンの積率相関係数rを推定する関数**cor()**で相関係数を推定したもの．

に図8・2にあげた．相関係数は，散布図の長軸方向への集結度とみなせばわかりやすい．相関係数 r は $-1 \leq r \leq 1$ の範囲であり，右肩上がりの場合には正の値をとり，右肩下がりの場合には負の値をとる．直線的になると1（または-1）に近づき，散布図が丸い形状になり，二つの変数の間に関連性がないときには相関係数が0になる．特に r が正の場合を正の相関， r が負の場合を負の相関， $r=0$ の場合を無相関とよび，1または-1に近いほど強い相関という．図8・2を描画するには，相関の度合いを与えて二次元正規分布から乱数を発生させ，描いてみるとよい．まず相関係数を，たとえば `r <- 0.5` で設定する． X の値は `rnorm()` で求められる． Y の値は相関係数 r を使って `y <- r*x+sqrt(1-r^2)*rnorm()` で決めることができる．2変量のデータの相関係数は `cor(x,y)` で求めることができる．

```
r <- 0.5 #相関係数
x <- rnorm(1000, mean=0, sd=5)
y <- r*x + sqrt(1-r^2)*rnorm(1000, mean=0, sd=5)
cor(x, y)
plot(x, y)
```

相関係数の注意点としては，散布図の長軸の傾きの符号は相関係数の符号を決めるものの，傾きの大きさは相関係数に関係ないことである．たとえば，図8・3(a)では傾きがおおよそ0.5に対し，図8・3(b)では傾きは2程度である．それであっても相関係数は両方とも0.9である．直線関係にどれだけ近いかを定量化しているため，どのような直線であるかは，右肩下がりか右肩上がりか以外は関係がない．

特殊な散布図での相関はどうなるだろう？ 図8・3(c, d)は，一山の二次関数や，二山の四次関数のような明確な非線形な関係性がある例を示している．どちらであっても左右対称なため無相関になる．これはピアソンの積率相関係数は線形関係（直線的な関係）を定量化するものであり，非線形な関係は捉えることが難しいことを示している．

相関分析を行う際のピアソンの積率相関係数 r の前提となるのは，2変量 X と Y の両方が正規分布に従う点である．つまり，図8・1(a)のように，2変量 X と Y の両方が正規分布していることが重要である．たとえば，仮に右上と左下の二つの領域にデータプロット点がそれぞれ固まって集中していて，それを結んだ傾向を"右上がり"と判断するのは，誤った結果をもたらすので注意が必要である．正規

分布に従わないような場合には，第13章で紹介するノンパラメトリックな手法を用いるとよい．

ピアソンの積率相関係数 r の計算は以下で定義される．

$$r = \frac{SP_{XY}}{\sqrt{SS_X SS_Y}} = \frac{\sum_{i=1}^{n}(X_i-\bar{X})(Y_i-\bar{Y})}{\sqrt{\sum_{i=1}^{n}(X_i-\bar{X})^2 \sum_{i=1}^{n}(Y_i-\bar{Y})^2}} \quad (8\cdot1)$$

$(8\cdot1)$式の分子 SP_{XY} は**積和**（sum of products）とよばれる．$(8\cdot1)$式の分子は積和，分母は X の平方和と Y の平方和の相乗平均である．

相関係数も，平均値の差の検定のように，ある母集団からの標本に対して計算する場合には，母集団の真の相関係数を推定する必要がある．『母集団の相関係数 r は0である』という帰無仮説のもと，相関係数の帰無仮説検定は，一般に t 検定を使って実施する．

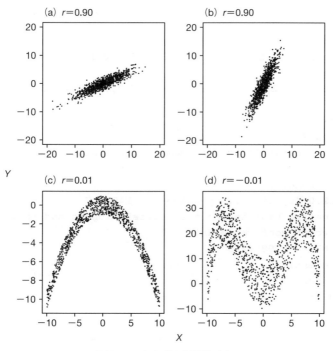

図$8\cdot3$　さまざまな相関（2）

$$t = \frac{r}{\sqrt{\dfrac{1-r^2}{n-2}}} \qquad (8\cdot 2)$$

この統計量 t は，分子は r，分母は標準誤差でこれは自由度 $n-2$ の t 分布に従う．分散分析を使う場合もあるが，R の **cor.test()** は t 検定を使うので，ここでは説明は省く．

では，具体的な事例をあげて，相関係数 r の推定と帰無仮説検定を R で実施してみよう．表 8・1 は小鳥の翼長と尾羽の長さである．

表 8・1　鳥の翼長 (X) と尾羽長 (Y) の関係　単位は cm.

翼　長(X)	11.7	11.9	10.1	13.6	12.8	10.5	9.8	10.9	11.6	11.8	13.1	12.4	12.2
尾羽長(Y)	8.2	8.2	7.1	9.2	8.7	7.7	6.5	7.7	7.8	8	9.3	8.6	8.3

このデータを使って相関分析を実行するが，R スクリプトは以下である．

```
x <- c(11.7,11.9,10.1,13.6,12.8,10.5,9.8,10.9,11.6,11.8,13.1,
12.4,12.2)
y <- c(8.2,8.2,7.1,9.2,8.7,7.7,6.5,7.7,7.8,8.0,9.3,8.6,8.3)

plot(x, y)
cor.test(x,y)
        Pearson's product-moment correlation

data:  x and y
t = 12.0146, df = 11, p-value = 1.149e-07
alternative hypothesis: true correlation is not equal to 0
95 percent confidence interval:
 0.8807398 0.9894269
sample estimates:
      cor
0.9639463
```

散布図を描いたのが図 8・4 である．結果の中で，**t=12.0146** というのが検定の t 値であり，その P 値が 1.149×10^{-7} として示されている．一番最後の **cor** が相関

係数を表しており $r=0.964$ である．よって，有意水準 $\alpha=0.05$ のもと，帰無仮説『母集団の相関係数 r は 0 である』は棄却されたため，『母集団の相関係数 r は 0 ではない』が採択され，翼長と尾羽長には強い有意な正の相関があるといえる．

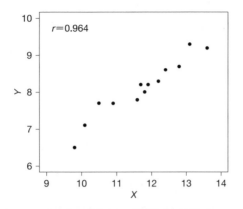

図 8・4　小鳥の翼長 (X) と尾羽長 (Y) の相関パターン

　仮説検定で注意しておく必要があるのは，コラム 5・1 "$P<0.05$ で万々歳？" とも関連するが，標本サイズを大きくすると，母集団の相関係数がどんなに小さな値であっても P 値は小さくなり，母集団の相関係数は 0 ではないと判断できてしまう点である．たとえば，標本サイズが $n=1000$ で，$P<0.05$ になったので，相関があったと主張したくなるが，そのときの相関係数が $r=0.1$ 程度であったら，これはほとんど相関がないといわざるをえない．分野によって r の値の解釈は異なるが，$|r| \leq 0.2$: ほとんど相関がない，$0.2 < |r| \leq 0.4$: 弱い相関，$0.4 < |r| \leq 0.7$: 中程度の相関，$0.7 < |r| \leq 1$: 強い相関と解釈することが多い．実際に解析する際には，P 値が有意水準を下回ることを確認したうえで，相関係数 r の値を確認し，評価することが重要である．

ま と め

　第 8 章では，2 変量の関係のうち，まず相関を解説した．R を用いて相関分析を実施することはたやすい．しかし，出力で示される統計量の意味や，仮説検定をするときには，どのような計算法が背景にあるのかをちゃんと理解しておくことは重要である．次の第 9 章 "回帰" と合わせて勉強すると，理解が進むだろう．

また，第13章ではノンパラメトリック法として，標本 X, Y の両変数の順位を利用した"スピアマンの順位相関"が解説されているが，本章のピアソンの積率相関係数と式の形は相同である．しかし，その概念は大きく異なる．スピアマンの順位相関は，X と Y の両変数の順位がどの程度，単調増加，単調減少になっているかを利用した尺度である．本章のピアソンの積率相関係数は $r=1$ または $r=-1$ の形状が直線に近づくのに対して，第13章のスピアマンの順位相関はだいぶ異なることがわかるだろう．

演習問題 8・1 以下の表のデータが与えられている．

X	12.5	13.1	18.9	9.7	16.4	8.3	13.7	17.5	11.4	16.2	19.3	15.3
Y	10.5	8.9	13.6	6.3	12.5	10.3	10.8	16.7	8.3	9.5	12.4	10.1

(1) X と Y のペアの値をもとに相関分析を実施して，有意な相関か否かを答えよ．
(2) 上記(1)を関数 `cor.test()` を使わずに，t 検定を実行せよ．

コラム 8・1 相関関係と因果関係の違い

X と Y という二つの変数があり，その間の関係性を調べようとするとき，注意しなければならない点をここで紹介しよう．それは，相関関係は必ずしも因果関係を意味しないということである．

例をあげよう．$X=$朝ごはんを食べる頻度，$Y=$成績という二つの変数を考えて，今，高校生にアンケート調査をした結果，朝ごはんを1週間に食べる頻度と成績には正の相関がみられたとする（図 8・5，$r=0.68$）．

このデータから，とある TV コメンテーターは，朝ごはんを食べると成績が上昇するので，子どもには朝ごはんを食べさせよう，と主張していた．このような相関関係のグラフを基にした主張は TV や雑誌などで頻繁にみかけるが，これは正しいだろうか？ 実は，これは相関関係と因果関係を混同しており，誤っている．もちろん，朝ごはんを食べると脳に栄養が行き渡り勉強に集中できるため，成績が伸びるといった可能性は十分あるが，このデータだけから，その結論は導くことはできない．なぜか？ 他の理由でも，同じ結果が得られる可能性があるからである．一つは，成績が良い生徒はたくさん勉強している

ため,お腹がすいて,朝ごはんを食べるようになるという可能性がある(図8・6b).また,別の可能性としては,家庭環境といった第三の変数 Z が X と Y に影響していることもある(図8・6c).たとえば,家庭環境が良い家庭では,塾に通わせる傾向があり,さらに朝ごはんも毎朝作ってくれるかもしれない.このような場合でも同様の結果が得られる.このような第三の変数 Z が影響して,X と Y の間に一見,因果関係があるようにみえる場合を擬似相関という.まとめると,X と Y の間に相関関係を生じさせる三つのパターンがあるが,これらを区別することは容易ではないため,結論には注意を要する.

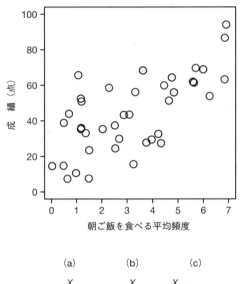

図8・5 朝ごはんを食べる頻度と成績の関係

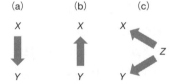

図8・6 X と Y に相関関係を生じさせる三つの可能性 矢印が因果関係を表す.

因果関係を調べるためには,操作・介入実験をすることが重要である.たとえば,ランダムに学生を抽出し,朝ごはんを食べさせる処理区と,朝ごはんを食べさせない対照区をつくり,その後の成績を調べればよい.上述の例は,単なるアンケート調査でしかなく,データだけから因果関係を導くことは難しい.そのような場合にも因果関係を見抜く統計的な手法(統計的因果推論)があるが,難易度が高いので本書では紹介しない.

9

回　　　　帰

　この章から続けて三つの章で，X と Y の二つの変数の間の関係として，片方の変数 X からもう片方の変数 Y を説明する式を求める**回帰分析**（regression analysis）を説明する．これは第 8 章で解説した相関とは，問題の性質が異なる（図 8・1 を参照）．相関は X と Y の両変数の関連性の程度を定量化するのに対して，**回帰**（regression）は X から Y を説明する関係式（これを回帰式とよぶ）を求め，X と Y の間にどのような関係や構造があるかを定量化する．Y を説明する変数 X を**説明変数**（または**独立変数**）とよび，説明される変数 Y を**応答変数**（または**従属変数**）とよぶ．特に，X が Y に影響していると想定できるデータに対し，X から Y への回帰式を求めることで X の Y に対する影響を調べることができる．例として，ふ化してからのヒヨコの日齢と体重，植物に当てる日射時間と生長量，あるいは，ある県の市町村の人口と電気料金の自治体総額などがあげられ，このような場合，前者の変数が後者の変数に影響していると想定できるため回帰分析がふさわしい．たとえばヒヨコ各個体や植物の各株，各市町村ごとに，説明変数のデータ X と応答変数のデータ Y がペアで取得され，各データ点（X_i, Y_i）が散布図として X 軸，Y 軸の座標平面に散らばる（図 8・1b）．この散布図に対し最も適合した（フィットした），横軸（X）の値から縦軸（Y）の値を決定する式を求めることが回帰である．

　この回帰の関係を直線で表すのが線形回帰（または直線回帰）である．線形回帰で説明変数が一つの場合を**単回帰**（simple regression）とよび，本書では単回帰で回帰の原理を説明する*．

---

*　説明変数が二つ以上ある場合の重回帰分析については，線形代数を使った正規方程式の行列操作を伴うので，この本では扱わない．興味ある読者は入門書として巻末参考図書 8) を参考にしてほしい．

9・1 線形回帰と最小二乗法

回帰分析で最もシンプルな線形回帰の原理と計算法を，簡単な具体例で説明しよう．図9・1は模式図で線形回帰に関わる統計量を図示したものである．データ点 $(X_i, Y_i)(i=1, \cdots, n)$ に対して，最も適合する直線（回帰直線）を求めたい．直線は，$y=a+bx$ と表せるので，二つのパラメータ，切片 a と傾き b を決定すればよい．説明変数 X_i に対する回帰直線上の Y を $\hat{Y}_i$ と書くと

$$\hat{Y}_i = a + bX_i$$

である．X_i のときの回帰直線上の点 ($\hat{Y}_i$) と実際の各データ点 (Y_i) との残差（residual）$\varepsilon_i = Y_i - \hat{Y}_i$ を考えよう．符号の影響を除くため二乗し，さらに和をとって残差平方和

$$\sum_{i=1}^{n} \varepsilon_i^2 = \sum_{i=1}^{n} (Y_i - \hat{Y}_i)^2$$

とすると，これは X で Y を説明できない部分を表すので，これを最小にする直線が最もあてはまる直線だと考えることにして a, b を決定する．これを**最小二乗法**（least squares method）とよぶ*．

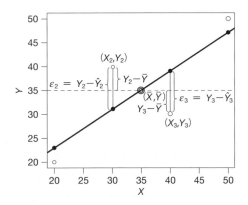

図9・1 最小二乗法の概念図　標本 (X, Y) の散布図が4点 (○) 描かれている．◎は散布図の平均 $(\bar{X}, \bar{Y})$ の座標点を示す．簡略化のために中央の2点 (X_2, Y_2) と (X_3, Y_3) で，Y_i の値と推定値 $\hat{Y}_i$ そして残差 ε_i の関係が描かれている．最小二乗法は，残差二乗の総和 $\sum \varepsilon_i^2$ を最小にするように回帰直線の傾きと切片を決める方法である．

---

* 誤差が正規分布するとき，最小二乗法による推定値と，第10章で登場する最尤推定法による推定値は一致することが知られている．

具体的な標本データで線形回帰を考えてみよう．図9・2(a)は8人の女性被験者の年齢と血圧の架空のデータである．一般に，加齢とともに血圧が上昇することは知られており，8名の女性の年齢Xと血圧Yを調べてみた．年齢とともに必ずしも血圧が単調増加になるわけではなく，歳をとっていても低めの人もいれば，若く

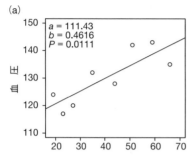

(a)

年齢(X_i)	19	23	27	35	44	51	59	66
血圧(Y_i)	124	117	120	132	128	142	143	135

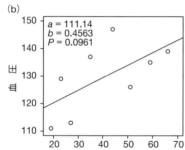

(b)

年齢(X_i)	19	23	27	35	44	51	59	66
血圧(Y_i)	111	129	113	137	147	126	135	139

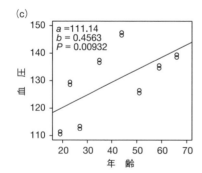

(c)

年齢(X_i)	19	23	27	35	44	51	59	66
血圧(Y_i)	111	129	113	137	147	126	135	139
年齢(X_i)	19	23	27	35	44	51	59	66
血圧(Y_i)	111	129	113	137	147	126	135	139

図9・2 被験者の女性の年齢と血圧の例 似た直線回帰であっても回帰の有意性が異なる．(a) Y軸方向にばらつきの小さいデータ．(b) Y軸方向にばらつきの大きいデータ．(c) (b)と同一サンプルで標本サイズが2倍に増えた場合．

ても高めの人もいる．この8名のデータ (X_i, Y_i) を散布図として描いたのが (a) の図である．右上がりの直線的な傾向がみられる．この散布図から，最小二乗法を実施して，回帰直線 $y=a+bx$ を推定する．その際に，個々の被験者のデータ (X_i, Y_i) には，年齢 X_i に対して回帰曲線から求まる値 $\hat{Y}_i$ と実際のデータ Y_i には以下の関係がある．

$$Y_i = \hat{Y}_i + \varepsilon_i \qquad (9\cdot1)$$

この残差 ε_i は＋にもなるし，－にもなるだろう．残差は平均0の正規分布を考えるのが線形回帰の前提である．第2章の偏差と平方和の関係と同じ考え方で，符号を考慮せずにすむように残差を2乗にして，その2乗の総和が最も小さくなるように $\hat{Y}_i$ を決める．これが最小二乗法の原理である．最小二乗法によって回帰直線の傾き b と切片 a を決めるには，正規方程式を使う．詳しくはコラム9・1で説明されている．まとめると，以下の計算結果となる．

$$b = \frac{\sum_{i=1}^{n}(X_i-\bar{X})(Y_i-\bar{Y})}{\sum_{i=1}^{n}(X_i-\bar{X})^2} = \frac{SP_{XY}}{SS_X} \qquad (9\cdot2)$$

$$a = \bar{Y} - b\bar{X} \qquad (9\cdot3)$$

ここで b の分母は X の平方和 (SS_X) であり，分子は**積和** (sum of products, SP_{XY}) とよばれる．これは各プロット i の X と Y の偏差を掛けて i について総和したものである．また，直線の一般的な性質として，傾き b が決まると，その直線が通る座標点を一つ $y=a+bx$ に代入すれば，もう一つのパラメータの切片 a が自動的に決まる．回帰直線は散布図の平均値点 $(\bar{X}, \bar{Y})$ を通る性質があるので，(9・3)式を使って切片 a が決まる．図9・2(a)のデータに対し最小二乗法を用いて傾き b と切片 a を計算してみると，以下のようになる．

傾き $b = 0.4616$
切片 $a = 111.43$

この直線（回帰直線）が(a)の図に描いてある．

9・2 回帰直線の残差分散と標準誤差

では，図9・2(a)で求められた回帰直線は，女性の年齢と血圧の関係を有意なものとして推定されたのだろうか？ここでも帰無仮説検定の考え方が登場し，帰無

コラム9・1 最小二乗法による回帰直線の b と a を求める正規方程式

回帰直線の傾き b と切片 a は，各データ点の Y 軸の値 (Y_i) と回帰直線の推定値 $(\hat{Y})$ とから，誤差を最小化するための正規方程式をつくり，一次微分することで求める．

正規方程式のつくり方と計算法

各データ点の Y_i と回帰直線の推定値 $(\hat{Y})$ との差（推定誤差）を以下のように L とする．

$$L = \sum_{i=1}^{n}(Y_i-\hat{Y})^2 = \sum_{i=1}^{n}(Y_i-(bX_i+a))^2 \cdots\cdots ①$$

次に，①を a の関数，b の関数としてみると，ともに下に凸の二次関数であるため，a と b で微分（偏微分：a で微分するときは b は定数とみなす）して，各一次微分＝0（最小化の条件）の連立方程式をつくる．

$$\frac{\partial L}{\partial a} = 0 \cdots\cdots ②$$

$$\frac{\partial L}{\partial b} = 0 \cdots\cdots ③$$

②を計算すると，以下のように書け，回帰直線は必ず X と Y の平均値の点 $(\bar{X}, \bar{Y})$ を通ることがわかる．

$$a = \hat{Y} - b\bar{X}$$

③は以下のように計算できる．

$$-\sum_{i=1}^{n}X_iY_i + a\sum_{i=1}^{n}X_i + b\sum_{i=1}^{n}X_i^2 = 0$$

$$-\sum_{i=1}^{n}X_iY_i + \bar{Y}\sum_{i=1}^{n}X_i - b\bar{X}\sum_{i=1}^{n}X_i + b\sum_{i=1}^{n}X_i^2 = 0$$

$$-\sum_{i=1}^{n}X_iY_i + n\bar{X}\bar{Y} - bn\bar{X}^2 + b\sum_{i=1}^{n}X_i^2 = 0$$

よって，b は以下のようになる．つまり，分子は積和，分母は X の平方和となる．

$$b = \frac{\sum_{i=1}^{n}X_iY_i - n\bar{X}\bar{Y}}{\sum_{i=1}^{n}X_i^2 - n\bar{X}^2}$$

9・2 回帰直線の残差分散と標準誤差

仮説『真の傾きが0である』が棄却できるかどうかを考える．まず，図9・2(b)とで比較してみよう．(b)のグラフは(a)と比べて回帰直線からずっと離れてプロットが散在している．これを，"回帰直線はデータへの適合度(fitting)が低い"という．(b)を見ると，切片と傾きが(a)と似ているものの，なんとなく説明力が劣る印象である．では，もう一つ，比較のために図9・2(c)はどうだろうか？ これは，(b)の標本をそのままの値で2倍の数に増やしたものである．

これら三つの標本と回帰直線の比較を実施するためには，Rを使うのが有効である．図9・2の三つの回帰直線の有意性検定を，Rで実施してみよう．直線回帰の場合は`lm()`関数（`lm`: linear model）を使う．手始めに，まず図9・2(a)のデータセットから分析する．

```
x1 <- c(19,23,27,35,44,51,59,66)
y1 <- c(124,117,120,132,128,142,143,135)
plot(y1 ~ x1, ylim=c(110, 150))
result <- lm(y1~x1)
abline(result, ylim=c(110, 150))
summary(result)

Call:
lm(formula = y1 ~ x1)

Residuals:
    Min      1Q  Median      3Q     Max
-6.8956 -4.1819  0.0293  4.3551  7.0283

Coefficients:
            Estimate  Std. Error  t value  Pr(>|t|)
(Intercept) 111.4305      5.5588   20.046    1e-06 ***
x1            0.4616      0.1275    3.622   0.0111 *
---
Signif. codes:  0 '***' 0.001 '**' 0.01 '*' 0.05 '.' 0.1 ' ' 1

Residual standard error: 5.835 on 6 degrees of freedom
Multiple R-squared:  0.6861,    Adjusted R-squared:  0.6338
F-statistic: 13.12 on 1 and 6 DF,  p-value: 0.01107
```

被験者8名の年齢xと血圧yを`c()`関数で入力し，まず`plot()`関数で散布図を

描く．次に，**lm()** 関数で線形回帰モデルによる回帰分析を実施して結果をオブジェクト **result** に格納したうえで，回帰直線を **abline()** 関数で描く．最後に **summary()** 関数で，直線回帰の分散分析の結果の詳細を出力する．

その結果，切片 a の推定値＝111.4305，傾き b の推定値＝0.4616，傾きの有意確率 P＝0.0111 が得られた．つまり，有意水準 α＝0.05 のもとで，傾き＝0 であるという帰無仮説は棄却され，X の効果があったと結論できる．X の傾きの有意確率を算出する際に，検定統計量として t＝3.622 が示されているが，F＝13.12 も末尾の行に示されている．$F=t^2$ の関係があるので，$(3.622)^2$＝13.12 となり，この F が再現できた．F の行に分子と分母の自由度が示されている．分子の回帰は df＝1，分母の残差は $df=n-2=8-2=6$ となっている．回帰の有意性検定を t 検定や F 検定を使う原理については，次節で詳しく説明するので，ここでは，これらの検定により，回帰係数の有意確率が出力結果に表れることだけ念頭に置いておこう．

では，回帰直線への適合度が低い図9・2(b)のデータセットはどうだろうか？ これに同じく **lm()** 関数を適用すると，以下のようになる．Rスクリプトは省略するので，各自で作成し，以下の出力と同じになることを確認してほしい．

```
Call:
lm(formula = y2 ~ x2)

Residuals:
   Min     1Q  Median    3Q    Max
-10.464 -8.516 -2.665   7.992  15.778

Coefficients:
            Estimate Std. Error t value Pr(>|t|)
(Intercept) 111.1430   10.0924   11.013  3.33e-05 ***
x2            0.4563    0.2314    1.972  0.0961 .
---
Signif. codes:  0 '***' 0.001 '**' 0.01 '*' 0.05 '.' 0.1 ' ' 1

Residual standard error: 10.59 on 6 degrees of freedom
Multiple R-squared:  0.3933,    Adjusted R-squared:  0.2922
F-statistic: 3.889 on 1 and 6 DF,  p-value: 0.09607
```

回帰直線の傾き b＝0.4563 は図9・2(a)の b の傾きと近い値だが，有意確率は P＝0.0961 となり，有意水準 α＝0.05 のもとで帰無仮説『真の傾き＝0』は棄却できな

い．つまり X の効果があるとはいえないと判断される．$t=1.972$，$F=3.889$ と，共に小さ目の統計量になっている．

最後に，図 9・2(c) のデータセットを分析してみる．このデータセットは，(b) の 8 名の被験者の年齢と血圧の同一のデータを二つに増やし，16 名にした標本である．そのため (c) はプロットを少しずらして描いている．

```
Call:
lm(formula = y3 ~ x3)

Residuals:
   Min     1Q  Median     3Q     Max
-10.464 -8.516 -2.665   7.992  15.778

Coefficients:
            Estimate Std. Error t value Pr(>|t|)
(Intercept) 111.1430     6.6070  16.822 1.11e-10 ***
x3            0.4563     0.1515   3.012  0.00932 **
---
Signif. codes:  0 '***' 0.001 '**' 0.01 '*' 0.05 '.' 0.1 ' ' 1

Residual standard error: 9.808 on 14 degrees of freedom
Multiple R-squared:  0.3933,    Adjusted R-squared:  0.3499
F-statistic: 9.075 on 1 and 14 DF,  p-value: 0.009318
```

回帰直線の傾き b の有意確率は $P=0.00932$ (1% 以下) となり，傾きに有意な効果が現れた．

ここで，図 9・2 の三つのパネルの回帰分析の比較をまとめると，直線回帰の傾きの有意性を強める要因として，以下が浮かび上がった．

① 適合度の強さ（残差分散あるいは残差標準誤差の小ささ）
② 標本サイズの増加

特に，(c) は (b) と比べて，当然ながら，切片も傾きも同一である．それにもかかわらず，標本サイズを 2 倍にするだけで有意確率がずっと小さい値になっていることに注意してほしい．つまり，回帰直線の傾きの有意性には，直線からのばらつき度合いと同時に，繰返し数の大小も関係する．調査や実験では往々にして小標本になることが多いが，標本数を少し増やすだけで，有意性が高まることがある．

R の回帰分析の結果の表には，切片の推定値とともにその有意確率が表示される

が，ここで興味があるのは真の切片が0かどうかではなく，Yを説明する際のXの効果を表す傾きが0かどうかであるため，気にしないでよい．

9・3 直線回帰の有意性検定の原理

前節では，出力結果に表示された回帰直線のパラメータである切片と傾きの有意性検定の結果を概観した．そこではt検定やF検定が現れていた．この検定の仕組みを説明する．

まず，回帰直線の適合度を求める．これには残差二乗をすべて総和したもの（これを残差平方和とよぶ）を計算した．

$$残差平方和 \;=\; \sum_{i=1}^{n}(Y_i-\hat{Y_i})^2 \;=\; \sum_{i=1}^{n}[Y_i-(bX_i+a)]^2 \qquad (9・4)$$

しかし，データの個数nが多くなると残差平方和は増加してしまう．そのために，データの個数で割って平均化することになるが，正確に言えばデータ個数nそのものではなく，自由度で割ることになる．これは第2章"母集団と標本"で学んだ平方和から平均化して分散を求めるのと同一である．ただし，この場合の自由度は，データセットから傾きbと切片aの二つのパラメータを推定したので，$n-2$となる．（第2章の平方和と分散の関係では，データセットから平均というパラメータを一つ推定したので，自由度が$n-1$だった．）これにより回帰の残差分散s^2が求められる．

$$回帰の残差分散 \quad s^2 \;=\; \frac{1}{n-2}\sum_{i=1}^{n}[Y_i-(bX_i+a)]^2 \qquad (9・5)$$

また，その平方根をとると，回帰直線の残差を基準とした標準偏差，つまり回帰直線の標準誤差となる．

$$回帰の標準誤差 \quad s \;=\; \sqrt{\frac{1}{n-2}\sum_{i=1}^{n}[Y_i-(bX_i+a)]^2} \qquad (9・6)$$

この残差分散あるいは標準誤差が，データ数によらない回帰直線まわりのデータのばらつきの指標となる．

直線回帰の有意性検定とは，回帰直線がX-Y座標に散らばっている散布図の傾向をどれだけ説明しているかという検定問題である．女性の年齢と血圧に，仮に図9・3(a)のような散布図の標本が与えられても，この回帰直線は傾きがほとんどX軸に平行で，ただのばらつきによって説明されてしまうので，推定された傾きの回

9・3 直線回帰の有意性検定の原理

帰直線で散布図の傾向を説明することはできない．一方，図9・3(b)のプロットは全体的に右上がりの傾向を示しているが，ばらつきも大きいので，やはり傾きは有意ではない結果になる．

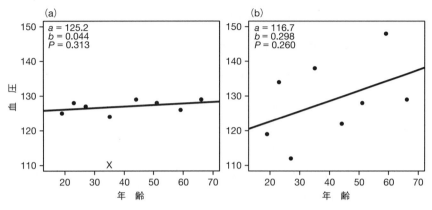

図9・3 回帰直線の傾きの有意性がほとんどない仮想の事例

直線回帰の有意性検定をまとめると以下となる．母集団における真の傾きをβとすると，仮説は以下のようになり，帰無仮説を検定することになる．

　　帰無仮説 H_0：$\beta=0$ (Yを説明するときにXは必要ない)
　　対立仮説 H_1：$\beta \neq 0$ (Yを説明するときにXが必要である)

傾きの帰無仮説検定には二つの方法があり，一つはt検定，もう一つは分散分析（ANOVA）である．

(1) t検定の場合には，以下の統計量tを用いるが，これは自由度$n-2$のt分布に従う．

$$t = \frac{(b-\beta)\sqrt{\sum_{i=1}^{n}(X_i-\bar{X})^2}}{s_e} \tag{9・7}$$

ここで帰無仮説では$\beta=0$であり，s_eは残差分散の平方根をとったもの，つまり回帰の標準誤差，すなわち(9・6)式である．

(2) 分散分析で傾きの有意性検定をするときには，基本的には第6章の帰無仮説検定の手順をふむ．計算手順は以下である．

① まず平均値 $\bar{Y}$ を基準値として，**総平方和**(total SS)を求める．

$$\text{total } SS = \sum_{i=1}^{n}(Y_i - \bar{Y})^2 \quad (9\cdot 8)$$

② 次に平均値 $\bar{Y}$ を基準値として，**回帰の平方和**(regression SS)を求める．

$$\text{regression } SS = \sum_{i=1}^{n}(\hat{Y}_i - \bar{Y})^2 \quad (9\cdot 9)$$

③ 同様に，**残差平方和**(residual SS)を求めるが，これは(9・4)式である．

$$\text{residual } SS = \sum_{i=1}^{n}(Y_i - \hat{Y}_i)^2 = \sum_{i=1}^{n}[Y_i - (bX_i + a)]^2 \quad (9\cdot 10)$$

つまり，total SS＝regression SS＋residual SS の関係になる．

④ 個々の自由度を求める．回帰の自由度と残差平方和の自由度を足すと，総平方和の自由度になる．

$$\begin{cases} 総平方和の自由度 &= n - 1 \\ 回帰の自由度 &= 1 \\ 残差平方和の自由度 &= n - 2 \end{cases}$$

⑤ 最後に回帰と残差の平均平方(MS)の比(F値)を求める．

$$F = \frac{\text{regression } MS}{\text{residual } MS} = \frac{\text{regression } SS/(df=1)}{\text{residual } SS/(df=n-2)} \quad (9\cdot 11)$$

最終的には以下の関係により，個々の Y 値 (Y_i) のうちどれだけの割合を，回帰の推定値 $(\hat{Y}_i)$ で説明できるかの問題に帰着できる．つまり，回帰の傾きの効果が有意でないなら，平均値 $\bar{Y}$ の高さとその周りでランダムにゆらぐ残差だけの説明になる．

$$個々の Y_i = 平均値 \bar{Y} の効果 + 回帰の推定値 \hat{Y}_i の効果 + 残差 \quad (9\cdot 12)$$

平均値 $(\bar{Y})$ は基本的に標本（散布図）の縦軸方向の高さの平均にすぎない．回帰の推定値 $\hat{Y}_i$ は，説明変数 X に傾きの係数がかかることで，どれだけ横軸に従って平均値 $\bar{Y}$ からさらに右上がり・右下がりの傾向を説明できるかを示している（図9・1参照）．

9・4 決定係数 r^2

lm() 関数の出力には，**決定係数**(coefficient of determination)が示されている．決定係数は，説明変数 (X) が応答変数 (Y) のどれだけの割合を説明できるかを表す

値で，寄与率とよばれることもある．標本のデータセットから求めた回帰直線のあてはまりの良さ（適合度）の尺度として利用されることが多く，一般的には以下のように定義されることが多い．

$$r^2 \equiv 1 - \frac{\sum_{i=1}^{n}(Y_i - \hat{Y}_i)^2}{\sum_{i=1}^{n}(Y_i - \bar{Y})^2} \qquad (9 \cdot 13)$$

これは，図9・1が示している内容そのものである．つまり，Y_i と平均値 $\bar{Y}$ の偏差の平方和を分母にして，回帰の残差を分子に置いた比を1から引いたもの，平たくいえば，回帰で説明できた割合となる．

$$r^2 \equiv 1 - \frac{残差平方和}{(Y_i - \bar{Y})の平方和} \qquad (9 \cdot 14)$$

図9・2の lm() 関数の出力の中身を見ると，いずれも2種類の r^2 が示されているが，Multiple R-squared の方がふつうの決定係数 r^2 である．もう一つの Adjusted R-squared は Multiple R-squared を改良した値で，本書では説明しない．r^2 が最も高いのは図9・2(a)で0.6861であるのに対して，回帰の有意性（傾きの有意確率）は図9・2(c)が最も小さい．そして，図9・2(c)の r^2 はプロットの配置が同一である図9・2(b)の r^2 とまったく同値である．つまり，r^2 は"回帰による説明力"を表すといわれているが，それは傾きの有意確率の小ささを意味するわけではない．むしろ，回帰の残差標準誤差の小ささ（つまり，残差分散の小ささ＝適合度の高さ）と密接に関係するのである．

9・5 直線回帰の事例

ここで，直線回帰をRで解析した事例をいくつか紹介しよう．

(1) 親の結婚年数が子の結婚に影響する？ 米国における親の結婚年数とその子の結婚年数の回帰分析した仮想の事例である．米国では離婚率がとても高い．世界でもロシアやベラルーシ，ラトビアに続いて，米国は4位である．親が早々と離婚した場合，その子も結婚年数が短く終わる傾向があるかを調べるため，親の結婚年数とその子の結婚年数を回帰分析した．

```
x <- c(1,2,4,5,3,2,3,1,5,4,4,2)
y <- c(3,4,4,5,5,3,4,3,6,6,5,5)
plot(x, y, xlim=c(0,7),  ylim=c(0,7), xlab="X (year)",
ylab="Y (year)")

result <- lm(y ~ x)
abline(result)
summary(result)
```

```
            Estimate Std. Error t value Pr(>|t|)
(Intercept)   2.6439     0.5077   5.208  0.000397 ***
  x           0.5909     0.1543   3.831  0.003315 **
---
Signif. codes:  0 '***' 0.001 '**' 0.01 '*' 0.05 '.' 0.1 ' ' 1

Residual standard error: 0.7235 on 10 degrees of freedom
Multiple R-squared:  0.5947,    Adjusted R-squared:  0.5542
F-statistic: 14.67 on 1 and 10 DF,  p-value: 0.003315
```

| 親の結婚年数(X) | 1 | 2 | 4 | 5 | 3 | 2 | 3 | 1 | 5 | 4 | 4 | 2 |
| 子の結婚年数(Y) | 3 | 4 | 4 | 5 | 5 | 3 | 4 | 3 | 6 | 6 | 5 | 5 |

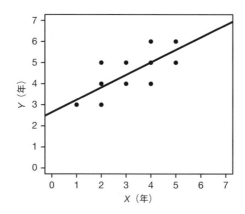

図9・4 米国における親の結婚年数とその子の結婚年数［M. K. ジョンソンほか著，西平重喜ほか訳，"統計の基礎——考え方と使い方"（サイエンスライブラリ統計学11），サイエンス社(1978) より］

散布図と推定された回帰直線を描画すると図 9・4 のようになった*．回帰分析の結果，傾き b は 0.5909 と推定され，有意性がみられた（$P=0.0033$）ため，親の結婚年数 X は，その子の結婚年数に大きな影響を与えたといえる．つまり，親の結婚年数が長ければ子の結婚年数は長くなり，親が早々と離婚するとその子も早々と結婚生活が破たんする傾向がある．決定係数 $r^2=0.59$ であり，縦軸 Y（子の結婚年数）の全体の変動の約 59% を親の結婚年数が説明している．

(2) **スズメの雛の成長** ふ化後の日齢の異なる 13 羽のスズメを使って，日齢と翼長の関係を調べた．このデータセットの散布図と推定された回帰直線が図 9・5 である．R スクリプトは省略するので，各自で作成して以下の出力と同じであるかを確認してほしい．日齢の効果はとても強く，決定係数 r^2 を見ると翼長のばらつきの 97% を説明している．F 値は 401.1 で有意確率 P はほぼゼロに近く，効果があると結論できる．

雛の日齢	3	4	5	6	8	9	10	11	12	14	15	16	17
翼長(cm)	1.4	1.5	2.2	2.4	3.1	3.2	3.2	3.9	4.1	4.7	4.5	5.2	5

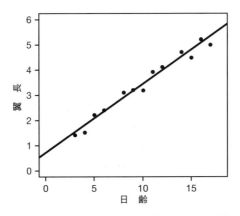

図 9・5 ふ化後の日齢の異なる 13 羽のスズメの翼長 [J. H. Zar, "Biostatistical Analysis (4th ed.)", Prentice Hall (1999), 例 17・1 より]

---

* Windows PC だとたまにグラフを描かないときがある．`dev.new()` と入力すれば図を描く．

```
              Estimate Std. Error  t value Pr(>|t|)
(Intercept)   0.71309    0.14790    4.821  0.000535 ***
    age       0.27023    0.01349   20.027  5.27e-10 ***
---
Signif. codes:  0 '***' 0.001 '**' 0.01 '*' 0.05 '.' 0.1 ' ' 1

Residual standard error: 0.2184 on 11 degrees of freedom
Multiple R-squared:  0.9733,    Adjusted R-squared:  0.9709
F-statistic: 401.1 on 1 and 11 DF,  p-value: 5.267e-10
```

9・6　回帰直線の 95% 信頼区間と 95% 予測区間

標本から求めた回帰直線は，1本の現実の回帰直線でしかない．しかし本来は，母集団に相当する真の回帰直線が存在しており，いま求めた1本の回帰直線からどれくらい誤差があるかを考える必要がある．第4章"推定と誤差"で標本のデータセットから標本平均 $\bar{X}$ から母集団平均 μ を推定し，その誤差を 95% 信頼区間として求めたように，回帰分析でも，回帰の 95% 信頼区間を予測する必要がある．

いま回帰の推定式 $y=a+bx$ を用いて X^* における推定値 $\hat{Y}^*$ を計算したとき（$\hat{Y}^*$ が点推定），回帰式の $100(1-\alpha)$% 信頼区間は以下で与えられる．

$$\hat{Y}^* \pm t_{(n-2, \alpha/2)} s_e \sqrt{\frac{1}{n} + \frac{(X^* - \bar{X})^2}{\sum_{i=1}^{n}(X_i - \bar{X})^2}} \qquad (9 \cdot 15)$$

ここで，$t_{(n-2, \alpha/2)}$ は自由度 $n-2$ の t 分布の上側 $\alpha/2$ パーセント点であり，s_e は上記でも登場したように，回帰の残差分散の平方根，つまり回帰の標準誤差である．

これを具体的なデータセットで，R を使って回帰直線の 95% 信頼区間を求めてみる．データはスズメの雛の翼長の成長の事例を使うことにする．

```
age <- c(3.0, 4.0, 5.0, 6.0, 8.0, 9.0, 10.0, 11.0, 12.0,
14.0, 15.0, 16.0, + 17.0)
wing <- c(1.4, 1.5, 2.2, 2.4, 3.1, 3.2, 3.2, 3.9, 4.1, 4.7,
4.5, 5.2, 5.0)
summary(result <- lm(wing ~ age))
result.plot <- predict(result, interval="confidence")
```

```
matplot(age, result.plot, xlab="day",ylab="wing (cm)",
ylim=c(0,6),
type="l")
par(new=T)
plot(age, wing, xaxt="n", xlab="", ylab="", ylim=c(0,6),
type="p")
```

このRスクリプトで，新しい関数は以下である．

predict()…与えられたデータ・フレームの推定値と上下の
　　　　　　信頼区間を出力する．

matplot()…重ね合わせのプロット関数で，**predict()**の
　　　　　　三つの数値を重ねて描画する．

この出力が図9・6(a)である．95%信頼区間は，散布図の中心($\bar{X}$, $\bar{Y}$)付近では狭くなり，両端に行くほど拡大する．その理由は，(9・15)式の平方根の内側の分子には偏差が乗っており，両端に行くほど平均値からの偏差が大きくなっていくからである．回帰直線の95%信頼区間の意味は，"ランダムサンプリングによってデータを得て，回帰直線を推定したら，真の回帰直線は20回に19回はこの範囲を通る"というものである．決して，データの95%がこの区間に入ると誤解しないように！ 図9・6(a)を見るとわかるように，データプロットは回帰直線の上下に広がる95%信頼区間の曲線内からは，13個のうち約6〜7個が外れている．

一方，データプロットの95%が含まれる領域は，**回帰の95%予測区間**とよばれ，次に，これを求める必要がある場合もある．$100(1-\alpha)$%の予測区間は以下の式で与えられる．信頼区間ととてもよく似ており，平方根の内側の最初に1が加わっただけである．

$$\hat{Y}^* \pm t_{(n-2,\alpha/2)} s_e \sqrt{1 + \frac{1}{n} + \frac{(X^* - \bar{X})^2}{\sum_{i=1}^{n}(X_i - \bar{X})^2}}$$

これもRを利用すると簡単に求めることができる．

```
age <- c(3.0, 4.0, 5.0, 6.0, 8.0, 9.0, 10.0, 11.0, 12.0,
14.0, 15.0, 16.0, 17.0)
wing <- c(1.4, 1.5, 2.2, 2.4, 3.1, 3.2, 3.2, 3.9, 4.1, 4.7,
4.5, 5.2, 5.0)
```

```
summary(result <- lm(wing ~ age))
result.plot <- predict(result, interval="prediction")
matplot(age, result.plot, xlab="day",ylab="wing (cm)",
ylim=c(0,6),
type="l")
par(new=T)
plot(age, wing, xaxt="n", xlab="", ylab="", ylim=c(0,6),
type="p")
```

回帰の 95% 予測区間は，interval="prediction" と設定することで，図 9・6(b) のように描画される．回帰の予測区間は，観測値のばらつきを考慮しており，

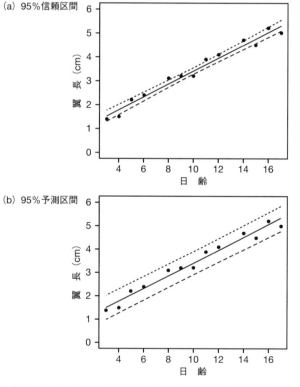

図 9・6　回帰直線の 95% 信頼区間(a) と 95% 予測区間(b)
　　スズメ 13 羽の日齢と翼長を用いて．

将来の未知の"一つのデータプロット"が得られたときに,その予測に対する区間として解釈される.つまり,"どの範囲にあると予測されるか"を示す区間である.

ま と め

単回帰分析は比較的やさしいが,現実の回帰分析を実行する際には,複数の説明変数で表されるデータにしばしば遭遇することになる.しかも,回帰モデルの応答変数の誤差構造が必ずしも正規分布に従わないこともあるだろう.その場合,重回帰分析や第10章,第11章の一般化線形モデルを用いたデータ分析を実施しなければいけなくなる.しかし,シンプルな単回帰モデルの原理をしっかり理解しておけば,さらにレベルの高いデータ分析もガイドとなる書籍などを読めば理解できるだろう.線形代数を使わずにRの関数だけで重回帰モデルを説明したものとして,巻末に参考図書4)をあげた.

演習問題9・1 下表は5月1日から9月末日までの日本全国の10の都市別の光化学スモッグ発生回数(Y)と,正午に30℃を超えた日数(X)である.

日数 (X)	91	70	103	79	86	114	101	82	75	87
発生回数 (Y)	14	5	28	17	15	19	20	7	10	9

1) ここから単回帰分析を実行し,さらに95%信頼区間を描け.
2) 予測した回帰式の傾きは有意か?

10

一般化線形モデル（GLM）

　第9章の回帰分析の理論は，20世紀までに確立した伝統的な統計学モデルで説明した．つまり，応答変数の分布が正規分布であることを前提として，残差の最小二乗法でパラメータ値を決定する線形モデル（linear model）である．これに対して，21世紀になり新しい大きな流れが主流となってきた．**一般化線形モデル**（generalized linear model; GLM）とよばれるもので，1990年代後半からパソコンの処理速度が高速化し，インターネットが一般に利用される時代背景の中で，オープンソースRの普及と共に急速に使われるようになった．GLMは，回帰モデルの誤差分布を，正規分布だけでなく二項分布やポアソン分布，負の二項分布なども含めて一般化して扱う新しいモデルである．

　たとえば，変量Xに対して変量Yが推定値$\hat{Y}$のまわりに二項分布する事例として，殺虫剤の濃度を薄いものから濃いものに少しずつ変えて死亡率を見る試験を考えてみよう．この事象は，害虫の各個体は生きる（0）か死ぬか（1）の確率分布を応答変数としてもつ．仮に，薄い濃度で20匹の害虫に噴霧したら5%（1匹）しか死ななかったが，中程度の濃度だったら20匹のうち25%（5匹）が死に，濃い濃度で噴霧したら80%（16匹）が死に，そしてもっと濃い濃度だったら95%（19匹）が死んだとする．このような実験により，殺虫剤の濃度Xに対して平均死亡率$\hat{Y}$を後述のシグモイド形のような曲線として描くことはできるだろう．しかし，この実験の害虫各個体のデータは，その曲線の周りに正規分布してはおらず，縦軸が0（生存）か1（死亡）かの位置にたくさん並んでいる．このような二値的なデータ構造をもつとき，第9章のように誤差構造が正規分布である線形モデルの最小二乗法を使ってよいものだろうか？

データの誤差が正規分布でない場合にも，しかるべき理論と手続きを用いれば，一般化線形モデル GLM が使える．GLM の普及によって，回帰分析の世界が一挙に広がったといえる．本章では，初学者が GLM を使えるように，わかりやすく解説する．

10・1 応答変数，説明変数，線形予測子

まず，GLM のモデルは一般に，回帰分析と同様に現象の結果と想定されるデータを**応答変数**(y)，原因と想定されるデータを**説明変数**($x_1, x_2, \cdots, x_k$)とよぶ（応答変数を従属変数，説明変数を独立変数とよぶこともある）．GLM のモデルの形式は，一般に以下のように表される．

$$f(y) = \beta_0 + \beta_1 x_1 + \beta_2 x_2 + \cdots + \varepsilon \quad (10・1)$$

左辺 $f(y)$ は応答変数の**リンク関数**，右辺は**線形予測子**(linear predictor)とよび，右辺の線形予測子は $\beta_i x_i$ の線形の多項式になっている．右辺で説明変数を伴っていない係数 β_0 を**切片**(intercept)，それ以外の係数 β_1 や β_2 を**傾き**(slope)とよぶ．左辺のリンク関数は GLM 特有の概念であり，第9章の直線回帰にはなかったものである．ここで左辺の f の中身を y と書いたが，実際には応答変数 y が従う確率分布のパラメータであり，二項分布であれば確率 q，ポアソン分布であれば平均 λ，正規分布であれば平均 μ を推定することになる．以下，GLM として広く使われるロジスティック回帰とポアソン回帰について，それぞれリンク関数を説明する．

10・2 ロジスティック回帰の考え方

ロジスティック回帰は，二項分布に従う上限のあるカウントデータ（0以上の整数）に適用される．たとえば，第3章の事例だったコイントスで"n 回の実験対象に同じ処理を施したら（コインを投げたら），そのうち y 回が表で，$(n-y)$ 回が裏だった"という構造のデータならば，二項分布に従う統計解析が可能となる．この場合，二項分布の確率分布は以下のように定義される．

$$P(y|n,q) = {}_nC_y q^y (1-q)^{n-y} \quad (10・2)$$

これは (3・1)式の二項分布と同じ式である．左辺の $P(y|n,q)$ の意味は，表が出る確率が q ($0 \leq q \leq 1$) であるコイントスで，合計 n 回のうち y 回，表が出る確率である．${}_nC_y$ は場合の数を表す．二項分布は，コイントスの表と裏だけでなく，同一実

験を施した被験者の陽性と陰性の生起確率や，1株の植物がつける上限5個の種子の各1粒の生存と死亡の確率など，多くの状況を表すことができる．この場合，GLMを用いて解析することの目標は，ある説明変数xに対し二項分布のパラメータqを推定することである．

GLMでは，二項分布のリンク関数$f(q)$として，ロジットリンク関数を指定する．ロジットリンク関数を説明する前に，ロジスティック関数を説明しておこう．ロジスティック関数は一般に以下の形式になっている．

$$q = \text{logistic}(z) = \frac{1}{1+\exp(-z)} \tag{10・3}$$

ここで変数zは，個々のデータx_iに対しての線形予測子となり，説明変数が1種類の場合，以下となる．

$$z_i = f(q) = \beta_0 + \beta_1 x_i \tag{10・4}$$

ロジスティック関数の形状を知るために，$z=\beta_0+\beta_1 x$として，簡単に(10・3)式の1変数の場合のロジスティック関数を描画してみよう．そのときに，$\beta_0=0$, $\beta_1=2$を基準として，パラメータ値を変化させると描画される関数形は図10・1のように変化することがわかる．

次にリンク関数を説明しよう．ロジスティック関数(10・3)式を変形すると以下

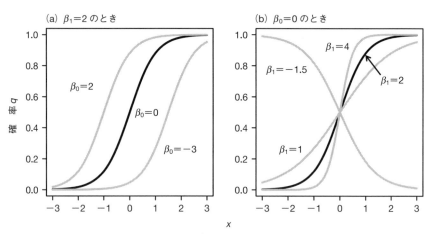

図10・1 $q=1/[1+\exp(-z)]$で線形予測子$z=\beta_0+\beta_1 x$の(β_0, β_1)をさまざまに変えたときのロジスティック曲線．黒い実線は基準とした$\beta_0=0$, $\beta_1=2$の曲線．

のようになり，この左辺をロジット関数 logit(q_i) とよぶ．

$$\log \frac{q_i}{1-q_i} = z_i \quad (10・5)$$

ロジット関数はロジスティック関数の逆関数となっている．逆もまた真であり，ロジット関数の逆関数をとればロジスティック関数に戻る．線形予測子 $z_i = \beta_0 + \beta_1 x_i$ とロジスティック関数を関連づけするのがリンク関数であり，ロジスティック関数のリンク関数はロジット関数となっている．このようにリンク関数を設定する理由は，説明変数がどんな値であっても二項分布のパラメータ q を $0 \leq q \leq 1$ の範囲におさめることができ，さらに後述する最尤推定法による q の推定が容易になるからである．

10・3 ポアソン回帰の考え方

次に，GLM でよく使われるポアソン回帰を説明しよう．これは上限のないカウントデータ（0 以上の整数，非負の整数ともいう）を対象とする．たとえば，母ブタの体重と産まれた 1 腹の産仔数の関係，ある植物の 1 株の体サイズと種子数の関係に施肥の効果があるか否かの分析，いくつもの調査地に生息する植物種数を土壌の水分含量で分析する場合など，身近な事例は数多い．ただし，ポアソン分布の適用はポアソン分布の性質上，平均＝分散の制約があるので，平均＜分散となる場合（過分散）には，第 11 章で説明する対策が必要となる．

ところで，"上限のない"の意味を少し補足したい．ロジスティック回帰が扱う二項分布のように，"表が出やすいいかさまコインでは 5 回のコイントスで何回表が出るか？"などの現象は，どんなに多くても原理的には表は 5 回までしか出ないので，"上限がある"とよぶ．それに対して，ブタの一腹の産仔数は，生物学的には 50 匹ほども産まれることはありえないが，10 匹は少なからず起こるだろう．11 匹や 12 匹もありうるかもしれない．このように，理論的には上限はないので，あとは平均値 λ に従って，10 匹以上も一度に産まれる現象は確率的に低い（しかし生起することもある）という扱いが可能となる．

ではここで，ポアソン分布を説明しよう．実数の定数 $\lambda (>0)$ に対して，0 以上の整数を値とする確率変数 x の確率分布が以下の式で表されるとき，x は平均値 λ のポアソン分布に従うという．

$$P(x) = \frac{\lambda^x}{x!} e^{-\lambda} \quad (10・6)$$

たとえば,"平均して1分間に1回起こる不規則なランダム現象は,5分間に何回起こるかの分布を求めよ"の問題を解くため,ポアソン分布を描画してみよう.5分間ならば平均$\lambda=5$回起こると期待するのは合理的だが,不規則な現象なので,当然,2回しか生じない場合もあるだろうし,6回起こることもあるだろう.それを確率分布として考えると,平均$\lambda=5$のポアソン分布の確率分布を描くことができる(図10・2a).

```
x <- seq(0, 15, 1)
freq <- dpois(x, lambda=5)
plot(x, freq, type="b", lwd=2)
```

平均値$\lambda=5$のポアソン分布で,5分間に2回起こる確率は$P=$**dpois(2, lambda=5)**$=0.08422$であり,6回起こる確率は$P=0.14622$となる.さまざまな平均値λ(=1, 3, 5, 7)のポアソン分布を図10・2(b)に示す.この図を見てすぐに気づくのは,ポアソン分布は唯一のパラメータである平均値により分布形が決まり,0以上の整数xを与えれば,すぐに確率が決まることである.これは,連続変量に対する不規則なランダム現象を表すときの正規分布を考えると違いがわかる.正規分布は平均値と標準偏差(分散)の二つのパラメータで決まるが,平均値と分散の関係は特に規則はない.しかし,ポアソン分布の平均と分散はともにλに等

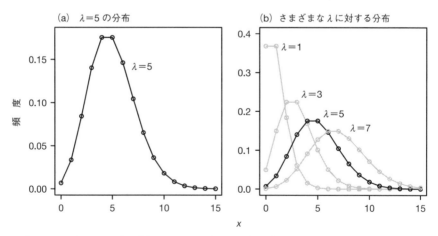

図10・2 **ポアソン分布** (a) ポアソン分布の一例($\lambda=5$),(b) さまざまな平均λ(=1, 3, 5, 7)に対するポアソン分布.

10・3 ポアソン回帰の考え方

しいという重要な性質をもっているので，平均値 λ が決まれば分散も等しく決まる．

$$E(x) = Var(x) = \lambda$$

このようなポアソン分布をベースにしたポアソン回帰の概念図を図 10・3 に示す．従来は，このデータに通常の線形回帰を適用した例がみられたこともあったが，負の y の値も考慮されたモデルであり，分散も一定であるため，モデルの適用としては誤りである．よって，負には決してならないポアソン分布を使って，上限のないカウントデータ（0 以上の自然数）に対して GLM でポアソン回帰を実行し，モデルを適合させる必要がある．

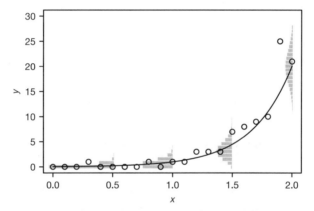

図 10・3　ポアソン回帰の概念図　横軸 x は実数データで，縦軸 y はカウントデータ（0 以上の自然数）である．縦軸 y は決して負の値にならないので，このデータに対して，第 9 章のような直線回帰を施すと，切片は負となり，モデル適合の面では誤りとなる．

たとえば，体重が x_i である母ブタの個体 i の 1 腹の産仔数 y_i は，体重 x_i によって決まる産仔数平均値 λ_i のポアソン分布に従うことが考えられる．この関係は，以下のように表される．

$$P(y_i|\lambda_i) = \frac{\lambda_i^{y_i}}{y_i!} e^{-\lambda_i} \qquad (10・7)$$

$P(y_i|\lambda_i)$ の意味は，体重が x_i である母ブタの個体 i の産仔数 y_i は，産仔数平均値 λ_i で決まるポアソン分布に従う事象（0 以上の整数），ということである．

ここで線形予測子とポアソン分布のパラメータの関係を以下のようにしてみよう.

$$\lambda_i = \exp(\beta_0 + \beta_1 x_i) \tag{10・8}$$

この (10・8) 式でもロジスティック回帰のときと同様に, β_0 は切片, β_1 は傾きである. ここで両辺で対数をとると, 以下のようになる.

$$\log \lambda_i = \beta_0 + \beta_1 x_i \tag{10・9}$$

右辺は線形予測子で, 左辺は対数リンク関数であり, ポアソン回帰ではこれを用いる.

ただし, ポアソン回帰の場合は, ポアソン分布は平均=分散の条件が満たされていなければならない. 現実のさまざまな例では, 平均よりも分散が大きくなる過分散の現象がしばしばみられる. その場合にはポアソン回帰は適切ではない. むしろ, 平均<分散を考慮に入れたうえで, 負の二項分布回帰 (詳細は第 11 章を参照) などを利用した過分散対策が必要となる. あるいは, 過分散をひき起こす原因の一つと考えられる "疑似反復" (図 7・5 を参照) を考慮して, ランダム変量効果を組込んだポアソン回帰を利用する. これは推定値の上下に正規分布のばらつきを仮定した一般化線形混合モデル (GLMM) を適用する.

ここまでの要点をまとめると, 以下の表 10・1 にまとめられる.

表 10・1　確率分布と応答変数の性質でみた代表的な GLM の回帰モデル

確率分布	応答変数	リンク関数	特　徴
二項分布	0 以上の整数	おもに logit	カウントデータ, 上限あり $(1, 2, \cdots, N)$
ポアソン分布	0 以上の整数	log	カウントデータ, 上限なし, 平均=分散
負の二項分布	0 以上の整数	inverse または log	カウントデータ, 上限なし, 平均<分散
正規分布	実数	そのまま identity	応答変数の範囲に制限なし, $-\infty < y < \infty$

10・4　ロジスティック回帰の例

では, 簡単なロジスティック回帰の事例で, R を使って実際に GLM を実行してみよう. 表 10・2 は, ある害虫種に対して殺虫剤を噴霧するとき, その濃度の効果を調べた架空のデータである. dose は殺虫剤濃度, dead は死亡 (1), live は生存 (0) を示す. 濃度が上がるにつれて, 縦軸の死亡率が高まる傾向である. このデー

タをもとに，二項分布を仮定したロジスティック回帰を実施してみよう．

まずデータを csv ファイルで読み込み，関数 **glm()** を使って，二項回帰のモデルを定式化する．

表 10・2 ある害虫種に対する殺虫剤濃度の効果

dose	dead	live
1	0	1
1.3	0	1
1.7	0	1
2.2	0	1
2.4	0	1
2.8	0	1
3.1	1	0
3.5	1	0
3.7	0	1
4.2	0	1
4.5	1	0
4.7	0	1
4.9	1	0
5.1	1	0
5.4	1	0
5.7	1	0
6	1	0

```
d <- read.csv("table10-2.csv")
result <- glm(cbind(d$dead,1-d$dead) ~ d$dose, family
=binomial(logit))
summary(result)

# ----- Graphics ----
plot(d$dose, d$dead, xlab="dose", ylab="mortality",
xlim=c(1.0,6.0))

pred.dose <- seq(1.0, 6.0, 0.01)
pred.y <- 1/(1+exp(-(result$coefficient[1] +
result$coefficient[2]*pred.dose)))
lines(pred.dose, pred.y)
```

cbind() 関数は，column（列）を結合（bind）する，という意味である．つまり，**cbind(d$dead, 1-d$dead)** で d$dead の列と d$live の列を結合し，ロジット

比の `log(d$dead/[1-d$dead])` を表現している．なぜなら `d$live=1-d$dead` だから．また，`family=binomial` は応答変数の誤差が二項分布であるデータを指示している．`family=binomial(logit)` は，リンク関数を `logit` で明示的に示しているが，左辺で `cbind(d$dead,1-d$dead)` を指定すると，このリンク関数は `logit` がデフォルトで決まるために，記入しなくてもよい．

```
Call:
glm(formula = cbind(d$dead, d$live) ~ d$dose, family =
    binomial(logit))

Deviance Residuals:
    Min      1Q   Median      3Q     Max
-1.7000  -0.4663  -0.1727  0.5642  1.6872

Coefficients:
            Estimate Std. Error  z value  Pr(>|z|)
(Intercept)  -5.6500     2.6630   -2.122    0.0339 *
d$dose        1.4524     0.6528    2.225    0.0261 *
---
Signif. codes:  0 '***' 0.001 '**' 0.01 '*' 0.05 '.' 0.1 ' ' 1

(Dispersion parameter for binomial family taken to be 1)

    Null deviance: 23.508  on 16  degrees of freedom
Residual deviance: 13.564  on 15  degrees of freedom
AIC: 17.564

Number of Fisher Scoring iterations: 5
```

出力情報は後でまとめて説明するが，現時点で大事な情報は，`Coefficients:` の欄で，切片 $\beta_0=-5.6500$，傾き $\beta_1=1.4524$ と推定され，両方とも有意確率 $P=0.0339$，$P=0.0261$ となって有意である点だ．つまり $\beta_0=0$ と $\beta_1=0$ という帰無仮説が棄却されたことになる．また，`z value` は Wald 統計量とよばれており，パラメータの最尤推定値を SE（標準誤差）で割った値であり，推定値がゼロから十分に離れているか（有意な効果をもつか）の目安になる．このロジスティック回帰の曲線が図 10・4 に描かれている．

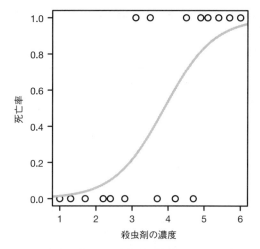

図 10・4　ある害虫に噴霧した殺虫剤の濃度による死亡率の上昇効果
データは，生存は 0，死亡は 1 のプロットとして二項分布で描かれている．ロジスティック回帰の曲線は 0 から 1.0 の間の死亡率の変化の推定値を連続的に描いている．

10・5　ポアソン回帰の例

　次はポアソン回帰の例として，ある園芸植物 M の球根の重さと春になって咲いた花の数を考えてみよう．ただ，この植物は屋外で毎日水も与えられずに放置されていたため，やや乾燥状態で生育が悪かった．そのため，小さい球根は花をつけなかった株もあるし，大きな球根であっても花が少ない株がランダムに生じている．このデータが表 10・3 である．

　このデータにポアソン回帰を実行し，最も適合する曲線を描く R スクリプトは以下である（図 10・5）．

```
d <- read.csv("table10-3.csv")
result <- glm(d$flw ~ d$wt, family=poisson)
summary(result)
#--- Graphics --
plot(d$wt, d$flw, xlab="bulb weight (g)", ylab="No. of flowers",
xlim=c(20,40), ylim=c(0,10))
```

10. 一般化線形モデル (GLM)

表 10・3 園芸植物 M の球根の重さ (グラム数) (wt) と春に咲いた花の数 (flw) の関係

wt	flw	wt	flw	wt	flw
17.3	1	24.7	1	30.6	7
18.5	2	25.1	2	30.9	8
20.5	0	25.9	4	31.5	7
21.2	3	26.4	3	31.8	4
20.8	0	27.2	5	32.8	3
21.5	1	27.4	6	33.1	4
22.1	1	27.8	7	33.7	6
22.7	0	28.2	3	34.5	8
22.6	3	28.8	2	35.2	4
23.3	1	29.1	4	35.7	7
23.6	2	29.3	7	35.9	6
23.5	3	29.7	6	36.1	5
24	4	30.2	6	36.4	9
24.4	5	30.3	2	36.8	4

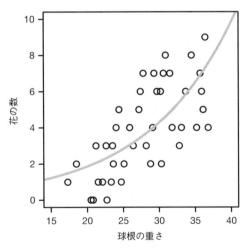

図 10・5 園芸植物 M の植えた球根の重さ (wt) と春に咲いた花の数 (flw) のポアソン回帰.

10・5 ポアソン回帰の例

```
x.wt <- seq(20, 40, 0.1)
y.flw <- exp(result$coefficient[1]+result$coefficient[2]
*x.wt)
lines(x.wt, y.flw, xlim=c(20,40), ylim=c(0,10))
```

ポアソン回帰の出力は以下であり，$\beta_0 = -1.04344$，$\beta_1 = 0.08327$ と推定され，両方とも有意な値を示した．球根の重量は，乾燥して生育が悪くなったとはいえ，春に咲く花の数に強い効果があると結論できる．

```
Call:
glm(formula = d$flw ~ d$wt, family = poisson)

Deviance Residuals:
    Min       1Q   Median       3Q      Max
-2.15981  -0.90205  -0.04287   0.72827  1.60420

Coefficients:
            Estimate  Std. Error  z value  Pr(>|z|)
(Intercept) -1.04344     0.47066   -2.217    0.0266 *
d$wt         0.08327     0.01540    5.408  6.38e-08 ***
---
Signif. codes:  0 '***' 0.001 '**' 0.01 '*' 0.05 '.' 0.1 ' ' 1

(Dispersion parameter for poisson family taken to be 1)

    Null deviance: 72.866  on 41  degrees of freedom
Residual deviance: 42.115  on 40  degrees of freedom
AIC: 169.69
Number of Fisher Scoring iterations: 5
```

ただし，この例はポアソン回帰なので，過分散を注意しておこう．尺度としては，[Residual deviance]/[df] の比がよく用いられる．これが1よりもかなり大きければ（1.5以上が目安）過分散となり，1よりもかなり小さければ均等分布となる．この例では，比は42.115/40≒1なので，ポアソン回帰を実施してよい．ほかに `qcc.overdispersion.test()` 関数を使うこともできる．

10・6 尤度とは何か？

ここで**尤度**(likelihood)という概念を導入する．尤度とは何だろうか？ 尤度は"尤もらしさ"を定量的に示すものである．たとえば (10・6) 式のように，ポアソン分布の確率分布を想定するとき，仮にポアソン分布で平均値 $\lambda=2$ だとして，データが $(y_1, y_2, y_3, y_4)=(2, 2, 3, 4)$ が発生する確率を考えよう．その確率は $P(y_1=2|\lambda=2) \times P(y_2=2|\lambda=2) \times P(y_3=3|\lambda=2) \times P(y_4=4|\lambda=2)$ となり，$0.2706706 \times 0.2706706 \times 0.1804470 \times 0.0902235 = 0.0011928$ となる．これが $(y_1, y_2, y_3, y_4)=(2, 2, 3, 4)$ という観測値が得られたときの $\lambda=2$ の尤度である．これをいろいろな λ に関して計算すると，尤度がさまざま得られる．たとえば，λ が10のときは $(y_1, y_2, y_3, y_4)=(2, 2, 3, 4)$ という観測値が得られる確率は低くなるので，尤度は小さくなり，あてはまりが悪いといえる．ここでわれわれが知りたいのは，最もあてはまりがよくなる，すなわち最も尤度が大きくなるパラメータの値は何か，である．

```
y <- 0:9
p <- dpois(y, lambda=2)
options(digits=4)
p
[1]  0.1353353  0.2706706  0.2706706  0.1804470  0.0902235
     0.0360894  0.0120298
[8]  0.0034371  0.0008593  0.0001909
```

一般に，尤度はパラメータの関数であり，ここではポアソン分布の平均値 λ の関数なので $L(\lambda)$ と書くことにしよう．データが四つだけでなく n 個ある場合には，同様に，以下のような計算を繰返す．

$$L(\lambda) = P(y_1|\lambda) \times P(y_2|\lambda) \times \cdots \times P(y_{n-1}|\lambda) \times P(y_n|\lambda)$$
$$= \prod_{i=1}^{n} P(y_i|\lambda) = \prod_{i=1}^{n} \frac{\lambda^{y_i}}{y_i!} e^{-\lambda} \qquad (10・10)$$

この**尤度関数** $L(\lambda)$ は，このままでは総積を繰返すためとても扱いにくいので，対数変換することで総和に変換することができる．これを**対数尤度**とよぶ．

$$\log L(\lambda) = \sum_{i=1}^{n} \left(y_i \log \lambda - \lambda - \sum_{k=1}^{y_i} \log k \right) \qquad (10・11)$$

なお，右辺 $\Sigma(\ )$ 内の第3項は階乗 $y_i!$ の対数をとったものである．

私たちは対数尤度が最大になるパラメータに興味がある．最大対数尤度をとるパ

10・6 尤度とは何か？

ラメータを求め，パラメータの最適な推定値とする．これを**最尤推定**(maximum likelihood estimation)や**最尤法**(method of maximum likelihood)とよぶ．これには，対数尤度をパラメータで偏微分し，その一次微分＝0とすることで，最大対数尤度をもたらすパラメータを求めることになる．これはλがついていない$\Sigma(\ )$第3項は微分すると消えるので，前の二つの項の微分で決まる．

$$\frac{\partial \log L(\lambda)}{\partial \lambda} = \sum_{i=1}^{n}\left[\frac{y_i}{\lambda} - 1\right] = \frac{1}{\lambda}\sum_{i=1}^{n} y_i - n \quad (10 \cdot 12)$$

右辺＝0と置けば，以下となる．

$$\hat{\lambda} = \frac{1}{n}\sum_{i=1}^{n} y_i \quad (10 \cdot 13)$$

これは(全部のy_iの総和)/(データ数)すなわち$\hat{\lambda}$＝算術平均にほかならない．つまり，ポアソン分布の場合の最大対数尤度は，標本平均で与えられることになる．$\hat{\lambda}$を**最尤推定値**(maximum likelihood estimator)とよぶ．

まとめると，最尤推定とは，対数尤度を最大にするパラメータ($\hat{\theta}$)を求めることである．これは，ポアソン分布だけでなく，正規分布などでも適用できる．一般に，データ集合Yに基づく尤度は，パラメータをθとすれば以下のように記される．

$$L(\theta|Y) = \prod_{i}^{n} P(y_i|\theta) \quad (10 \cdot 14\text{a})$$

対数尤度は

$$\log L(\theta) = \sum_{i=1}^{n} \log P(y_i|\theta) \quad (10 \cdot 14\text{b})$$

となる．右辺のPはポアソン分布のような離散分布の場合は確率は1より小さく，その対数をとれば符号は必ず－(負)となる．

以上の関係を図10・6で説明しよう．図10・6はポアソン乱数を使った仮想データセットから描いた頻度分布のデータセットで，その標本平均($\bar{X}$)は3.1である．この頻度分布に対して，さまざまな平均値パラメータλのポアソン分布を適合すると，対数尤度はどうなるかを計算する．図10・6では，

$\lambda = 2.0 \cdots\cdots \log L = -110.56$
$\lambda = 3.0 \cdots\cdots \log L = -97.71$
$\lambda = 3.5 \cdots\cdots \log L = -98.82$
$\lambda = 4.0 \cdots\cdots \log L = -103.12,$

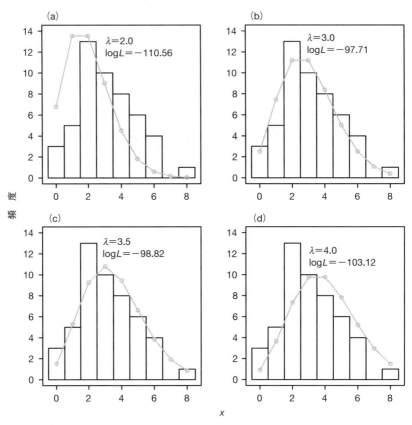

図 10・6 ポアソン乱数から作成した仮想データセット（標本平均＝3.1）と，さまざまな λ 値のポアソン分布による対数尤度．

となっており，標本平均 $\bar{X}=3.1$ にぴったりの $\lambda=3.1$ のときに，図 10・7 で示されているように，対数尤度が最大値になっていることがわかる．この図 10・7 を描くための R スクリプトは以下である．

```
set.seed(123)
d <- rpois(50, lambda=3)
logL <- function(m) sum(dpois(d,m,log=T))
lambda <- seq(2,5,0.1)
plot(lambda, sapply(lambda, logL), ylab="logL", type="l")
```

3行目は対数尤度を総和するユーザ作成関数であり，5行目は `plot()` 関数の引数の中に `sapply()` 関数が埋め込まれており，2.0 から 5.0 の値までの 0.1 刻みの `lamda` に応じた `logL` 関数で一挙に対数尤度の総和値を計算し，`sapply()` でベクトル形式で返してグラフを描画している．図 10・7 でわかるように，標本平均 $\bar{X}$ から推定した $\lambda=3.1$ が対数尤度最大となっている．

このように，尤度の最大化に基づいて標本のデータセットから目的のパラメータを推定するのが，最尤推定法の原理である．この章で紹介している一般化線形モデルのパラメータ推定はすべて最尤推定に基づいている．ちなみに，コラム 9・1 で紹介した回帰直線の傾きと切片を決める最小二乗法による推定値は，正規分布の場合の最尤推定法による推定値と一致する．

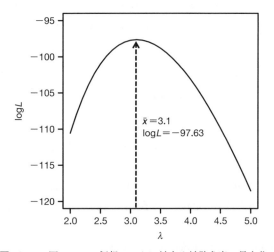

図 10・7 図 10・6 の仮想データに対する対数尤度の最大化．

10・7 赤池の情報量基準 (AIC)

この節では，赤池の情報量基準 (AIC) というモデルのよさを表す指標を紹介する．AIC は上述したロジスティック回帰とポアソン回帰の二つの事例を R で解析した出力結果に表示されていた．

AIC は赤池情報量基準(Aakaike's information criteria)とよばれるもので，文部省直轄の統計数理研究所 所長を務めた赤池弘次によって 1970 年代初頭に考案されたモデル選択の基準であり，いまは世界中で使われている．AIC の定義は以下である．

$$\text{AIC} = -2*\text{最大対数尤度} + 2*\text{最尤推定した自由パラメータの個数}$$

$$(10\cdot 15)$$

最大対数尤度は前節で紹介した．自由パラメータの個数はモデルのパラメータの個数を表す．AIC は最大対数尤度と最尤推定した自由パラメータのバランスで決まる値であり，AIC を小さくするモデルを"よいモデル"と考える．なぜなら，最大対数尤度が大きければ，よりデータにあてはまることを表し AIC の値が小さくなる．一方，パラメータの数が増えれば増えるほど今得られているデータにあてはまるが，新規のデータに対する予測が悪くなることが知られているため，(10・15)式の右辺の二項目はパラメータの数が増えると AIC が大きくなるようなペナルティの役割を果たす．なお，AIC の導出は本書の範囲を超えるので紹介しない．

`glm()` のモデル適合度を最大対数尤度として調べるには，`logLik()` 関数を用いて以下のように求められる．殺虫剤のロジスティック回帰の場合は，以下である．

```
logLik(result)
'log Lik.' -6.781799 (df=2)
```

ここで **(df=2)** は自由度＝2 を示しており，これは死亡率に対して切片および殺虫剤濃度（dose）による傾きの二つのパラメータを推定したという意味である．ここから AIC を計算してみよう．

$$\text{AIC} = -2*(-6.781799) + 2*2 = 17.5636$$

これが，p.148 の出力結果の最後に，**AIC:17.564** と出ていた値に一致することを確認しよう．

また，園芸植物のポアソン回帰では以下である．

```
logLik(result)
'log Lik.' -82.84586 (df=2)
```

ここで **(df=2)** は自由度＝2 を示しており，これは切片および球根の重量(wt)に対する傾きの二つのパラメータを推定したという意味である．ここから AIC を計算してみよう．

$$\text{AIC} = -2*(-82.84586) + 2*2 = 169.6917$$

これは，出力結果の最後に **AIC: 169.69** として出ていた値と一致している．

どのモデルがよいかの選択は，AIC によって行うことが多い．いくつか候補とな

るモデルの出力する AIC を比較して，相対的に小さい値を示すモデルが"よいモデル"となる．つまり，データへの当てはまりがよくても，モデルを構成するパラメータ数が多いと，ある一つのデータセットには過剰に適合しても，一般的な予測性（汎化性とよぶ）が落ち，AIC が大きくなってしまうので，よいモデルではありえない．しかし，その AIC をめぐって誤用が多々みられるので，最後にそれを指摘した粕谷英一(2015)*を参考にして説明する．

10・8 逸脱度，残差逸脱度，最大逸脱度

AIC の定義を理解したうえで，ここで逸脱度を説明したい．AIC の右辺にある $-2*$最大対数尤度は，**逸脱度**(deviance)とよばれている．最大対数尤度を L^* とすれば，逸脱度 D は

$$D = -2 \log L^* \qquad (10 \cdot 16)$$

と定義され，これは"データへのあてはまりの良さ"である最大対数尤度 $\log L^*$ に -2 をかけているだけである．つまり，逸脱度は"あてはまりの悪さ"といえよう．しかし，上記二つの事例では，出力結果にはどこにも逸脱度 D は出てこない．その代わりに，

```
Null deviance: 82.149  on 33  degrees of freedom
Residual deviance: 24.114  on 32  degrees of freedom
  (1 observation deleted due to missingness)
AIC: 129.26
```

が出てくる．ここで**ナル逸脱度**(null deviance)と**残差逸脱度**(residual deviance)を表 10・4 と図 10・8 で説明する．

具体例として園芸植物 M のポアソン回帰の例で考えると，逸脱度(D)は AIC の式の第 1 項であり（最大対数尤度に -2 をかけたもの），$-2*(-82.84586)=\underline{165.6917}$ である．最小逸脱度は個々のデータを λ_i としてすべて当てはめたもので，フルモデルとよぶ．モデルとしては価値がないが，モデルの当てはめという点では他のどんなモデルよりも最大の対数尤度を発揮する．それは以下のスクリプトで計算でき，

---

* 粕谷英一，'生態学における AIC の誤用 — AIC は正しいモデルを選ぶためのものではないので正しいモデルを選ばない'（特集 2「生態学におけるモデル選択」），日本生態学会誌，**65**，179-185(2015)．

この D に -2 をかけることで最小逸脱度 123.5764 が得られる．

```
sum(log(dpois(d$flw, lambda=d$flw)))
[1] -61.78821
```

残差逸脱度は，165.6917－123.5764＝42.1153 となり，これが園芸植物 M のポアソン回帰の結果出力に residual deviance として載っている．

表 10・4 さまざまな逸脱度 （ ）内の数値は，園芸植物 M のポアソン回帰を実行したときの逸脱度の値．（ただし，$\log L^*$ は最大対数尤度）

名　　称	定　　　義
逸脱度(D)	$-2\log L^*$（＝165.6917）
最小逸脱度	フルモデルを当てはめたときに逸脱度（＝123.5764）
残差逸脱度	D－最小逸脱度（＝42.1153）
最大逸脱度	ナルモデルを当てはめたときの逸脱度（＝196.4428）
ナル逸脱度	最大逸脱度－最小逸脱度（＝72.8664）

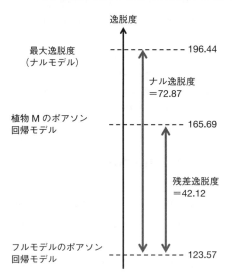

図 10・8　園芸植物の球根と花の数のデータにおけるポアソン回帰のさまざまな逸脱度の数的関係

次に，ナル逸脱度はナルモデルの逸脱度を示す．ナルモデルは説明変数の有意な傾きがまったくない，切片だけのモデルである．これは GLM では，`glm(d$flw ~ 1, ‥‥)` としてモデルを記述する．

10・8 逸脱度，残差逸脱度，最大逸脱度

```
result <- glm(d$flw ~ 1, family=poisson)
summary(result)

Coefficients:
            Estimate Std. Error z value Pr(>|z|)
(Intercept)  1.37432    0.07762   17.71   <2e-16 ***
---
Signif. codes:  0 '***' 0.001 '**' 0.01 '*' 0.05 '.' 0.1 ' ' 1

(Dispersion parameter for poisson family taken to be 1)

    Null deviance: 72.866  on 41  degrees of freedom
Residual deviance: 72.866  on 41  degrees of freedom
AIC: 198.44

Number of Fisher Scoring iterations: 5
```

ナルモデルを当てはめたときのナル逸脱度は 72.866 であることがわかった．別の方法で最大逸脱度を求めるやり方は，以下である．

```
logLik(result)
'log Lik.' -98.22142 (df=1)
```

最大逸脱度は $-2*D=$ 196.4428 となる．最後に，ナル逸脱度＝最大逸脱度－最小逸脱度＝196.4428－123.5764＝72.8664 となり，二つの方法でナル逸脱度が一致することが確認できた．つまり，すべてのデータに沿ったフルモデルのポアソン回帰からの逸脱度の差でみると，切片だけの最大逸脱度（ナル逸脱度）に比べて，植物 M のポアソン回帰モデルは傾きをもつ分だけ残差逸脱度が小さくなっており，この傾きの効果が大きいほど，有意な効果となる．

ここで，AIC 最小化によるモデル選択とは別の，本書でこれまで学んできた帰無仮説検定を用いた逸脱度にもとづいたモデルの比較法を簡単に紹介する．帰無仮説としてパラメータが切片だけのモデル（ナルモデル），対立仮説として説明変数を入れた場合のモデルを考え，それぞれの逸脱度に注目する．観察されたデータに対し求めた二つのモデルの逸脱度の差（ΔD）が，帰無仮説が正しいと仮定，つまり

パラメータが切片だけのモデルからデータをサンプリングしたときに、どの程度起こりやすいのかを求め、起こりにくい（$P<\alpha$）のであれば帰無仮説を棄却する。これは**尤度比検定**とよばれ、ブートストラップ法や、カイ二乗検定を用いて計算できる。興味のある読者は久保（2012）を参考にしてほしい。ただし、この場合の選ばれたモデルは、AIC 最小化によるモデル選択と異なり、どういう基準をもって"良い"モデルなのかは明確ではないため注意が必要である。

表 10・5　ある害虫に殺虫剤を 4 段階の濃度で噴霧したときの性別の生死データ
性別（sex）は雄＝1，雌＝2 とし，y の列は生存＝0，死亡＝1 としてある。

dose	sex	y	dose	sex	y	dose	sex	y	dose	sex	y
1	1	0	3	1	0	1	2	0	3	2	0
1	1	0	3	1	0	1	2	0	3	2	0
1	1	0	3	1	1	1	2	0	3	2	0
1	1	0	3	1	1	1	2	0	3	2	0
1	1	0	3	1	1	1	2	0	3	2	0
1	1	0	3	1	1	1	2	0	3	2	1
1	1	1	3	1	1	1	2	0	3	2	1
1	1	1	3	1	1	1	2	0	3	2	1
1	1	1	3	1	1	1	2	0	3	2	1
2	1	0	4	1	1	2	2	0	4	2	0
2	1	0	4	1	1	2	2	0	4	2	0
2	1	0	4	1	1	2	2	0	4	2	0
2	1	0	4	1	1	2	2	0	4	2	1
2	1	0	4	1	1	2	2	0	4	2	1
2	1	1	4	1	1	2	2	0	4	2	1
2	1	1	4	1	1	2	2	0	4	2	1
2	1	1	4	1	1	2	2	0	4	2	1
2	1	1	4	1	1	2	2	1	4	2	1
2	1	1	4	1	1	2	2	1	4	2	1

10・9 二つ以上の説明変数をもつときのモデル選択：
ロジスティック回帰を事例に

二つ以上の説明変数が想定される事例はどのように考えたらよいだろうか？ここで GLM において重要な，AIC を用いたモデル選択を説明する．害虫に殺虫剤を4段階の濃度（dose）で噴霧したときの死亡率を，雄と雌で比べる実験である．この害虫は雄に比べて雌の方が体が大きいので，殺虫剤への抵抗力も強い可能性が懸念される．よって，殺虫剤のモル濃度を10倍ずつ高めて4段階で噴霧した．その結果が表 10・5 であり，個体ごとに，生存は 0，死亡は 1 としてデータがまとめられている．また，性別は雄が 1，雌が 2 としてある．表 10・5 を見ると，やはり雌の方が高濃度の殺虫剤でも多く生き残っているようだ．

これをロジスティック回帰で解析するのだが，この事例は二つの説明変数が関係するので，交互作用も含めると三つのモデルが想定される．

(A) 殺虫剤の濃度だけで回帰したモデル（dose だけのモデル）
(B) 殺虫剤の濃度と性別のモデル（dose＋sex モデル）
(C) 殺虫剤の濃度と性別とその交互作用を含めたモデル
　　（dose＋sex＋dose：sex モデル）

このデータをロジスティック回帰するときに，どのモデルが最もふさわしいのだろうか？

ロジスティック回帰の R スクリプトは，たとえば (B) dose＋sex モデルであれば，以下のようになる．

```
d <- read.csv("table10-5.csv")
result <- glm(cbind(d$y,1-d$y) ~ d$dose + d$sex, family=
binomial(logit))
summary(result)
#--- Graphics ---
plot(d$dose,d$y, xlab="dose", ylab="mortality", xlim=c(0,4),
pch=c(21,19)[d$sex])
pred.dose <- seq(1, 4, 0.01)
pred.ym <- 1/(1+exp(-(result$coefficient[1] + result$coefficient
[2]*pred.dose + result$coefficient[3]*1)))
pred.yf <- 1/(1+exp(-(result$coefficient[1] + result$coefficient
```

```
[2]*pred.dose + result$coefficient[3]*2)))
lines(pred.dose, pred.ym, lwd=2, col="grey")
lines(pred.dose, pred.yf, lwd=2, col="black")
legend("topleft", legend = c("M", "F"), pch = c(21,19))
```

つまり，(A)〜(C) のモデルは，線形予測子として書くと以下のようになる．

(A) $\mathrm{logit}(q_i) = \log\dfrac{q_i}{1-q_i} = \beta_0 + \beta_1 dose$

(B) $\mathrm{logit}(q_i) = \log\dfrac{q_i}{1-q_i} = \beta_0 + \beta_1 dose + \beta_2 sex$

(C) $\mathrm{logit}(q_i) = \log\dfrac{q_i}{1-q_i} = \beta_0 + \beta_1 dose + \beta_2 sex + \beta_3 dose \times sex$

これをRスクリプトで定式化すると，以下のようになる．

(A) `result <- glm(cbind(y,N-y) ~ dose, family=binomial)`

(B) `result <- glm(cbind(y,N-y) ~ dose + sex, family=binomial)`

(C) `result <- glm(cbind(y,N-y) ~ dose + sex + dose:sex, family=binomial)`

この3種のモデルのロジスティック回帰の出力結果を比較する．

モデル (A)

```
Coefficients:
            Estimate  Std. Error  z value  Pr(>|z|)
(Intercept) -2.9068    0.7253     -4.008   6.13e-05 ***
d$dose       1.1350    0.2670      4.252   2.12e-05 ***
---
Signif. codes:  0 '***' 0.001 '**' 0.01 '*' 0.05 '.' 0.1 ' ' 1
.....
AIC: 90.708
```

モデル (B)

```
Coefficients:
            Estimate  Std. Error  z value  Pr(>|z|)
(Intercept) -0.4433    0.9753     -0.455   0.6495
```

```
d$dose        1.3802    0.3208     4.302   1.69e-05 ***
d$sex        -2.0599    0.6488    -3.175   0.0015 **
---
.....
AIC: 80.236
```

モデル（C）

```
Coefficients:
              Estimate  Std. Error  z value  Pr(>|z|)
(Intercept)   -0.46567    2.48159   -0.188    0.851
d$dose         1.38960    1.00878    1.378    0.168
d$sex         -2.04388    1.75637   -1.164    0.245
d$dose:d$sex  -0.00629    0.64177   -0.010    0.992
---
.....
AIC: 82.236
```

これら三つのモデルの出力を見ると，AICが最小となるのは，モデル(B)つまり濃度と性比別の二つの要因を説明変数として組込んだモデルが最もよいモデルであると判断された．また，交互作用まで含めたモデル(C)はどの説明変数も有意な効果は示さない結果となった．図10・9が三つのモデルのグラフを示しているが，このうち(b)が最もよいモデルのグラフである．

粕谷は，よくみられるAICの誤用を指摘しており，AICは"正しいモデル"を選ぶための指標ではないことを，簡単なモンテカルロ・シミュレーションで示している．粕谷の言葉を借りれば，"AICは平均的な予測がよいモデルを相対的に選ぶものであり，AIC最小のモデルが真のモデルとどれだけ確実に一致しているか，あるいは，他のモデルが確実に否定されるかを述べているわけではないからである"．粕谷は二つのモデルを設けてAICを比較している．片方が真のモデルになるよう条件設定しておき，データはベルヌーイ試行で得た．双方のモデルが出力するAICの頻度分布を解析した結果，真のモデルではない，他方のモデルを支持する割合が，約15％は必ず生じることがわかった．これは，標本サイズを大きくしても，またAICに閾値（よく2の差が使われる）を設けても，解決できなかった．これはAICの欠点ではない，と粕谷は述べている．AICは予測の最適化を目的としているのであって，"正しいモデルの選別"はAICの使用目的からは外れているのである．

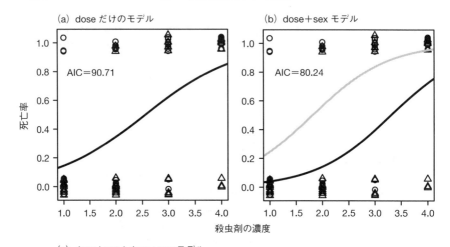

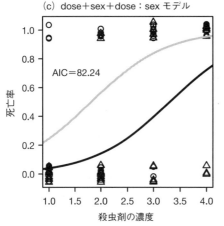

図10・9 ある害虫に対して殺虫剤を4段階の濃度で噴霧したときの,雄(○)と雌(△)の死亡率 (a) dose だけのモデル,(b) dose+sex モデル,(c) dose+sex+dos：sex モデル.ロジスティック回帰曲線は,性別の(b)と(c)は,雄(灰線)と雌(黒線)を示す.

10・10 GLM におけるオフセットの利用

ポアソン回帰の目的変数になる事象の回数や個数は,どれだけの時間や広さを調査したかによって意味が異なることがある.たとえば,10分に1回と30分に2回ならば,後者の方が回数は多いが,単位時間で考えると後者は頻繁とはいえない.

たとえば,t 時間観察したら事象が y 回起こったとして,時間当たりの事象が起こった回数 (y/t) に対する説明変数 x の影響を分析したいとする.対数リンクなら,説明変数 x の回帰式のモデルは以下で定式化できる.

$$\log\left(\frac{y}{t}\right) = \beta_0 + \beta_1 x$$

変形すると以下となる.

$$\log y = \beta_0 + \beta_1 x + \log t$$

$\log t$ の係数は 1 なので (β がつかない), これで観察時間 t の効果をうまく表すことができている. この $\log t$ をオフセットとよんでいる. オフセットの係数が 1 であるということは, 応答変数には何も効果を与えずに, いわば"下駄をはかせる"と考えればよい. データは割り算した後の実数値を応答変数に与えるのではなく, 右辺に log に係数 1 でオフセットとして組込むようにすれば, 単位時間あたりの事象 y の生起率に対する説明変数 x の影響を見ていることになる.

オフセットの事例として面積を考え, 林の水たまりに生える草 Q を想定する. 個々の水たまりの面積に対して何株生えていたかの本数を調査し, 明るい場所と薄暗い場所とで光環境によって差が出るかを調べたい. データは表 10・6 である.

表 10・6 水たまりに生える草 Q の水たまり面積に対する本数
光環境はルックス (lx) で計測した.

light	plants	w_area	light	plants	w_area	light	plants	w_area
3500	4	6.5	2300	3	13.1	500	0	3.3
2300	2	7.3	1200	1	8.1	1800	1	7.5
700	2	12.3	900	2	13.7	900	0	5.9
500	0	4.3	300	0	4.3	4000	5	11.5
2900	4	17.5	2500	4	15.2	2800	4	9.7

面積をオフセットとして, 光の照度を説明変数としてポアソン回帰に組込むと, 以下のようになる.

```
d <- read.csv("table10-6.csv")
result <- glm(d$plants ~ d$light, offset=log(w_area),
family=poisson)
summary(result)
#--- Graphics ---
plot(d$plants/d$w_area ~ d$light, xlab="light (lx)",
```

```
ylab="no. of plants per m^2", xlim=c(0,4000),ylim=c(0,0.6))
pred.light <- seq(0,4000, 0.1)
pred.y <- exp(result$coefficient[1] + result$coefficient
[2]*pred.light)
lines(pred.light, pred.y, lwd=2, col="grey")
```

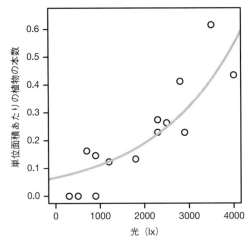

図10・10 林内の水たまりに生える植物 Q の密度に対する光の影響

出力結果をみてみよう．水たまりの面積がオフセットになり，光の照度が説明変数となって係数に表れている．

```
Call:
glm(formula = d$plants ~ d$light, family = poisson, offset
= log(d$w_area))

Deviance Residuals:
    Min       1Q   Median       3Q      Max
-1.12046  -0.68175  -0.00947  0.35440  0.72186

Coefficients:
             Estimate Std. Error z value Pr(>|z|)
(Intercept) -2.7152248  0.4910606  -5.529 3.21e-08 ***
d$light      0.0005273  0.0001735   3.040  0.00237 **
---
Signif. codes:  0 '***' 0.001 '**' 0.01 '*' 0.05 '.' 0.1 ' ' 1
```

```
(Dispersion parameter for poisson family taken to be 1)
    Null deviance: 15.5631  on 14  degrees of freedom
Residual deviance:  5.6669  on 13  degrees of freedom
AIC: 41.043
Number of Fisher Scoring iterations: 4
```

光環境の照度の係数は 0.0005273 で（これに照度 light がかかる），有意確率 $P=$ 0.00237 となり，図 10・10 にみられるように，強い効果が検出された．

まとめ

　GLM は統計学の初心者にとっては，難易度が高い内容だろうと思う．第 9 章までの正規分布による平均と分散の世界とは，まるで別の知識体系を要求される印象を覚えるだろう．そのため，学生や統計にうとい研究者によっては GLM の使用を躊躇したり，ときには正規分布の扱いが不適切な場合でも，無理やり回帰直線を引こうとする姿がしばしば見られる．この第 10 章と次の第 11 章（ランダム効果を含む一般化線形混合モデル GLMM）で GLM を勉強してもらえれば，恐るるに足らずである．初めの第一歩を踏み出すときに，頼りになるガイド本があればと誰もが思う．まさに，"先達はあらまほしきことなり" である．まずは本書を理解し，さらに GLM を深く学ぶには，巻末参考文献の 9) と 10) が大いに助けとなるだろう．

演習 10・1　鳥種 A の雄はときどき高い柱にとまって，自分の縄張りを見張る行動を示す．調査時間を同じ長さにはそろえてはいない状態で，雄の体重が見張り行動の回数に影響するかを調べた．見張り行動のイベント回数 (mihari) が雄の体重 (wt, 単位は g)，調査時間 (minutes, 分) と共に，右表に載せてある．見張り行動回数に対する体重の影響を分析せよ．

wt	mihari	minutes
110	7	95
88	3	70
80	3	85
95	5	90
120	10	95
103	8	90
97	3	65
84	1	75
91	2	80
114	9	100
107	8	90

11

一般化線形混合モデル（GLMM）と過分散対応

　第10章で一般化線形モデル（GLM）の基礎知識を一通り押さえた．ただ，現実のデータ分析では，第10章のような一つないし二つの処理効果（固定要因）だけからなる簡単なデータ構造ですまないこともしばしばである．実際には，第7章で解説した線形混合モデルのANOVA（III型ANOVA）や第9章"回帰"で取上げた線形混合モデルの回帰のように，グループや組・班，親と複数の子の家系，無作為に割り振った区画など，ブロック構造をもったランダム変量効果を合わせて分析する混合モデルを適用すべきデータセットに遭遇することがある．一般化線形混合モデル（GLMM，generalized linear mixed model）でも同様である．

　また，少なからぬデータセットは，想定している二項分布やポアソン分布などの理論分布に従わず，過大分散（過分散）や過小分散になっていることがしばしばある．このズレを知らずに解析すると，固定要因の評価を誤ることになるので，要注意である．

　本章では，一般化線形混合モデルと過分散対策を説明する．データセットとしては過小分散もありうるが，過分散に比べるとまれであるため，ここでは扱わない．いろいろな確率分布が頻繁に出てきて，ランダム変量効果のモデルの取込みなど，難しいと感じる読者も多いだろうが，現実のデータを解析するには避けて通るわけにはいかない．きちんと手順をふめば適切に解析できるので，恐るるに足らずである．

11・1 ブロック構造をもつ仮想のデータセット: 一般化線形混合モデルの練習

ブロック構造をもつ標本として簡単な事例を取上げよう．この事例では，x と y は非負の実数であり，説明変数 x（処理効果）は応答変数 y に影響する．もう一つ，ランダム変量要因として block を置き，これを要因変数(a，b，c)とする（表11・1）．

表11・1 ブロック構造をもつ仮想の x と y（両方とも非負の実数）の標本

x	y	block	x	y	block
1.0	9.0	a	6.0	8.9	b
1.5	8.3	a	6.8	8.7	b
2.1	10.5	a	7.1	9.5	b
2.7	9.7	a	6.2	6.0	c
3.4	10.2	a	7.5	6.9	c
3.9	11.8	a	8.1	7.1	c
3.0	6.9	b	9.0	8.0	c
4.7	7.3	b	9.5	7.2	c
3.8	6.2	b	10.1	7.9	c

データ解析の第一歩は，データの挙動を把握するため標本の散布図を描くところから始まる．図11・1(a)はデータそのものを，ブロック構造はおかまいなしに散布図にしたものである．一見したところ，全体的に x と y には緩い右下がりの相関がありそうだ．

では次に，図11・1(b)を見てみる．こちらは，各データ点がどのブロックに所属しているかわかるようにしたブロック別の散布図である．プロットにその要因変数の名前を使うのは以下のようにすればよい．

```
d <- read.csv("table11-1.csv")
plot(d$y ~ d$x, pch=as.character(d$block))
```

図11・1(b)でわかるように，各ブロック内では，実は x が増加すると y もそれに従って増加する傾向を示している．つまり，x と y の真の関係は右上がりの傾向が

あり，三つのブロック構造がx軸に配置されたときに，三つのブロックはa, b, cの順にyの値を平均的に大，中，小になっていたにすぎないことがわかる．

このようなやや複雑な構造をもったデータ分析でも，階層的ANOVAにブロック構造を含めることで，第7章で登場した線形混合モデルとして分析できることはすでに学んだ．これと同じことを，一般化線形混合モデルに対して，関数 `glmer()` を使って解析できる．その関数はパッケージ `lme4` に含まれている．これらの関数は，説明変数として固定要因とランダム変量要因を考慮した混合モデルに適用される．今回の事例では，応答変数は実数なので，誤差構造として `family=gaussian`，リンク関数を使用しない（`link=identity`）組合わせで使う．ほかに `glmer()` の `family` で指定できるものとしては，二項分布，ポアソン分布などいろいろ可能である*．これを `lmer` の解析と比較してみる．

```
library(lme4)
res.1 <- glmer(d$y ~ d$x +(1|d$block), family=gaussian(link=
identity))
res.2 <-lmer(d$y ~ d$x +(1|d$block))
```

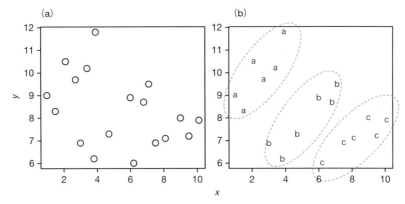

図11・1 ブロック構造をもつ仮想のデータセットで，散布図を描画したもの．(a) ブロック別を無視したプロット，(b) ブロック名ごとにデータを描き分けたプロット．

---

* ちなみに，引数の `nAGQ` は，`glmer()` がガウス・エルミート積分法で数値積分を求めているが，そのときの分点（node）の数を指定しており，`nAGQ=10` 程度でよい．指定しないとデフォルトの `nAGQ=1` でラプラス近似が使われる（数値積分法に興味のある読者は巻末参考図書11）などを参照するとよい）．

`glmer()` でのランダム変量効果の誤差構造の含め方は `d$x +(1|d$block)` で記述し，このやり方は `lmer()` も同じである．`(1|d$block)` の縦棒（|）の左側の `1`（数字の 1）は切片を表す．

```
summary(res.1)

Linear mixed model fit by REML ['lmerMod']
Formula: d$y ~ d$x + (1 | d$block)

REML criterion at convergence: 45.9

Scaled residuals:
    Min      1Q  Median      3Q     Max
-1.6493 -0.5948  0.1023  0.6671  1.5821

Random effects:
 Groups   Name        Variance Std.Dev.
 d$block  (Intercept) 11.0023  3.3170
 Residual              0.3631  0.6026
Number of obs: 18, groups:  d$block, 3

Fixed effects:
            Estimate Std. Error t value
(Intercept)   4.8738     2.0063   2.429
d$x           0.6470     0.1085   5.962

Correlation of Fixed Effects:
    (Intr)
d$x -0.290
```

一方，`summary(res.2)` の中身は以下である．

```
summary(res.2)

Linear mixed model fit by REML ['lmerMod']
Formula: d$y ~ d$x + (1 | d$block)
```

```
REML criterion at convergence: 45.9

Scaled residuals:
    Min      1Q  Median      3Q     Max
-1.6493 -0.5948  0.1023  0.6671  1.5821

Random effects:
 Groups   Name        Variance Std.Dev.
 d$block  (Intercept) 11.0023  3.3170
 Residual              0.3631  0.6026
Number of obs: 18, groups:  d$block, 3

Fixed effects:
            Estimate Std. Error t value
(Intercept)   4.8738     2.0063   2.429
d$x           0.6470     0.1085   5.962

Correlation of Fixed Effects:
     (Intr)
d$x -0.290
```

比較するとわかるが，二つの関数で要約統計量は切片や固定要因の係数は同一となった．つまり，**glmer()** は，等分散の正規分布に従う2変数に対応する **lmer()** を内包しながら，さらに二項分布やポアソン分布にも拡張されている．（一般化）線形混合モデルでは，検定統計量（Fやt）のランダム変量効果には，残差分散にどのような変量と自由度を当てるか，そして有意確率の決め方には定説がないので，この関数の作成者は，その自由度，検定統計量，有意確率を出力結果に表示していない．このように，xからyへの回帰の傾きは0.647となっており，ブロックを考えないときの右下がり傾向とは逆になっていることに注意．

このような事例では，ブロックを認識しないと，説明変数xの応答変数yに対する効果は真逆の結果をもたらすことになる．ブロックを考慮せずにデータをひとまとめに分析してしまうと，各ブロックで共通した右上がりの傾向があっても，それを隠して誤った結果を導くことにつながりかねないので，くれぐれも注意したい．

11・2 ブロック構造をもつロジスティック回帰で GLMM を練習

表 11・2 は簡単な仮想のデータで，ロジスティック回帰の混合モデルの練習のために設けた．ID は被験者番号，rep は各人ごと 4 回の繰返し，y はコイントスで表が 1，裏が 0 の結果である．そして x は表・裏の出やすさを重みで調整した度合いで，結果に影響すると想定される説明変数である．

混合モデルでロジスティック回帰を実行するには，二つの関数が使える．一つは上述の関数 `glmer(){lme4}` であり（`{}` はパッケージ名を示す），もう一つは関

表 11・2 ロジスティック回帰混合モデルの練習データ

ID	rep	y	x	ID	rep	y	x
1	1	0	1	6	1	1	3
1	2	0	1	6	2	0	3
1	3	0	1	6	3	1	3
1	4	1	1	6	4	1	3
2	1	0	1	7	1	1	4
2	2	1	1	7	2	1	4
2	3	0	1	7	3	1	4
2	4	0	1	7	4	1	4
3	1	1	2	8	1	0	4
3	2	0	2	8	2	1	4
3	3	1	2	8	3	1	4
3	4	0	2	8	4	0	4
4	1	1	2	9	1	1	5
4	2	1	2	9	2	1	5
4	3	0	2	9	3	1	5
4	4	1	2	9	4	0	5
5	1	0	3	10	1	1	5
5	2	0	3	10	2	1	5
5	3	1	3	10	3	1	5
5	4	0	3	10	4	1	5

数 `glmmML()`{glmmML} である．`glmmML()`は応答変数や誤差構造に正規分布をもつモデルには使えないし，ランダム変量効果をもつ説明変数は一つだけに制限されているが，最尤推定の数値計算をするときガウス・エルミート積分法を計算するので，正確である．一方，`glmer()`は，応答変数や誤差構造の分布が正規分布，二項分布，ポアソン分布などに対応でき，またランダム変量効果の説明変数はモデルに複数入れることができる．数値積分はデフォルトでは正規分布で近似するラプラス近似をするが，その差異は，通常ではあまり問題にならない．以下，二つの関数を使って，モデルの定式化と出力を比較してみよう（図11・2）．

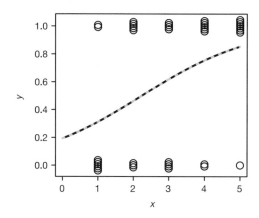

図11・2 固定要因効果とブロック構造でランダム変量効果を併せもつコイントスの例 被験者は4回トスする．重りで細工して，コイントスで表と裏の出方を調整したコインの説明変数xが固定効果である．二つのRの関数で計算したほぼ同一の2本回帰曲線が描かれている．黒実線: `glmer()`, 灰色破線: `glmmML()`

```
library(lme4)
library(glmmML)
d <- read.csv("table11-2.csv")
res.1 <- glmer(d$y ~ d$x +(1 | d$ID), family=binomial(logit))
res.2 <- glmmML(d$y ~ d$x, cluster = d$ID, family=binomial
(logit))
res.3 <-summary(res.1)
```

11・2 ブロック構造をもつロジスティック回帰で GLMM を練習

```
# ----- Graphics ----
plot(jitter(d$y,0.1)~jitter(d$x,0.1),xlab="x", ylab="y",
xlim=c(0,5))
pred.x <- seq(0, 5, 0.01)
pred.y1 <- 1/(1+exp(-(res.3$coefficient[1] + res.3$coefficient
[2]*pred.x)))
pred.y2 <- 1/(1+exp(-(res.2$coefficient[1] + res.2$coefficient
[2]*pred.x)))
lines(pred.x, pred.y1)
lines(pred.x, pred.y2,col="gray", lty=2)
```

`glmer()` の定式化は以下である.

```
glmer(d$y ~ d$x + (1|d$ID), family=binomial(logit))
```

右辺第2項がランダム変量効果の説明変数であり，上述のように `(1|d$ID)` の最初の1は切片を意味しており，`|` の右側の `d$ID` はランダム変量効果を `d$ID` で推定する指示である.

一方，`glmmML()` の定式化は以下である.

```
glmmML(d$y ~ d$x , cluster=d$ID, family=binomial(logit))
```

モデルの中には固定要因の説明変数だけ記して，ランダム変量要因は `cluster=d$ID` として記す.

出力結果を比べてみよう．`glmer()` の結果は `res.1` に格納されている．まず最尤法の計算をラプラス近似で計算する情報が冒頭で載っていることを確認したい.

```
summary(res.1)
Generalized linear mixed model fit by maximum likelihood
(Laplace Approximation) ['glmerMod']
 Family: binomial  ( logit )
Formula: d$y ~ d$x + (1 | d$ID)

    AIC      BIC   logLik  deviance df.resid
   53.2     58.3    -23.6      47.2       37
```

```
Scaled residuals:
    Min      1Q  Median      3Q     Max
-2.4104 -0.7366  0.4149  0.7849  1.4851

Random effects:
 Groups Name        Variance  Std.Dev.
 d$ID   (Intercept) 2.632e-17 5.13e-09
Number of obs: 40, groups:   ID, 10

Fixed effects:
            Estimate Std. Error z value Pr(>|z|)
(Intercept)  -1.4286     0.8201  -1.742   0.0815 .
d$x           0.6376     0.2684   2.376   0.0175 *
---
Signif. codes:  0 '***' 0.001 '**' 0.01 '*' 0.05 '.' 0.1 ' ' 1

Correlation of Fixed Effects:
    (Intr)
d$x -0.903
```

次に，`glmmML()` の出力結果 `res.2` を見てみよう．

```
summary(res.2)
Call:  glmmML(formula = d$y ~ d$x, cluster = d$ID)


              coef se(coef)      z Pr(>|z|)
(Intercept) -1.4285   0.8201 -1.742   0.0815
d$x          0.6376   0.2684  2.376   0.0175

Scale parameter in mixing distribution: 5.585e-05 gaussian
Std. Error:                             0.7823

      LR p-value for H_0: sigma = 0:  0.5

Residual deviance: 47.2 on 37 degrees of freedom     AIC: 53.2
```

出力結果は，両方の関数で切片と x への係数や，その SE（標準誤差）や z 統計量はほとんど変わらず，わずかに小数点以下 4 桁で丸めた値が少し異なることもある程

度だ．両方の関数ともに，切片は -1.4285 ないしは -1.4286 で等しく，固定要因 x の係数は両方とも 0.6376 で，ともに有意確率 $P=0.0175$ となっている．推定された AIC は，`glmer()` も `glmmML()` も AIC$=53.2$ で等しく，残差デビアンスも 47.2 で等しい．このようにして，ランダム変量効果をデータ解析に含めることができた．

11・3　ブロック構造をもつ GLMM のロジスティック回帰モデル

では事例をあげてデータを分析しよう．例として，寄生蜂の性比調節を考える．寄生蜂は宿主の昆虫に産卵し，幼虫は宿主を食べて育つ．母蜂は産卵するときに自在に息子・娘を産み分けでき，栄養の乏しい小さい宿主には雄用の卵を，栄養豊富な大きい宿主には雌用の卵を産む．雄が出す精子は小さいが，雌は大きな卵を産まなければならないので，大きな宿主に雌用の卵を産んで大きな娘が羽化するのは理にかなっている．12 匹の母蜂が 4 匹ずつ子を産んだときの，宿主の体重と蜂の性別を表 11・3 に示す．息子は小さい宿主に，娘は大きい宿主に産み分けがされているか分析してみよう．なお，性として雄を 1，雌を 0 と記す．

これをロジスティック回帰の GLMM（一般化線形混合モデル）で分析するには，関数は `glmer()` または，`glmmML()` を使う．今回は出力結果を比べるために，二つ同時に分析した．

```
library(lme4)
library(glmmML)
d <- read.csv("table11-3.csv")
res.1 <- glmer(cbind(d$y,1-d$y) ~ d$wt +(1|d$mother),
family=binomial(logit))
res.2 <- glmmML(cbind(d$y,1-d$y) ~ d$wt , cluster=d$mother,
family=binomial(logit))
res.3 <- summary(res.1)
# ----- Graphics ----
plot(jitter(d$y,0.04)~jitter(d$wt,0.2), xlab="offspring wt
(mg)", ylab="sex ratio (male)", xlim=c(0, 0.6))
pred.wt <- seq(0,0.6, 0.01)
pred.y1 <- 1/(1+exp(-(res.3$coefficient[1] + res.
3$coefficient[2]*pred.wt)))
pred.y2 <- 1/(1+exp(-(res.2$coefficient[1] + res.
```

```
2$coefficient[2] *pred.wt)))
lines(pred.wt, pred.y1)
lines(pred.wt, pred.y2, col="grey", lty=2)
```

表 11・3 宿主の大きさ(g)と寄生蜂の母蜂が産んだ子の性別
宿主の大きさは wt，性別(y)は息子は 1，娘は 0 とおく．

mother	wt	y
1	0.28	1
1	0.31	1
1	0.15	1
1	0.36	0
2	0.21	1
2	0.17	1
2	0.16	1
2	0.41	0
3	0.22	1
3	0.45	1
3	0.22	1
3	0.33	1
4	0.11	1
4	0.24	1
4	0.36	0
4	0.32	0
5	0.51	0
5	0.19	1
5	0.36	0
5	0.28	0
6	0.30	1
6	0.42	0
6	0.11	1
6	0.56	0
7	0.33	1
7	0.25	0
7	0.35	0
7	0.15	1
8	0.35	0
8	0.42	0
8	0.26	0
8	0.45	0
9	0.31	0
9	0.49	0
9	0.31	0
9	0.43	0
10	0.35	0
10	0.27	0
10	0.6	0
10	0.29	0
11	0.35	1
11	0.39	0
11	0.26	1
11	0.15	1
12	0.26	0
12	0.27	0
12	0.51	0
12	0.36	0

11・3 ブロック構造をもつ GLMM のロジスティック回帰モデル

表11・3のデータは母親(`mother`)をブロック構造としている．1匹の母親は4匹の子を産む．宿主の体サイズ（`d$wt`），`y=0` または `1` で娘または息子の産み分けを示す．応答変数は，`logit(d$y/(1-d$y))` となる．関数 `glmer()` と `glmmML()` のモデルの定式化は，前節と同じである．

その結果，二つの関数の出力結果は以下である（図11・3）．まず，`glmer()` の出力結果 `res.1` である[*]．

```
summary(res.1)
Generalized linear mixed model fit by maximum likelihood
 (Laplace Approximation) ['glmerMod']
 Family: binomial  ( logit )
Formula: cbind(d$y, 1 - d$y) ~ d$wt + (1 | d$mother)

     AIC      BIC   logLik deviance df.resid
    43.9     49.6    -19.0     37.9       45

Scaled residuals:
    Min      1Q  Median      3Q     Max
-1.53558 -0.34452 -0.03234  0.15979  2.02210

Random effects:
 Groups Name            Variance Std.Dev.
 d$mother (Intercept)   5.844    2.417
Number of obs: 48,      groups:  d$mother, 12

Fixed effects:
            Estimate Std. Error z value Pr(>|z|)
(Intercept)    7.917      3.583   2.209   0.0271 *
d$wt         -28.326     11.929  -2.374   0.0176 *
---
Signif. codes:  0 '***' 0.001 '**' 0.01 '*' 0.05 '.' 0.1 ' ' 1
```

---

[*] `lmer()` と `glmer()` で回帰曲線を描くには，いったん分析結果（`res.1`）を `summary()` に与えて，その情報をもとに描く必要がある．

```
Correlation of Fixed Effects:
    (Intr)
d$wt -0.968
```

続いて，**glmmML()** の出力結果 **res.2** である．

```
summary(res.2)
Call:  glmmML(formula = cbind(d$y, 1 - d$y) ~ d$wt, family
 = binomial(logit), cluster = d$mother)
            coef   se(coef)     z      Pr(>|z|)
(Intercept)  7.92     3.127   2.533    0.01130
d$wt       -28.34    10.081  -2.811    0.00494
Scale parameter in mixing distribution:   2.419 gaussian
Std. Error:                               0.9151
      LR p-value for H_0: sigma = 0:      0.01482
Residual deviance: 37.95 on 45 degrees of freedom    AIC: 43.95
```

関数 **glmer()** と **glmmML()** ともに，切片＝7.92，宿主の体サイズ wt の係数＝－28.33 ないし－28.34 である．ただ，標準誤差を **glmer()** の方が切片，wt の係数ともにやや大きく推定しているので，Wald の z 値が **glmmML()** よりも小さくなっ

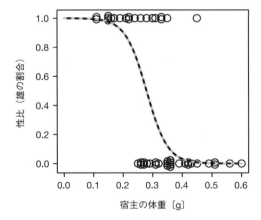

図 11・3 ある寄生蜂の母親が 4 匹の子を産む場合のロジスティック回帰の混合モデル（図 10・4 を参照）　二つの関数で計算したほぼ同一の 2 本回帰曲線が描かれている．黒い実線：**glmer()**，灰色破線：**glmmML()**.

11・3 ブロック構造をもつ GLMM のロジスティック回帰モデル

た．その結果，両方の関数ともに切片，wt の係数は有意ではあるものの，その有意確率は，**glmer()** が切片で $P=0.0271$，wt の係数で $P=0.0176$，一方，**glmmML()** では切片 $P=0.0113$，wt の係数は $P=0.0049$ で小さな差異が生じている．しかし，AIC については，**glmer()** は 43.9，**glmmML()** も 43.95 で，ほぼ同一であり，残差デビアンスも 37.9 ないしは 37.95 で同一である．

ここで一つ，注意したいことがある．この表 11・3 のデータは，実は，二項分布からずれている．各母蜂の産んだ子の性比の内訳を見ると，息子(1)ばかり産んだ母蜂や，娘(0)ばかり偏って産んだ母蜂がいることに気づく．

```
matrix(c(d$y), nrow=4, ncol=12)
     [,1] [,2] [,3] [,4] [,5] [,6] [,7] [,8] [,9] [,10] [,11] [,12]
[1,]   1    1    1    1    0    1    1    0    0    0     1     0
[2,]   1    1    1    1    1    0    0    0    0    0     0     0
[3,]   1    1    1    0    0    1    0    0    0    0     1     0
[4,]   0    0    1    0    0    0    1    0    0    0     1     0
```

今回の寄生蜂の事例では，母蜂 1 匹ごとにブロック構造になっている．同じ大きさの宿主に出会ったときに，雄を産む確率は母親ごとにばらついている．母蜂全員共通の息子を産む確率をもつ単純な二項分布と比べて，母蜂ごとにばらついている分だけ，過分散を生じさせる．

このようなデータを，混合モデル対応の GLMM ではなく，ふつうの GLM を使って分析したらどうなるだろう？ その結果が以下である．

```
d <- read.csv("table11-3.csv")
res.3 <-glm(cbind(d$y,1-d$y) ~ d$wt, family=binomial(logit))
summary(res.3)

Call:
glm(formula = cbind(d$y, 1 - d$y) ~ d$wt, family =
    binomial(logit)
Deviance Residuals:
    Min      1Q   Median      3Q      Max
-1.4340  -0.7094  -0.1906   0.6089   2.5033
```

```
Coefficients:
            Estimate Std. Error  z value Pr(>|z|)
(Intercept)    5.178      1.650    3.138 0.001700 **
d$wt         -18.371      5.486   -3.349 0.000811 ***
---
Signif. codes:  0 '***' 0.001 '**' 0.01 '*' 0.05 '.' 0.1 ' ' 1

(Dispersion parameter for binomial family taken to be 1)

    Null deviance: 65.203  on 47  degrees of freedom
Residual deviance: 42.677  on 46  degrees of freedom
AIC: 46.677

Number of Fisher Scoring iterations: 5
```

切片の推定値＝5.178，d$wt の係数＝－18.371 が変わるのは当然として，最も注意したいのは，切片と d$wt の係数の有意確率である．切片は $P=0.001700$，d$wt の係数は $P=0.000811$ と推定され，上述の GLMM の結果と比較して，1/10 のオーダーの小さい有意確率になってしまう．ブロック構造のあるデータは，ランダム変量要因を適切にモデルに組込まないと，大きく誤った結果をもたらす可能性がある．

このような誤った出力結果が得られる理由は，このデータが実は二項分布でなく大きな過分散が生じているにもかかわらず，そのままランダム変量要因に対応できない関数 glm() を適用したことによる．関数 glm() はそのデータの母集団は正しい二項分布であると誤って認識して推定するため，現実のデータが発生する有意確率は小さくなる傾向がある．

次節では，過分散をもたらす原因の全体像を説明し，その対処を説明する．

11・4 過分散とは？

二項分布やポアソン分布は，平均が決まれば分散もおのずと決まる性質の確率分布である．ところが現実には，データが平均から期待されるよりもずっと大きな分散をもつ現象がよくみられる．これを，過大分散あるいは**過分散**（overdispersion）であるという．つまり，ベルヌーイ試行では二項分布 $B(n, p)$ に従う確率変数 X に対し，X の期待値 $E(X)=np$，分散 $Var(X)=np(1-p)$ となるため，平均（期待値）が決まれば分散も同時に決まる．同様に，ポアソン分布は期待値 $E(X)=Var(X)=\lambda$

11・4 過分散とは？

の特徴があるので，平均が決まると分散も同時に決まる．そのため，第10章で学んだ GLM のロジスティック回帰やポアソン回帰を実行するとき，現実のデータに過分散が生じていると，その扱いに悩むことになる．もちろん，これらの確率分布において平均値と分散の関係で，過小分散（平均＞分散，つまり均等分布）も起こる可能性はあるのだが（葉や種子に一つずつ均等に産卵する昆虫など），現実には過大分散に遭遇する方がずっと多い．

過分散はなぜ生じるのだろう？ 粕谷英一（参考図書 10）は過分散が起こるメカニズムを詳しく解説している．これには確率と統計の問題が絡んでいる．——二項分布で考えるとわかりやすい．二項分布では被験者が何回もコイントスするベルヌーイ試行のように，理論的には1回のイベントで表か裏のどちらかの事象が一定の確率で生じ，1回ごとのイベント間の事象はそれぞれ独立である．しかし，実際の現象としては各イベントが独立でないことも多々ありうる．一番目の要因として，いったん片方の事象が生じたら，次もその事象が生じやすくなることが考えられる．つまり，イベント間の事象が独立ではなく正の相関がある場合である．被験者や動物個体の振る舞いが1回ごとのイベントで独立ではなく，直前の結果を引きずるとそうなりやすい．二番目の要因として，各イベントは1回ごとに独立であっても，それが何回かのユニットの合計で白・黒の決着が決まる場合も考えられる．三番目の要因としては，二項分布が一定としている事象の生起確率 p そのものが，平均ゼロのばらつきで確率的に変動する場合である．その結果，全体のデータは期待される二項分布の分散 $np(1-p)$ よりは大きくなる可能性がある．ちょうど，前述の寄生蜂の性比調節のデータがこれであるといえよう．もちろん，この寄生蜂の産卵行動を調べればわかることだが，一番目の要因（事象の発生に正の相関あり）が絡んでいる可能性もある．

そして，過分散であるかどうかは，二項分布ならば，二つの水準（表，裏）のデータの数だけではわからない．過分散であるかを確認するには，2水準のデータの数が1組ではなく，複数必要である．たとえば，寄生蜂の雌雄産み分けは，データをひとまとめにしてしまうと，息子の性比は 0.4167 が得られるだけで何もわからない．12 匹の母蜂のブロック構造の性比産み分けのデータがあって，初めて過分散であることがわかる．ブロック構造をもつデータは，安易に全体像を知ろうとひとまとめにしてはいけない．

過分散がなぜ問題となるのかは，前の節で事例をあげて述べた．カウントデータ（0 以上の自然数）を分析するとき，実際のデータが二項分布やポアソン分布より

も過分散になっていると，モデルのうえで過分散対策を施さないままでは，Rの関数は理論通りの二項分布またはポアソン分布だと勘違いして，実際のデータはそこからは大きく外れているために，とても小さな有意確率が得られてしまう傾向がある．

カウントデータの場合の過分散の対処法としては，以下の三つが考えられるが，(2)はすでに前節で解説したので，この節では(1)を中心に説明し，最後に，(3)に軽くふれる．

(1) ポアソン分布からのずれが過分散として生じている場合は，負の二項分布など期待値とは独立に分散を自由に調整できる分布で回帰することで，過分散のデータにも対処できる．
(2) ランダム変量要因のブロック構造として，グループ・組・調査区・個体差などの効果を，一般化線形混合モデルとして組込む（GLMM）．
(3) 関数 `glm()` では，誤差構造として疑似尤度が使える．`family` で `quasibinomial` や `quasipoisson` を指定すると疑似尤度が使われ，それぞれ二項分布やポアソン分布で，分散が平均に依存して変化する場合（例：分散が平均の二乗に比例するなど）に有効である．

11・5　負の二項分布とそれを利用した事例の分析

負の二項分布とは，平均のパラメータ λ がガンマ分布に従うポアソン分布と同一である（コラム11・1参照）．負の二項分布の確率分布はコラム11・1中の図11・6(a)であり，一方，平均 λ がガンマ分布に従うポアソン分布を描くと図11・6(b)である．両者を比較すると，その形状がほとんど同一であることがわかる．負の二項分布に関する確率の数式は，コラム11・1にまとめておいた．

ではここで，具体的な事例で負の二項回帰の解析を学ぼう．再び，園芸植物Mの球根に登場してもらう．園芸家は植物Mの球根の重さと春に咲く花の数との関係に興味があり，彼らは植物Mが小さい球根だとあまり花数が芳しくないことを知っている．大きな球根になると，花の数も一挙に増える傾向がある．データは表11・4である．

まず，第10章で学んだポアソン回帰を実施してみる．

```
d <- read.csv("table11-4.csv")
result <- glm(d$flw ~ d$wt, family=poisson)
```

11・5 負の二項分布とそれを利用した事例の分析

```
#--- Graphics --
plot(d$wt, d$flw, xlab="bulb(g)", ylab="No. of flowers",
xlim=c(20,60), ylim=c(0,16))
x.wt <- seq(20, 60, 0.1)
y.flw <- exp(result$coefficient[1]+result$coefficient[2]
*x.wt)
lines(x.wt, y.flw, xlim=c(20,60), ylim=c(0,16), lwd=2)
```

表11・4 園芸植物 M の球根の重量(wt, 単位は g)と咲いた花数(flw)の関係

wt	flw	wt	flw	wt	flw
22.5	0	39.6	2	47.1	2
23.1	0	40.1	7	47.4	9
24.6	0	40.3	5	47.6	10
25.7	0	40.9	1	48.2	4
31.5	0	42.2	3	49.1	3
32.4	1	42.3	7	49.8	16
33.3	1	42.5	2	50.2	14
36.2	0	42.9	6	51.3	9
36.8	0	45.7	9	51.7	5
37.2	4	46.3	2	51.9	14
38.3	2	46.5	7	53.8	9
39	1	46.8	10	56.2	6

出力された結果は以下である．球根の重量は咲いた花数を強く説明しており，
AIC=172.48 である．

```
summary(result)
Call:
glm(formula = d$flw ~ d$wt, family = poisson)

Deviance Residuals:
    Min      1Q   Median      3Q     Max
-2.7355 -1.2109  -0.4309  1.0893  2.5143
```

```
Coefficients:
            Estimate  Std. Error  z value  Pr(>|z|)
(Intercept) -3.09129     0.59305   -5.213  1.86e-07 ***
d$wt         0.10365     0.01242    8.348  < 2e-16 ***
---
Signif. codes:  0 '***' 0.001 '**' 0.01 '*' 0.05 '.' 0.1 ' ' 1

(Dispersion parameter for poisson family taken to be 1)

    Null deviance: 160.074  on 35  degrees of freedom
Residual deviance:  71.071  on 34  degrees of freedom
AIC: 172.48

Number of Fisher Scoring iterations: 5
```

しかし，出力結果が **(Residual deviance)/(degrees of freedom)= 71.071/34=2.09** を示しており，第10章で説明したように過分散の目安となる比1.5（Zuur et al, 2009）を大きく超えているので，過分散となっている．つまり，ポアソン回帰の適用は不適切ということである．散布図への回帰曲線の適合性も図11・4(a)は少しずれているように見える．

次に，負の二項回帰を試みる．**library(MASS)** としてライブラリ MASS を読み込めば，**glm()** の誤差構造を負の二項分布として **family = negative.binomial(・)** を指定することが可能となる．リンク関数は対数リンクが使われる．(・) は負の二項分布の θ で，任意に1や2の小さな値を自由に入れても計算は進む．

```
library(MASS)
d <- read.csv("table11-4.csv")
result <- glm(d$flw ~ d$wt, family=negative.binomial(1))
summary(result)
```

```
Call:
glm(formula = d$flw ~ d$wt, family = negative.binomial(1))

Deviance Residuals:
    Min      1Q   Median      3Q      Max
-1.3518  -0.6962  -0.1648  0.3445   1.1443

Coefficients:
             Estimate  Std. Error  t value  Pr(>|t|)
(Intercept) -4.83195    0.80775    -5.982   9.09e-07 ***
d$wt         0.14220    0.01795     7.921   3.17e-09 ***
---
Signif. codes:  0 '***' 0.001 '**' 0.01 '*' 0.05 '.' 0.1 ' ' 1

(Dispersion parameter for Negative Binomial(1) family
taken to be 0.3906081)

    Null deviance: 39.998  on 35  degrees of freedom
Residual deviance: 16.441  on 34  degrees of freedom
AIC: 171.73

Number of Fisher Scoring iterations: 7
```

この出力結果を見ると，(Residual deviance)/(degrees of freedom)＝16.441/34＝0.4836 となって過分散は解消されている．一見，過分散が解消されているのでめでたしと思うかもしれないが，後述でこの方法は危険であることを説明する．図 11・4(b) を見ると，負の二項回帰の方がポアソン回帰よりも曲率がより強い．このために縦軸ゼロのいくつかのプロットにもよく適合しており，一方で，球根の重さに従い急激に花数が増えてばらつきが増えるパターンにもよく適合している．AIC＝171.73 で少し減少した．

しかし，θ を恣意的に与えるのはやはり気持ちが悪いので，負の二項回帰を実行するとき，パラメータ θ をどの程度の値に決めるかが一つの課題となる．パッケージ {MASS} の中には，パラメータ θ を最尤推定して GLM を用いる関数 glm.nb() があるので，これを使ってみよう．この関数はデフォルトでリンク関数が対数リンクとなり，誤差構造も負の二項分布なので，オプションは指定せずに使う．

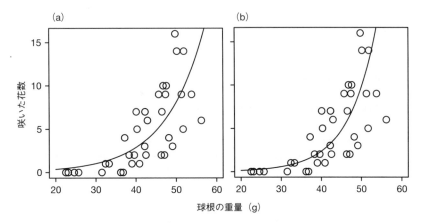

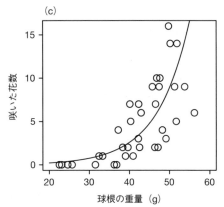

図 11・4 園芸植物 M の球根の重さと咲いた花数の関係について，ポアソン回帰（a）と負の二項分布回帰（b）の違い．負の二項分布回帰（b）の方が，曲線の曲率がより強いために縦軸ゼロのいくつかのプロットにもよく適合しており，一方で，球根の重さに従い急激に花数が増えるパターンにもよく適合している．(c) 負の二項分布の関数で，パラメータ θ を推定できる {MASS} に含まれる関数 glm.nb() を使って，glm.nb(flw ~ wt) としたモデル．

```
library(MASS)
d <- read.csv("table11-4.csv")
result <- glm.nb(d$flw ~ d$wt)
summary(result)
　‥‥‥‥（グラフィクス省略）‥‥‥‥

Call:
glm.nb(formula = d$flw ~ d$wt, init.theta =
    4.57125751,link = log)
```

```
Deviance Residuals:
    Min      1Q   Median      3Q     Max
-1.7783  -0.9535  -0.2519  0.7586  1.6619

Coefficients:
             Estimate Std. Error z value Pr(>|z|)
(Intercept) -3.99857    0.85085  -4.700 2.61e-06 ***
d$wt         0.12368    0.01839   6.725 1.76e-11 ***
---
Signif. codes:  0 '***' 0.001 '**' 0.01 '*' 0.05 '.' 0.1 ' ' 1

(Dispersion parameter for Negative Binomial(4.5713) family
taken to be 1)

    Null deviance: 88.813  on 35  degrees of freedom
Residual deviance: 36.001  on 34  degrees of freedom
AIC: 161.72

Number of Fisher Scoring iterations: 1

              Theta:  4.57
          Std. Err.:  2.21

 2 x log-likelihood:  -155.722
```

出力結果を見ると，AIC=161.72で三つのモデルの中では最小となり，**(Residual deviance)/(degrees of freedom)= 36.001/34=1.059** となって，過分散は解消された．また，θ=4.5713と最尤推定されている．

過分散対策の3番目として，疑似尤度を利用する方法に簡単に触れる．詳細は巻末参考図書11)を参考にしてほしい．図11・5の架空のデータを見てみよう．散布図で示すと，yはカウントデータで，右上がりの曲線であるが，縦軸に対してかなりばらつきが大きいので，ポアソン分布のもつ期待値＝分散の性質よりも過分散になっている可能性がある．右上がりのカウントデータだからといって，誤差構造にいつもポアソン分布が適用できるわけではないのは，上述の通りである．これを関数 `glm()` のもつ引数の `familiy = quasipoisson` と指定したのが以下のスクリプトである．

11. 一般化線形混合モデル(GLMM)と過分散対応

```
d <- read.csv("table11-5.csv")
res.1 <- glm(d$y ~ d$x, family=quasipoisson)

# ----- Graphics ----
plot(d$y ~ d$x, xlim=c(1,7), ylim=c(0,50))
pred.x <- seq(0,7,0.01)
pred.y1 <- exp((res.1$coefficient[1] + res.1$coefficient
[2]*pred.x))
lines(pred.x, pred.y1, lwd=2)
```

x	y
1.7	4
1.9	3
2.8	12
3.3	6
3.7	15
3.9	13
4.1	25
4.3	15
4.6	12
4.7	35
5.1	19
5.4	30
5.8	47
6.1	29

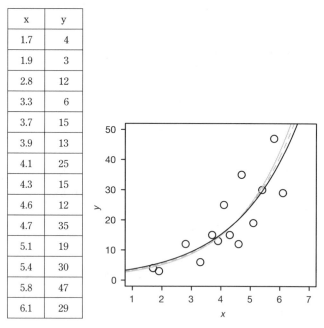

図11・5 縦軸にばらつきの大きい架空のカウンタデータ（左表）に対して，擬似尤度を適用して，quasipoisson を使って描いた回帰曲線（黒い実線）．比較のため，glm() で family = negative.binomial にした回帰曲線（灰色の実線）と，glm.nb() の回帰曲線（灰色の破線）も描いてある．

この出力結果が以下である.

```
summary(res.1)

Call:
glm(formula = d$y ~ d$x, family = quasipoisson)

Deviance Residuals:
    Min      1Q   Median      3Q     Max
-2.0051  -1.3342  -0.4587  0.9368  2.7362

Coefficients:
            Estimate  Std. Error  t value  Pr(>|t|)
(Intercept)  0.82642    0.45234    1.827   0.092664 .
d$x          0.47401    0.09223    5.139   0.000245 ***
---
Signif. codes:  0 '***' 0.001 '**' 0.01 '*' 0.05 '.' 0.1 ' ' 1

(Dispersion parameter for quasipoisson family taken to be
2.676269)

    Null deviance: 112.070  on 13  degrees of freedom
Residual deviance:  31.287  on 12  degrees of freedom
AIC: NA

Number of Fisher Scoring iterations: 4
```

切片は0からは有意な差ではなく，xの係数には有意な正の効果が見られた（有意確率$P=0.000245$）．出力を見ると，擬似尤度を使った場合は，`AIC: NA`となり，また対数尤度も得られない．

```
logLik(res.1)
'log Lik.' NA (df=2)
```

今回のデータでは，`quasipoisson`を適用しても残差は31.287であり，自由度との比=2.60なので，過分散は解消できていないようだ．AICや対数尤度が得られる上述二つの方法の方が有利かもしれない．

そこで，上述で登場した関数 `glm()` の `family=negative.binomial(1)` と設定した方法と，関数 `glm.nb(){MASS}` の方法を，同じ図11・5のデータに適用して，`quasipoisson` と比較してみよう．

```
library(MASS)
d <- read.csv("table11-5.csv")
res.2 <- glm(d$y~d$x, family=negative.binomial(1))
res.3 <- glm.nb(d$y~d$x)
```

出力結果を見ると，まず関数 `glm()` の引数を `family=negative.binomial(1)` とした `res.2` である．

```
summary(res.2)
Call:
glm(formula = d$y ~ d$x, family = negative.binomial(1))

Deviance Residuals:
    Min       1Q   Median       3Q      Max
-0.47288 -0.37998 -0.07842  0.19559  0.52064

Coefficients:
            Estimate Std. Error t value Pr(>|t|)
(Intercept)  0.57813    0.36036   1.604    0.135
d$x          0.52965    0.08275   6.400  3.4e-05 ***
---
Signif. codes:  0 '***' 0.001 '**' 0.01 '*' 0.05 '.' 0.1 ' ' 1

(Dispersion parameter for Negative Binomial(1) family taken to be 0.1429218)

    Null deviance: 6.6697  on 13  degrees of freedom
Residual deviance: 1.6699  on 12  degrees of freedom
AIC: 110.07

Number of Fisher Scoring iterations: 4
```

次に，関数 **glm.nb()** の出力結果 **res.3** である．

```
summary(res.3)
Call:
glm.nb(formula = d$y ~ d$x, init.theta = 14.70278711,
    link = log)

Deviance Residuals:
    Min      1Q   Median      3Q      Max
-1.3548  -0.9264  -0.2770  0.7112   1.6402

Coefficients:
            Estimate  Std. Error  z value  Pr(>|z|)
(Intercept)  0.70367     0.38475    1.829    0.0674 .
d$x          0.50145     0.08319    6.028  1.66e-09 ***
---
Signif. codes:  0 '***' 0.001 '**' 0.01 '*' 0.05 '.' 0.1 ' ' 1

(Dispersion parameter for Negative Binomial(14.7028)
family taken to be 1)

    Null deviance: 51.593  on 13  degrees of freedom
Residual deviance: 13.224  on 12  degrees of freedom
AIC: 93.5

Number of Fisher Scoring iterations: 1

            Theta:  14.70
        Std. Err.:   9.99

 2 x log-likelihood:  -87.50
```

応答変数の誤差項が過分散になっている今回のデータに対しては，最尤法で負の二項分布の θ を推定して分析する関数 **glm.nb()** の方が，擬似尤度による **quasipoisson** の方法よりも，**Residual deviance** をずっと減らしている点と，AIC や対数尤度の情報も得られる点で，過分散下でのデータ分析にはより有利な面が多いと思われる．ただし，**glm()** で引数 **negative.binomial(·)** のカッコ内

を 1 や 2 に恣意的に入力した結果には残差デビアンスは極端に小さくなった (1.669)．本来は，`glm.nb()` で θ を最尤推定した時の残差デビアンス 13.224 が正しい値であり，前者のやり方は不適切である．

11・6　GLM と GLMM の終わりに

　第 10 章と第 11 章では一般化線形モデル（GLM）と一般化線形混合モデル（GLMM）を解説してきた．確率論と統計学にあまりなじみのない初心者は，この二つの章はとても難しいと感じるかもしれない．しかし，現実の社会や自然界での調査のデータセットは，このような分析をして初めて結論めいたことを主張できることが多い．難解であると毛嫌いして，不適切な線形モデルを使うことのないように，データ分析の着実な歩みを開始してほしい．

演習問題 11・1　以下の表は，実験条件 x を固定して，目的変数を 3 回測定したデータである．このデータを使って，関数 `glmer()` と `glmmML()` の双方を利用した GLMM のデータ分析を実行せよ．

実験条件 x を固定して，目的変数 y を 3 回測定したデータ

x	y	cond	x	y	cond
1.5	3	a	5.1	6	e
1.5	3	a	5.1	5	e
1.5	4	a	5.1	6	e
2.4	4	b	6	7	f
2.4	3	b	6	8	f
2.4	5	b	6	6	f
3.3	3	c	6.9	7	g
3.3	4	c	6.9	8	g
3.3	6	c	6.9	8	g
4.2	3	d	7.8	9	h
4.2	5	d	7.8	8	h
4.2	6	d	7.8	10	h

コラム11・1　負の二項分布とは何か？

過分散の対処法として負の二項回帰が最初に考えられるが，では負の二項分布とは何か？　一言で言えば，"平均 λ がガンマ分布に従うポアソン分布の一種"ということだ．負の二項分布では，ポアソン分布がもつ平均=分散の制約が外れ，過分散のデータに対処可能となる．

負の二項分布とは，1回の成功確率 p のベルヌーイ試行で，θ 回成功するまでに試行が x 回かかる確率を示す．最後の1回は成功で，その前の $x-1$ 回のうち，$\theta-1$ 回は成功，$x-\theta$ 回は失敗したので，前の $x-1$ 回（二項分布で記述）と最後の成功1回(p)を分けて書くと，以下になる．

$$P(x) = \binom{x-1}{\theta-1}p^{\theta-1}(1-p)^{x-\theta}p = \binom{x-1}{\theta-1}p^{\theta}(1-p)^{x-\theta} \tag{1}$$

（ただし，$x=\theta, \theta+1, \cdots$）

この場合，期待値（平均）$E(x)=\theta/p$，分散 $Var(x)=\theta(1-p)/p^2$ となる．

一方，失敗回数からの定式化もあり，θ 回成功するまでの失敗の回数 $y=x-\theta$ の分布を考えるやり方である．失敗回数 y と成功回数 θ の合計が x なので，(1)式に $x=y+\theta$ を代入すれば (2)式の負の二項分布となる．こちらも広く使われる．

$$P(y) = \binom{y+\theta-1}{\theta-1}p^{\theta}(1-p)^{y} \tag{2}$$

これは，x 回目にちょうど事象の生起回数が θ となった場合の確率を表す形となっており，こちらの場合の期待値 $E(x)=\theta(1-p)/p$ で上と少し異なるが，分散 $Var(x)=\theta(1-p)/p^2$ は同じである．

なお，負の二項分布において，期待値 $E(x)=\mu$，分散 $Var(x)=\mu+\mu^2/\theta$ の関係が使えるので，ポアソン分布との比較では，$\mu=\lambda$ で $\theta=\infty$ のときポアソン分布となる．また，以下の関係にある．

$$\begin{aligned} 期待値\ E(x) &= \lambda \\ 分散\ Var(x) &= \lambda+\lambda^2/\theta \end{aligned} \tag{3}$$

つまり，分散式で θ の逆数のかかる第2項が過分散を表す分散の増加成分となり，θ の逆数が過分散パラメータとなる．

ガンマ分布とガンマ関数について

上で"平均 λ がガンマ分布に従うポアソン分布の一種である"と述べたが，ではガンマ分布とは何か？　ガンマ分布は正の x に対して確率密度関数が形状パラメー

タ $\theta(>0)$ と尺度パラメータ $\delta(>0)$ をもつ以下の式で表される.

$$f(x) = x^{\theta-1}\frac{e^{-x/\delta}}{\Gamma(\theta)\delta^\theta} \quad (4)$$

ここで $\Gamma(\theta)$ はガンマ関数である. ガンマ分布の期待値 $E(x)$ と分散 $Var(x)$ は, 二つのパラメータと以下の関係になっている.

$$\begin{aligned} E(x) &= \theta\delta \\ Var(x) &= \theta\delta^2 \end{aligned} \quad (5)$$

ガンマ関数とは, 数学者オイラーにより複素数まで階乗の概念を拡張したもので, 統計学では実数 z〔数学一般では実部 $\mathrm{Re}(z)$ が正の複素数〕に対して, 以下の積分で定義される関数である. 関数値そのものは実数となる.

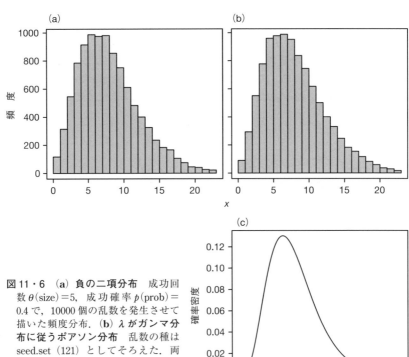

図11・6 (a) 負の二項分布 成功回数 $\theta(\mathrm{size})=5$, 成功確率 $p(\mathrm{prob})=0.4$ で, 10000個の乱数を発生させて描いた頻度分布. (b) λ がガンマ分布に従うポアソン分布 乱数の種は seed.set(121) としてそろえた. 両方の頻度分布がとても似ていることに注目. (c) 上図 (a) の条件の負の二項分布の確率密度関数.

負の二項分布とは何か？

$$\Gamma(z) = \int_0^t t^{z-1}e^{-t}dt \tag{6}$$

ここから"負の二項分布とは，ポアソン分布の期待値 λ がガンマ分布に従う分布"であることを説明しよう．

$$\text{0 以上の整数 } y \text{ に対してポアソン分布: } p(y) = \frac{\lambda^y e^{-\lambda}}{y!} \tag{7a}$$

$$\text{平均 } \lambda \text{ がガンマ分布に従う: } g(\lambda) = \lambda^{\theta-1}\frac{e^{-\lambda/\delta}}{\Gamma(\theta)\delta^\theta} \tag{7b}$$

二つの分布の混合分布は，$c=1/\delta$ とおくと以下のように計算がまとまり，負の二項分布が得られる．

$$\begin{aligned}
\int_0^\infty p(y|\lambda)g(\lambda)d\lambda &= \frac{c^\theta}{\Gamma(\theta)y!}\int_0^\infty e^{-(c+1)\lambda}\lambda^{y+\theta-1}d\lambda \\
&= \frac{c^\theta}{\Gamma(\theta)y!}\cdot\frac{\Gamma(y+\theta)}{(c+1)^{y+\theta}} = \frac{\Gamma(y+\theta)}{\Gamma(\theta)y!}\left(\frac{c}{c+1}\right)^\theta\left(\frac{1}{c+1}\right)^y \\
&= \binom{y+\theta-1}{\theta-1}p^\theta(1-p)^y
\end{aligned} \tag{8}$$

ここで，$c/(1+c)=p$ とおいた．なお，自然数 x に対し $x!=\Gamma(x+1)$ が成り立つ（図 11・6a, b）．

さらに，ガンマ関数を使って，成功数（または失敗数）が整数でなくても使えるように連続変量に拡張すると以下のようになる．数学的に計算するのは難しいが，Rの関数を使えば，比較的易しく頻度分布などを描ける（図 11・6c）．

$$P(y|p,\theta) = \frac{\Gamma(y+\theta)}{y!\Gamma(\theta)}p^\theta(1-p)^y \tag{9}$$

12

ノンパラメトリック検定（1）：観測度数の利用

　第9章までは平均とばらつきの二つのパラメータで規定される正規分布を基礎として，小標本の特徴を考慮したt分布や誤差構造が正規分布の線形回帰を説明し，第10章，第11章では誤差構造が正規分布でない分布（二項分布，ポアソン分布，負の二項分布）へと拡張した一般化線形モデル（GLM）を説明してきた．

　第12章と第13章の二つの章では，これまでの理論とはまったく違う扱いの統計的検定を説明する．それはノンパラメトリック検定とよばれ，具体的には分割表や分類区分（カテゴリー）に分けられたデータ（整数または実数）を，観測度数（と期待度数）や順位として使う方法である．パラメトリック検定の"パラメータ（分布の母数）"とは平均と分散に代表される母集団や標本のもつ分布の特性だったが，ノンパラメトリック検定は"分布にとらわれない（distribution-free）"あるいは"分布を問わない"という意味である*．ただし，帰無仮説を設定するときには，二つ以上の標本の中心傾向の指標（中央値や順位平均）の検定では同一母集団から抽出したことを前提とするので，二つの標本が想定する母集団分布のばらつき（等分散性）や分布の形などは同じでないといけない方法がとても多い．ここは特に注意を要する．

　最初にパラメトリック検定とノンパラメトリック検定の違いをまとめておこう．

---

　*　厳密には"パラメトリック検定"の意味は二つある．一つは母集団や標本の正規分布と等分散性を仮定した方法群のことである．もう一つの使い方は，誤差分布を確率分布として，少数のパラメータでモデルを決めた方法の総称であり，この使い方では，第10章，第11章のGLM，GLMMは，正規分布だけでなく，二項分布，ポアソン分布，負の二項分布などを広くカバーした方法の総称といえよう．第12章，第13章では，おもに前者の意味で"パラメトリック検定"と"ノンパラメトリック検定"を使う．

登場する**要約統計量**（summary statistics）は**記述統計量**（descriptive variable）ともよび，データセットの特徴を表す統計量である．要約統計量でよく使われるのは"中心の傾向"と"ばらつきの傾向"の二つであり，パラメトリックな要約統計量はすでに第2章で平均と分散として説明した．

〈**パラメトリック検定**〉
- 母集団のデータが特定の分布に従う．
    例　t 検定：小さい標本サイズとして t 分布を扱うが，母集団は正規分布とみなせる，など．
- 要約統計量（平均と分散）がデータの分布状態を反映する．
    例　平均値：全データの重心に相当するため，外れ値などにも左右される．
- 母集団や標本が正規分布かつ等分散性が保証されているときは，結果の精度が高い．
- 一般化しやすい．ある分布をもつ母集団からの標本を仮定しているので，結果の一般化が容易．
- 等分散条件や正規分布条件を満たしているかで束縛される．
    例　t 検定や分散分析は各処理区の分散は等分散であることを前提とし，ピアソンの積率相関係数では X と Y の両変数は共に正規性を満たすことが必要．

〈**ノンパラメトリック検定**〉
- 帰無仮説を設定するときに二つ以上の標本が同一母集団から抽出されているならば，その母集団がどんな分布をもつかは問わない方法も適用できる．
    例　順位検定は，母集団のデータに順位が付けられれば適用可能となる．
- 要約統計量が中央値や順位平均の場合は，データの分布状態を反映せず，順位だけに注目する．
    例　順位を使う検定は，同一母集団からの標本が正規分布に従わなくても適用可能である．
- 要約統計量が度数のときは，観測度数や期待度数を使って，検定統計量を計算できる．
    例　χ^2 検定や分割表の対数尤度比検定（G 検定）は観測度数から期待度数が求められ，二項検定やフィッシャーの正確確率法は観測度数だけで有意確率を計算できる．

検定を実行するとき，同じ目的でパラメトリック法とノンパラメトリック法の両方が設けられていることが多い．ただし，パラメトリック法を適用するための条件（正規性，等分散性，分布形状の同一性など）が満たされない標本では，パラメトリック検定法は適切ではない．その状況下では，多くのパラメトリック検定法は第1種の過誤を起こす確率を正確に設定することができなくなり，実験者が有意水準を5%に設定したつもりでも，実際は10%もの第1種の過誤を起こすことになる場合がある．その状況下であっても，ノンパラメトリック検定法を適切に選べば第1種の過誤を起こす確率を有意水準どおりに設定する方法が存在しているので，ノンパラメトリック法を学んでおくことはとても重要である．

12・1 二 項 検 定

最初に，第3章でもベルヌーイ試行で登場した二項分布を利用した二項検定を解説する．二項検定は，試験の成功/失敗，コイントスの表/裏，アンケート質問の賛成/反対など，二律背反の事象ならば，その出現回数がどの程度まれな現象か否かを分析することができる．

いまコイントスn回の試行で，表がr回出たとする．これに対し，帰無仮説『表が出る確率がpである』を検定してみよう．確率pのもとで，n回中r回表が出る確率f_nは，以下の(12・1)式で表される．

$$f_n = \binom{n}{r} p^r (1-p)^{n-r} \qquad (12\cdot1)$$

表が出る回数rの平均と分散は以下のようになる．

$$E(r) = np \qquad (12\cdot2\,\mathrm{a})$$
$$Var(r) = np(1-p) \qquad (12\cdot2\,\mathrm{b})$$

その母集団から得られた標本に基づいて推定される確率$\hat{p}=r/n$の期待値は$E(\hat{p})=E(r)/n=p$であり，その分散は$Var(\hat{p})=Var(r)/n=p(1-p)$であるから，その標準誤差（＝標準偏差/$\sqrt{n}$）は以下のようになる．

$$SE = \sqrt{p(1-p)/n} \qquad (12\cdot3)$$

標本から推定した$\hat{p}$の95%信頼区間は，以下のようになる．

$$\hat{p} \pm z_{\alpha/2} \times SE \qquad (12\cdot4)$$

ここで$z_{\alpha/2}=1.96$である．(12・4)式のSEの係数として第4章の95%信頼区間で

12・1 二 項 検 定

説明した t 分布を使わない理由は，二項分布は標本サイズが十分に大きくなると正規分布に漸近するので，これを利用するからである．

では，具体的な事例で計算してみよう．いかさまの疑いがあるコインを使ったトスで表の出る回数を調べたら，20回中では13回，100回では65回であった．これを帰無仮説 $p=0.5$ で二項検定を実行する．結果は表 12・1 にまとめられており，総数 20 回では信頼区間は $0.65 \pm 1.96 \times \sqrt{0.25/20} = (0.431, 0.869)$ で，帰無仮説 H_0：$p=0.5$ は棄却できない．しかし，総数 100 回だと信頼区間は $0.65 \pm 1.96 \times \sqrt{0.25/100} = (0.552, 0.748)$ となって，$p=0.5$ から有意に外れていると判定できた．これまでの帰無仮説検定と同様に，二項検定も，同じ割合でも観察度数が多い場合には有意な差異が検出できるので，実験や調査のときは標本数をできるだけ多くとることが重要である．

表 12・1　いかさまの疑いがあるコインを使ったトスの結果

総数	表の回数	裏の回数	95%信頼区間	結論
20	13	7	(0.431, 0.869)	$H_0 : p=0.5$ を棄却できない
100	65	35	(0.552, 0.748)	$H_0 : p=0.5$ を棄却できる

では，ここで R で二項検定を実行する関数 `binom.test()` を使ってみよう．

```
binom.test(c(13,7), p=1/2)
        Exact binomial test

data:  c(13, 7)
number of successes = 13, number of trials = 20, p-value =
0.2632
alternative hypothesis: true probability of success is not
equal to 0.5
95 percent confidence interval:
 0.4078115 0.8460908
sample estimates:
probability of success
                  0.65

binom.test(c(65,35), p=1/2)
```

```
        Exact binomial test

data:  c(65, 35)
number of successes = 65, number of trials = 100, p-value
= 0.003518
alternative hypothesis: true probability of success is not
equal to 0.5
95 percent confidence interval:
 0.5481506 0.7427062
sample estimates:
probability of success
             0.65
```

ここで，`binom.test(13,20, p=1/2)`（`c()`を使わず，片方の度数と総数を順に並べる）としてもよい．表12・1の結論と同様に，総数20回のときのコイントスでは有意確率$P=0.2632$となって帰無仮説$p=0.5$は棄却できない．一方，総数100回のトスでは有意確率$P=0.003518$となり有意な差異が検出できているので，やはりこのコインはいかさまだと結論できる．

一つ注意してほしいのは，上述で推定した95％信頼区間と，関数`binom.test()`の出力結果にみられる95％信頼区間とが，微妙に異なっている点である．これは，(12・4)式はあくまでも正規分布に漸近することを仮定して推定したものにすぎず，一方，関数`binom.test()`は少し複雑な計算法で正確に推定しているからである．それについては，本書の範囲を越えるので，巻末参考図書13)を参照してもらいたい．

12・2 χ^2 適合度検定

ノンパラメトリック検定を代表するものとしてχ^2検定がある．χ^2検定は以下のX^2値を計算する．X^2値は，統計学で最もよく使われる確率分布の一つであるχ^2分布（付録Aを参照）のχ^2値とは意味が異なるため，以下の式をX^2値とよぶ．この式は以前はよくχ^2値とよばれていたが，χ^2分布の確率変数の式とはまったく異なり混同しやすいので，最近はX^2値とよぶ統計学の本が多くなった．Rの出力も"X-squared"と表しているので，これに従う．X^2値は，標本サイズが十分に大きくなるとχ^2分布に収束することがわかっている．

12·2 χ^2 適合度検定

O_i はクラス i の観測度数, E_i はクラス i の期待度数である.

$$X^2 \text{値} = \sum_{i=1}^{n} \frac{(O_i - E_i)^2}{E_i} \quad (12 \cdot 5)$$

χ^2 検定は適合度検定と独立性検定に分かれる. 両者は異なる目的で使われる χ^2 検定である. 適合度検定と独立性検定では, 自由度の計算も少し異なるので, 注意を要する.

適合度検定 (test for goodness of fit) は, 観測度数がある原理の帰無仮説から得られたかを X^2 値を用いて検定するものである. そのため "適合度 (goodness of fit) 検定" とよばれる. まずは事例をあげて説明しよう. 以下は "メンデルの遺伝の法則" のうち "分離の法則" を調べた実験例である. 親世代で二つの遺伝子座がホモ接合体であった個体 $AABB$ と $aabb$ を交配すると, 子世代では二つの遺伝子座ともヘテロ接合体の遺伝子型になり $(AaBb)$, これをさらに互いに交配させて孫世代を得ると, 表現型が $AB : Ab : aB : ab = 9 : 3 : 3 : 1$ と予想される.

いま表 12·2 のエンドウの種子数の仮想的なデータセットが得られたとしよう (観測度数). 期待度数は, 全部で 250 個ある種子が, 9:3:3:1 に完全に従った場合の個数を表す. [緑・しわ] が期待度数よりだいぶ少なく, [黄色・しわ] と [緑・なめらか] の間にも差がある. これでも観測データは 9:3:3:1 の原理に従っているといえるだろうか?

表 12·2 エンドウ豆の種皮の色と表面の性質で区別された種子数[a] 緑と黄色, なめらかとしわで区別.

	黄色・なめらか	黄色・しわ	緑・なめらか	緑・しわ	合計
観測度数	152	39	53	6	250
期待度数	140.625	46.875	46.875	15.625	

a) J.H. Zar, "Biostatistical Analysis (4th ed.)", Prentice Hall (1999), p. 465 より.

まずは, 手計算で X^2 値を計算してみよう.

$$X^2 = \frac{11.375^2}{140.625} + \frac{7.875^2}{46.875} + \frac{6.125^2}{46.875} + \frac{9.625^2}{15.625} = 8.972 \quad (12 \cdot 6)$$

自由度は階級数 $k-1$ で $df = 4-1 = 3$ となる. X^2 値の棄却値は, 図 12·1 のように χ^2 分布の右側上位 5% 点以上の領域にこの $X^2 = 8.972$ が入るかを調べる. ちなみに, χ^2 検定はおもに右側片側検定だけで実施され, 両側検定はしない. χ^2 分布の棄却

値は $\chi^2_{0.05,3}=7.815$ である．よって，$P<0.05$ で有意に $9:3:3:1$ からずれていると結論される．

では，これを R で χ^2 検定を実行する関数 `chisq.test()` を用いて検定してみよう．この関数は適合度検定も独立性検定も両方実行できるが，適合度検定の場合には引数で期待確率を入れる必要がある．今回の場合は $9:3:3:1$ であり，これを足せば 1.0 になるように期待確率を換算して与えるには，引数で `rescale=T` を指定すればよい．

```
d <- c(152,39,53,6)
chisq.test(d, p=c(9,3,3,1), rescale=T)

        Chi-squared test for given probabilities

data:  d
X-squared = 8.9724, df = 3, p-value = 0.02966
```

結果の有意確率は $P=0.02966$ である．この有意確率はどのように求められるだろうか？ これには X^2 値が得られていて有意確率を求めるのだから，分布名に `p-` の接頭詞を付けた関数 `pchisq()` を使う．引数の `lower.tail=F` は左側下位領域の有意確率は求めず，図 12・1 のように右側上位領域の有意確率だけを求める指示

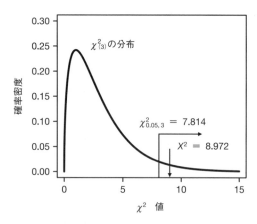

図 12・1 χ^2 検定の概念図 $df=3$ の χ^2 分布上に 95 % 変位点が記してあり，それより右側の領域に $X^2=8.972$ は含まれる．

12・2 χ^2 適合度検定

である. その結果, 以下の囲みのような有意確率が求められた. また, 5%の χ^2 棄却値を求めるときには, **q-** の接頭詞がついた関数 **qchisq()** を使うと, χ^2 分布の棄却表にある $\chi^2_{0.05,3}=7.815$ が求められる.

```
pchisq(8.9724, df=3, lower.tail = F)
[1] 0.0296601
qchisq(0.95, df=3)
[1] 7.814728
```

ここで注意したいことは, データから計算される X^2 値と χ^2 分布がよく合うのは, 標本サイズが十分に大きいときだけである（セルのデータ数値の合計が数百レベル, 期待度数が最も小さいセルで10以上）という点だ. 標本サイズが小さいときは X^2 値は χ^2 分布からずれてしまい, 使用は誤りになるので, 以下の補正を施すか（ただし, これはもう古い補正法なので要注意）, 別の検定法を使うことになる.

イェーツの連続性補正 χ^2 検定で注意すべき点は標本サイズが小さいときである. その場合に登場するのがイェーツの連続性補正（Yate's continuity correction）である. 一般には, "コクラン (Cohcran) の条件" とよばれるもので, 表のどのセルにもゼロがみられず, 80%以上のセルが観測度数5以上となっていることが χ^2 検定の実施には必要である. ほかにも, 表の各クラス（セル）の期待度数が, 適合度検定で5未満, 分割表を用いた独立性検定で10未満の場合には, 通常の χ^2 検定は不適切となる条件もある. また, 総標本サイズが40未満のときは, χ^2 分布からのずれが大きくなる. このように標本サイズが小さい場合には, 以下のような古典的な連続性の補正が考案されている.

$$X^2 \text{値} = \sum_{i=1}^{n} \frac{(|O_i - E_i| - 0.5)^2}{E_i} \tag{12・7}$$

表12・2の例は適合度検定で各セルの期待値がどれも5を上回り, 総標本サイズも250なので気にしなくてもよい. ただし, イェーツの補正はデータ数が少ないときの便法でしかなく, 使っても第1種の過誤の確率が正確に求められるものではない.

(12・7)式のイェーツの連続性補正があくまでも窮余の便法でしかないならば, 現代のコンピュータの計算能力は相当に早いので, 後で説明する適合度検定ならばモンテカルロシミュレーションを利用した**正確 χ^2 検定**を薦める. また以下の独立性検定ならば, フィッシャーの正確確率法は第1種の過誤の確率がずっと正確であ

り，大きなサイズの分割表であってもふつうに計算できる時代なので，これを使うべきである．

適合度検定の2番目の事例として，豆の表面に産卵するアズキゾウムシの均等産卵分布を取上げる．アズキゾウムシは，すでに卵が産みつけられている豆は避けて，未産卵の豆に1卵ずつ産む．その豆に卵を産むか否かの決め手は，豆表面に産卵忌避物質（脂肪酸などナタネ油に近い成分）と豆表面に産みつけられた卵殻の突起である．もしどの豆にも卵があれば，すでに産みつけられた豆に一つ足すように産卵するので，その結果，豆群の上にきれいな均等産卵の分布が実現する．

シャーレに300粒のアズキ豆を置き，交尾済みの何匹かのアズキゾウムシの雌を導入した．その実験結果が表12・3である．この産卵分布は，ランダムに産んだと仮定したときのポアソン分布（期待度数）から有意に均等分布の方に外れるだろうか？ これを `chisq.test()` で適合度検定する．

表12・3 アズキゾウムシ雌8匹が300粒のアズキ豆に産んだ卵数の頻度分布
（豆あたり平均産卵数=3.476）

卵数/豆	0	1	2	3	4	5	6	7<	合計
観測度数	0	0	60	101	84	48	7	0	300
期待度数	9.35	32.39	56.20	65.00	56.39	39.14	22.63	19.06	300

```
egg <- c(rep(0,0),rep(1,0),rep(2,60),rep(3,101),rep(4,84),
rep(5,48),rep(6,7), rep(7,0), rep(8,0))
r <- hist(egg, br=seq(-0.5,9.5,1), main="Histogram of egg
distribution", xlab="eggs per bean", col= "grey")

x <- c(0:9)
pois <- length(egg)*dpois(x, mean(egg))
lines(r$mids, pois)

result.table <- rbind(r$counts, pois)
rownames(result.table) <- c("observed", "expected")
colnames(result.table) <- r$mids

result.table[,8] <- result.table[,8]+result.table[,9]+result.
table[,10]
```

12・3　X^2値を使ったモンテカルロシミュレーション：正確χ^2検定

```
table2 <- result.table[,1:8]

obs <- as.vector(table2["observed",])
exp <- as.vector(table2["expected",])
chisq.test(obs, p=exp, rescale=T)

        Chi-squared test for given probabilities

data:  obs
X-squared = 105.8636, df = 7, p-value < 2.2e-16
```

ここで注意したいことは，関数 `chisq.test()` の適合度検定は常に"外部仮説"に対応しているので，$df=k-1$ となっている．外部仮説とは，メンデルの法則のように 3 : 1 などと，観測データとは無関係に自由度が決まる場合である．しかし，今回のアズキゾウムシの均等産卵行動は，ポアソン分布からのずれを調べるために，ポアソン分布の平均値 λ は実際の観測度数のデータから平均値 3.47 を使っている．このような操作を"内部仮説"とよび，内部仮説の場合は平均値を推定する束縛条件の式が一つ加わるので未知数はさらに一つ減って，それにつれて自由度も一つ減り，$df=k-2=6$ となる．つまり，`chisq.test()` で得られた出力結果は X^2 値（= 105.8636）以外は内部仮説の場合は使えない（自由度に従って χ^2 分布の形は変化することに注意）．よって，有意確率は `pchisq()` を使って別途に求める．

```
pchisq(105.8636, df=6, lower.tail=F)
[1] 1.495617e-21
```

その結果，有意確率はきわめて 0 に近く，ポアソン分布から大きく外れていると結論できる．実際，ポアソン分布からのズレを大雑把に把握する散布係数 $\left(\frac{s^2}{\bar{x}}\right)$ を計算すると（ポアソン分布だと 1，均等分布に近いと<1），0.3207 なので，1 に比べてかなり小さく，均等分布にかなり近いことがわかる．

12・3　X^2値を使ったモンテカルロシミュレーション：正確χ^2検定

関数 `chisq.test()` には，引数でモンテカルロシミュレーションの選択肢を指定できる．統計学におけるモンテカルロシミュレーションは，現代のコンピュータ

のメモリの大きさと高速計算能力を背景に，新しく登場した方法である．原理は簡単で，まず検定統計量を何か一つ決める．この場合は，X^2値をそのまま採用してかまわない．統計学のモンテカルロシミュレーションで有意確率を求める手順は以下の通りである．

① 現実のデータから得られた X^2 値 $=105.8636$ を "X^2 値$_{(real)}$" とする．
② 現実の産卵分布データから豆当たりの平均値を決めて，帰無仮説となるポアソン分布から乱数を総豆数300個分だけ発生させ，人工的な産卵分布を一つつくり出す．その人工データから "X^2 値$_{(artificial)}$" を一つ求める．
③ 上記②を多数繰返す．たとえば1万回も繰返して，"X^2 値$_{(artificial)}$" の頻度分布をつくる．
④ ②〜③のようにしてつくった "X^2 値$_{(artificial)}$" の頻度分布の中で，"X^2 値$_{(real)}$" がどの順位かを調べる．
⑤ その順位を繰返し総数（1万）で割った数値が有意確率となる．両側検定ならばその数値の2倍が有意確率となり，片側検定だとそのままの数値が有意確率となる．この場合は，片側検定を考えてよい．

では，データは表12・3を使って，関数 chisq.test() によるモンテカルロシミュレーションの正確χ^2検定を実行してみよう．引数の p=exp は期待度数（expected）を意味し，ポアソン分布である．この場合，検定統計量の分布はシミュレーションが自動的につくるので，自由度は存在しない（df=NA と出力されている）．

```
chisq.test(obs, p=exp, rescale=T, simulate.p.value=T,
B=10000)

    Chi-squared test for given probabilities with simulated
p-value
        (based on 10000 replicates)

data:  obs
X-squared = 105.8636, df = NA, p-value = 9.999e-05
```

この原理は驚くほど簡単である．統計学のモンテカルロシミュレーションは，帰無仮説のポアソン分布のような確率分布に従った乱数や，あるいは無作為検定のように現実の標本データを乱数利用でデータシャッフリングしたりして，シミュレー

ションによって帰無仮説に従う頻度分布をつくる．今回は，X^2 値を検定統計量に使っているので，X^2 値の頻度分布の左端（ゼロに近い領域）にはポアソン分布に限りなく近い，小さな X^2 値$_{(artificial)}$ が並び，右端にはポアソン分布から大きく外れた，大きな X^2 値$_{(artificial)}$ が分布を形成しているはずである．

帰無仮説のポアソン分布から外れる産卵分布には，二つのタイプがあることに注意したい．均等分布（豆あたりの卵数が平均値に集中するアズキゾウムシの産卵分布のような傾向，underdispersion）の場合と，一様分布の方向に偏った分布（ポアソン分布よりもずっと平板な分布，overdispersion）が想定される．帰無仮説はあくまでもランダムに産卵するポアソン分布を仮定しているので，シミュレーションで人工的につくった産卵分布は，図12・2のポアソン分布の折れ線グラフの周囲に頻度分布がばらついて発生しているイメージである．

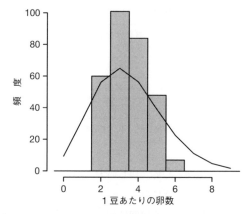

図 12・2 アズキゾウムシの均等産卵分布 折れ線グラフはポアソン分布を仮定したときの産卵分布．観測された頻度分布はポアソン分布よりも均等分布の方に大きく外れている．χ^2 検定を実行するときは，卵数8のクラス以降を卵数7のクラスにまとめている．グラフは，クラスをまとめる前のもの．

12・4　χ^2 独立性検定

次は，独立性検定を学ぼう．χ^2 独立性検定の計算そのものは適合度検定と同じなので，まずは事例をあげる．表12・4は，保育園でお菓子をもらった子が周りの子にお菓子を分け与える行動を見せるかどうかの調査である．母親や保母さんが，

モデルとなってお菓子を分け与えるお手本を見せた場合と，手本は見せずに話しかけただけの場合とで，子どもの分け与える協力行為が芽生えるかを調査した．

表12・4 幼児に対するお菓子を分け与える手本の効果（観察度数）[a]

	お菓子を分け与えた	お菓子を分け与えなかった	合計
手本を示した	25	15	40
対照（手本を示さなかった）	10	30	40
合計	35	45	80

a) M.K. ジョンソンほか著，西平重喜ほか訳，"統計の基礎——考え方と使い方"サイエンスライブラリ統計学11，サイエンス社（1978）p. 185 より．

表12・5 表12・4の観察度数の周辺度数を使った期待度数の算出表．

	お菓子を分け与えた	お菓子を分け与えなかった	合計
手本を示した	① 17.5	② 22.5	40
対照（手本を示さなかった）	17.5	22.5	40
合計	35	45	80

期待値の算出：①：40×35/80, ②：40×45/80

どうやら子どもたちの傾向として，親しい大人が手本を見せると，それにならって周囲にお菓子を分け与えるようになる．一方，手本を示さずに口で言い聞かせるだけでは周囲にお菓子を分け与える傾向は少ないようだ．これを帰無仮説『手本による効果はない』のもと，χ^2 独立性検定で解析してみよう．まず，期待度数の算出だが，これは周辺度数を使って，総観測度数を割り振ったものである（表12・5）．
ここから X^2 値を計算する．

$$X^2 \text{値} = \frac{(25-17.5)^2}{17.5} + \frac{(15-22.5)^2}{22.5} + \frac{(10-17.5)^2}{17.5} + \frac{(30-22.5)^2}{22.5}$$
$$= 11.42 \tag{12・8}$$

χ^2 分割表の自由度は，行数=m，列数=n とすると，それぞれ1を引いて掛けるので，2行×2列の場合は $df=(2-1)\times(2-1)=1$ となる．$df=1$ の χ^2 分布の5％棄却値は3.84であり，得られた $X^2=11.42$ はこれよりも十分に大きい．よって，親

12・4 χ^2 独立性検定

しい大人が手本を示すことにより、子どもの周囲へお菓子を分け与える行為が触発されたと結論できる．

ここで、Rの関数 `chisq.test()` を使って χ^2 独立性検定を実行してみよう．

```
x <- matrix(c(25,15,10,30), ncol=2, nrow=2, byrow=T)
chisq.test(x)

        Pearson's Chi-squared test with Yates' continuity
correction

data:  x
X-squared = 9.9556, df = 1, p-value = 0.001604
```

この出力結果では0.2％未満で有意となるが、よく注意して見ると、イェーツの補正が適用された状態で計算されていることに気づく．どのセルも期待度数5を上回っており、総標本サイズも80あるのだが、`chisq.test()` のデフォルトはイェーツの補正を適用するやり方である．ちなみに、イェーツの補正を外した χ^2 検定を望むのなら、以下のように `chisq.test()` の引数に `correct=F` を明示的に加える必要がある．

```
x <- matrix(c(25,15,10,30), ncol=2, nrow=2, byrow=T)
chisq.test(x, correct=F)

        Pearson's Chi-squared test

data:  x
X-squared = 11.4286, df = 1, p-value = 0.0007232
```

これで、上記での手計算と同じ結果になる．有意確率 $P=0.0007$ となり、0.1％をさらに下回っている．二つの結果のどちらを採用したらよいだろうか？多くの統計学者が注意しているように、2×2分割表の χ^2 独立性検定のときは必ずイェーツの補正をかける方が、結果は保守的（有意な効果が出にくい）であって、より適切であろう．

しかし、これも後で説明するフィッシャーの正確確率法を使えば、この問題は解消される．イェーツの補正は小標本対策の古い便法にすぎず、時代遅れの手法だといえよう．

12・5 χ^2 独立性検定 vs. 分割表の対数尤度比検定（G 検定）：その比較

χ^2 独立性検定と，同じく度数を用いた独立性検定としてよく使われる分割表の尤度比検定を比較してみよう．χ^2 検定が χ^2 分布の近似で計算するのに対して，分割表の尤度比検定（Log-likelihood ratio test，G 検定）は，対数尤度を使う方法である．20世紀の代表的な統計学書"Biometry (4th Ed.)"（Sokal and Rohlf, 1994）が推奨したことで広まった．事例は髪の色について男性と女性とで観測度数に違いがあるかを調査したデータである．欧州を旅行すると，さまざまな色の髪の人々に出会う．表 12・6 は黒髪，栗色，金髪，赤毛の 4 種類の髪色を，男女で度数を調べている．

表 12・6 男女で調べた 4 種類の髪の色の観察度数[a]　（ ）内は期待度数．

性別	黒髪	栗色	金髪	赤毛	合計
男性	32 (29.0)	43 (36.0)	16 (26.67)	9 (8.33)	100
女性	55 (58.0)	65 (72.0)	64 (53.33)	16 (16.67)	200
合計	87	108	80	25	300

a) J.H.Zar, "Biostatistical Analysis (4th Ed.)", Prentice Hall (1999), p. 487 より．

この分割表は 2 行×4 列なので，検定の自由度は $df=(2-1)\times(4-1)=3$ となる．まず χ^2 独立性検定を R で実施してみる．

```
hair <- matrix(c(32,43,16,9,55,65,64,16), nrow=2,ncol=4,byrow=T)
chisq.test(hair)

        Pearson's Chi-squared test

data:  hair
X-squared = 8.9872, df = 3, p-value = 0.02946
```

関数 `chisq.test()` は $df\geq2$ のときはデフォルトでイェーツの補正を実施することはしない．その結果，有意確率 $P=0.0295$ となった．

次に，G 値を用いた分割表の尤度比検定を実行しよう．G 値とは以下の式で定義される．

$$G\text{値} = 2\left[\sum_{i=1}^{m}\sum_{j=1}^{n} O_{ij} \ln\left(\frac{O_{ij}}{E_{ij}}\right)\right] \qquad (12\cdot9)$$

G 値は標本サイズが十分に大きいときには χ^2 分布に従うため，G 値をそのまま χ^2 独立性検定と比較することができる．R で尤度比検定を実行するには，パッケージ **Deducer** をインストールする必要がある．

これで関数 **likelihood.test()** を使える準備が整った．さっそく実行すると，以下の出力結果である．G 値＝9.5121 となり，有意確率 P＝0.0232 となった．

```
library(Deducer)
likelihood.test(hair)

        Log likelihood ratio (G-test) test of independence
without
        correction

data:  hair
Log likelihood ratio statistic (G) = 9.5121, X-squared df = 3,
p-value = 0.0232
```

ほとんどの場合で χ^2 独立性検定と尤度比検定は同じ結論になるだろう．ただし，標本サイズが十分に大きいときには，X^2 値は G 値よりも早く χ^2 分布に収束するので有利である．また，分割表の各セルの平均観測度数が 5 未満のときは，G 値は χ^2 分布への当てはまりが悪いことが指摘されている．ただし，すべてのセルに対して $|O_i-E_i|>E_i$ となる場合には，χ^2 検定でなく尤度比検定を用いるのが望ましい．いずれにしても，χ^2 独立性検定も尤度比検定も，標本サイズが小さいときには適用に問題があることに注意したい．

12・6 フィッシャーの正確確率法

分割表を用いた独立性検定で，総標本サイズ $n<40$ だったり，各セルの期待度数<10 の場合はイェーツの補正をかける必要があると説明した．しかし，どれかのセルの期待度数がさらに小さくなって，期待度数<5 となれば，もはや X^2 値は使えない．小さい標本の場合に求めた X^2 値が χ^2 分布に従うと考えることは誤りである．

標本サイズが小さい分割表では，フィッシャーの正確確率法（Fisher's exact probability test：直接確率法ともいわれる）が使える．フィッシャーの検定は，(12・10)式の超幾何分布によって，2×2分割表の正確な有意確率をダイレクトに計算することができる．超幾何分布とは第3章で登場した2項分布のような離散型確率分布の一種で，K個の成功状態をもつN個の要素からなる母集団からn個の要素を非復元抽出したときに，そこにk個の成功状態が含まれる確率を与える．成功/失敗，男/女，合格/不合格など二律背反する事象に広く使える．Nが大きくなると二項分布に近づく．

超幾何分布に従う確率変数Xの確率分布は(12・10)式で与えられる．

$$P(X=k) = \frac{\binom{K}{k}\binom{N-K}{n-k}}{\binom{N}{n}} \qquad (12\cdot 10)$$

表12・7の分割表で，各セルと周辺度数を以下のように置くと，この超幾何分布を利用して，(12・11)式により，Yであるかどうかの割合はXによらないという帰無仮説のもと，表12・7の数値の組合わせが得られる確率pを正確に求めることができる．

$$p = \frac{(a+b)!\,(c+d)!\,(a+c)!\,(b+d)!}{N!\,a!\,b!\,c!\,d!} \qquad (12\cdot 11)$$

表12・7　フィッシャーの正確確率法を施す表の構成

	Yである	Yでない	周辺度数
Xである	a	b	$(a+b)$
Xでない	c	d	$(c+d)$
周辺度数	$(a+c)$	$(b+d)$	合計 N

フィッシャーの正確確率法は階乗($X!$)の計算を多数駆使するために，コンピュータが発達していない1970年代頃には，この計算は標本サイズが大きくなると大変だったが，現在は安価なPCですら迅速に計算してくれる．Rにも関数`fisher.test()`が備わっているので，これを使おう．

表12・8は淡水生巻貝の種1と種2が水流に対してそこにとどまる耐性があるか，あるいは棲み場所を放棄するかを調べたデータである．種1の方が移動力が高いの

で水流への耐性が高いと考えられる．そのため，フィッシャーの正確確率法を片側検定で適用するのは合理的といえよう．

フィッシャーの正確確率法は，周辺度数を変えないまま，より極端なデータの組合わせを順につくっていき，それらの組合わせが得られる確率を総和することで有意確率（帰無仮説のもと，観察されたデータ以上に極端な値が得られる確率）を計算する．

表 12・8 淡水性巻貝 2 種の水流への耐性[a]　(a) 実際のデータ．(b) (a) よりも極端な事象のデータ組合わせ．(c) (b) よりもさらに極端な事象のデータ組合わせ．

(a)

	耐性	放棄	合計
種1	12	7	19
種2	2	9	11
合計	14	16	30

(b)

	耐性	放棄	合計
種1	13	6	19
種2	1	10	11
合計	14	16	30

(c)

	耐性	放棄	合計
種1	14	5	19
種2	0	11	11
合計	14	16	30

a) J.H. Zar, "Biostatistical Analysis (4th Ed.)", Prentice Hall (1999) p. 544-546 より．

手計算でフィッシャーの正確確率検定を実行するには，表 12・8(a)〜(c) を順に計算する必要がある．計算手順は省略するが，結果は表 12・9 のようになり，右片側検定で $P=0.02119$ となる．

表 12・9 淡水生巻貝 2 種の水流への耐性の片側検定

耐性を示した種1の観察度数	生起確率 p
(a) 12	0.01906
(b) 13	0.00205
(c) 14	0.00008
右片側検定 P	0.02119

R の関数 `fisher.test()` は上記の面倒な計算を一挙に実行してくれる．今回の事例のように片側検定をするときは，右片側検定の場合 `alternative="g"` を指定する．左片側検定は `alternative="l"`（小文字のエル），両側検定では

alternative="t"と指定することになる（デフォルトは両側検定）．今回の出力結果は，右片側検定で有意確率$P=0.02119$となった．表12・9と比較してほしい．

```
data.1 <- matrix(c(12,7,2,9),nrow=2,ncol=2,byrow=T)
fisher.test(data.1, alternative="g")

        Fisher's Exact Test for Count Data

data:   data.1
p-value = 0.02119
alternative hypothesis: true odds ratio is greater than 1
95 percent confidence interval:
 1.331695        Inf
sample estimates:
odds ratio
  7.166131
```

なお，フィッシャーの正確確率法を2×2分割表以上のサイズに拡張することもできる．(12・11)式を拡張して，任意のm行×n列の分割表の観測度数 $[a_{ij}]$ について，あるデータの組合わせが得られる確率pを計算することが可能である．

$$p = \frac{\left(\sum_{j=1}^{n} a_{1j}\right)! \cdots \left(\sum_{j=1}^{n} a_{mj}\right)! \left(\sum_{i=1}^{m} a_{i1}\right)! \cdots \left(\sum_{i=1}^{m} a_{in}\right)!}{N! \, a_{11}! \, a_{12}! \cdots \cdot a_{mn}!} \qquad (12 \cdot 12)$$

大きな分割表であっても，分子には行の和の階乗と列の和の階乗を，各行と各列について掛け算を繰返す．分母では総標本サイズの階乗とすべての分割表の成分の階乗の掛け算である．これを，より極端な事象を想定して，観測度数を変更して同じ計算を繰返す．最後にそれらを合計すれば有意確率が求められる．現代のコンピュータはきわめて速いので，少々大きな分割表であっても機能する．

では，2×2分割表よりも大きな分割表の例として，表12・6の髪の色に男女で割合に差があるかの事例（2×4分割表）に適用してみよう．

```
hair <- matrix(c(32,43,16,9,55,65,64,16),nrow=2,ncol=4,
byrow=T)
fisher.test(hair)
```

12・6 フィッシャーの正確確率法

```
	Fisher's Exact Test for Count Data

data:  hair
p-value = 0.0241
alternative hypothesis: two.sided
```

得られた有意確率は $P=0.0241$ である．

ここで，表 12・6 の髪色の事例で，三つの検定法の有意確率を比較してみる．

χ^2 独立性検定： $P=0.02946$

尤度比検定（G 検定）： $P=0.0231$

フィッシャーの正確確率法： $P=0.0241$

フィッシャーの正確確率法が最も正確な値である．尤度比検定（G 検定）の有意確率は標本が十分に大きいとはいえないので，フィッシャーの正確確率法の結果から少しだけずれている．同じく χ^2 独立性検定もややずれている．χ^2 独立性検定も尤度比検定も，標本サイズが十分に多くないと適用条件も厳しくなり，有意確率は正確ではなくなる．現代のようにコンピュータが高速計算できる状況を反映して，フィッシャーの正確確率法を使うのが最も適切である．

表 12・10 関数 `fisher.test()` の引数で指定するオプションの一覧

引 数	説 明
`workspace`	メモリ上で計算を実行するワークスペースを確保．正の整数値．モンテカルロシミュレーションを実施しない場合に適用する．
`hybrid`	T または F で指定．2×2 分割表より大きい場合に，コクランの条件を満たす場合は χ^2 分布から有意確率 P を計算し，それ以外の場合は正確確率の計算を実行する．
`or`	2×2 分割表でのみ使用し，オッズ比を計算する．
`alternative`	2×2 分割表でのみ使用し，両側検定は "t"，右片側検定は "g"，左片側検定は "l" を指定する．
`conf.int`	TRUE にすると，2×2 分割表で推定したオッズ比の信頼区間を表示する．
`conf.level`	2×2 分割表で conf.int=TRUE と指定した場合に表示する信頼区間の % を確率で指定する．
`simulate.p.value`	2×2 分割表より大きい表のとき，モンテカルロシミュレーションの有意確率を表示する．
`B`	モンテカルロシミュレーションを実施するときの試行回数を指示する．

ただし，フィッシャーの正確確率法の関数 `fiher.test()` をサイズの大きな分割表を対象に計算するときには，引数に `workspace` で大きめにメモリ容量を割り当てる必要がある．そのほかにも重要な引数を表12・10にあげておいた．

12・7　フィッシャーの正確確率法を利用したオッズ比

2×2分割表では，オッズ比（odds ratio）を問題にする状況に遭遇することがときどきある．オッズ比とは，ある事象の起こりやすさを二つの群で比較して示す統計学的な尺度である．オッズそのものは，ある事象の起こる確率を p とすれば，$p/(1-p)$ となり，確率論のほか競馬やポーカーなどギャンブルでも盛んに使われてきた．一方，オッズ比は，ある事象に関して，一つの群（第1群，生起確率＝p）ともう片方の群（第2群，生起確率＝q）とで，以下のように定義される．

$$Odds\ ratio\ =\ \frac{p/(1-p)}{q/(1-q)}\ =\ \frac{p(1-q)}{q(1-p)} \quad (12\cdot13)$$

オッズ比が1の場合は，事象の起こりやすさが両群で同じということである．1より大きい（または小さい）とは，事象が第1群（または第2群）でより起こりやすいことを意味する．オッズ比は必ず0以上であり，一方の群のオッズが0に近づけば，オッズ比は0（または∞）に近づく．

2×2分割表ではオッズ比（$\hat{\theta}$）は以下のように定義される．

$$\hat{\theta}\ =\ \frac{a_{11}a_{22}}{a_{12}a_{21}} \quad (12\cdot14\,\mathrm{a})$$

つまり，2×2分割表での連関（association）として独立性検定を実施するとき，四つのセルの観察度数をたすき掛けで計算する比である．対数変換した比は相加的になり，急速に正規分布に収束する．

$$\ln\hat{\theta}\ =\ \ln\left(\frac{a_{11}a_{22}}{a_{12}a_{21}}\right)\ =\ \ln a_{11} + \ln a_{22} - \ln a_{12} - \ln a_{21} \quad (12\cdot14\,\mathrm{b})$$

その $\ln\hat{\theta}$ の標準誤差は以下のようになる．

$$SE(\ln\hat{\theta})\ =\ \sqrt{\frac{1}{a_{11}}+\frac{1}{a_{12}}+\frac{1}{a_{21}}+\frac{1}{a_{22}}} \quad (12\cdot15)$$

このオッズ比を表12・11で求めてみよう．

このデータを手計算すると，標本オッズ比 $\hat{\theta}=10.83$ である．よって，$\ln\hat{\theta}=2.383$ となり，(12・15)式からその標準誤差 $SE(\ln\hat{\theta})=0.2421$ となる．$\ln\hat{\theta}$ の95%信頼区

間は $2.383 \pm 1.9602 \times 0.2421$,つまり,(1.9084, 2.8576) となる.これをもとの $\hat{\theta}$ の信頼区間に直すと [exp(1.9084), exp(2.8576)],よって(6.7422, 17.4198)となり,1から有意にはずれ,かなり強い連関がみられる結果となった.すなわち,シートベルトを着用していなかった子どもは,着用していた子どもよりも死亡率にして平均で10倍以上のリスク率を負い,95％信頼区間で約6倍〜17倍にも及ぶと推察される.

表 12・11　2008 年米国フロリダ州で交通事故における子どものシートベルト着用と死亡数の関係[a]

シートベルト着用	事故の結果		合 計
	死 亡	け が	
しなかった	54	10325	10379
していた	25	51790	51815

a) A. Agresti, "Categolical Data Analysis (3rd Ed.)", Wiley (2013), p. 70 より.

これを,フィッシャーの正確確率法を検定する関数 `fisher.test()` の引数 or を `TRUE` にして,オッズ比の予測値とその95％信頼区間を求めてみよう.

```
d <- matrix(c(54, 10325, 25, 51790), ncol=2, nrow=2, byrow=T)
fisher.test(d, or=T, conf.level=0.95)

        Fisher's Exact Test for Count Data

data:  d
p-value < 2.2e-16
alternative hypothesis: true odds ratio is not equal to TRUE
95 percent confidence interval:
  6.623513 18.173941
sample estimates:
odds ratio
   10.83069
```

オッズ比は引用した Agresti(2013) の手計算と近い10.8307となった.しかし,95％信頼区間が微妙にずれている.その理由は,標本から推定した(12・14 b)式は正規分布への収束を仮定した推定値であり,実際には,表12・11のデータ総数

は大きいものの，死亡数が少ないために正規分布に収束していないのである．Rの関数 `fisher.test()` はこの式を正確に推定しているため，`fisher.test()` のRの出力結果の95%信頼区間の方が正確である．

まとめ

この章では，ノンパラメトリック検定のうち観測度数を使って計算する検定法を紹介した．このように見てくると，初学者レベルでよく使われる χ^2 検定は，標本サイズが小さいときにはけっこう危ういことがわかる．ただ，χ^2 検定も学校教育では世界で広く使われているので，標本数を十分に多く採取して，各セルの期待度数もどのセルも10以上多くなることを念頭において使用するのが適切である．ただし，イェーツの連続性補正を施すのは時代遅れで，適合度検定の場合には，二項検定かモンテカルロシミュレーションによる正確な χ^2 検定を薦めたい．また，分割表の検定にはフィッシャーの正確確率法を選ぶべきである．

演習問題 12・1 2×2分割表について以下のデータが与えられたとき，要因Aと要因Bは連関があるかを検定したい．以下の小問に答えよ．
(1) X^2 値を手計算で実行し，X^2 値から有意確率（ヒント：`pchisq` を使う）を計算せよ．それが `chisq.test()` で実行したときと合っているかを確認せよ．
(2) モンテカルロシミュレーション（試行回数1万）による χ^2 検定を実行せよ．

	Aあり	Aなし	計
Bあり	38	22	60
Bなし	24	36	60
計	62	58	120

演習問題 12・2 以下の分割表はある感染症の罹患数である．フィッシャーの正確確率法で両側検定を実行し，男女で連関があるか？ あるとしたらオッズ比でどれくらい大きな差であるかを求めよ．

	罹患	罹患なし	合計
男性	251	3,387	3,638
女性	102	3,106	3,208
合計	353	6,493	3,846

13

ノンパラメトリック検定(2)：順位の利用

　第12章では観測度数を利用したノンパラメトリック検定法を解説した．本章では順位を利用した位置母数の差異の検定法や順位相関について説明する．前者は複数の標本についてデータ値の大小の順位や中央値を利用して，標本間に有意な差があるかどうかを検定するものである．

13・1　2標本の位置母数の検定(1)：
　　　　ウィルコクソンの順位和検定とマン・ウィットニーのU検定

　2標本の位置母数を比較する際に，スチューデントのt検定やウェルチのt検定のように実際の実数データ値（観測値）から求めた平均値を使うのではなく，2標本のデータ値の大小の順位を利用するのが**順位和検定法**である．

13・1・1　ウィルコクソンの順位和検定

　まず例を示そう．事例は手術後の痛みを抑えるために開発された新しい鎮痛剤の効果を調べた調査である．ランダムに選ばれた25歳～35歳の男性患者10名を無作為に2群に分け，一方（処理群）には新しい鎮痛剤，他方（対照群）は従来の鎮痛剤を投与した．鎮痛までの時間を観測したところ表13・1のようになった．平均値は2.2時間の短縮である．しかし，対照群で最長6.8時間，最短3.6時間というばらつきを考慮すると，平均2.2時間の短縮は偶然の変動による差なのか否かを検討する必要がある．

これは2標本の**位置母数**の検定問題である．スチューデントのt検定ならば位置母数は算術平均であり，第5章で説明した．t検定は ① 正規分布，② 等分散性の仮定で導かれた検定法であり，これらの条件が満たされた状況では最大の検出力をもつ優れた検定法である．しかしながら，これらの仮定が現実に当てはまるかどうかには疑問がある．これらの仮定のうち，よく問題になるのが正規分布の仮定（正規性）である．現実の観測値では，厳密に正規分布に当てはまるものはほとんど存在しない．それでも正規分布を前提とした統計的推論や手法がデータ分析の現場で使われてきたのは，多くの分布が正規分布でよく近似できるという経験的事実と，少しくらい正規分布からずれていてもt検定の有効性は大きくは損なわれないだろうという期待による（柳川 堯，1982）．しかしながら，t検定の妥当性がこれら三つの前提条件に強く依存する以上，もしこれらの仮定が現実からずれていたならば，t検定による推論は誤りの指針しかもたらさない．よって，これらの条件を緩和したとしても成立する検定法（ノンパラメトリック法）を探すことの意義は大きい．

表 13・1　鎮痛剤が効くまでの時間 [a]

	鎮痛までの時間（時）	合計	平均
処理群 X（新薬）	3.0, 2.5, 4.9, 4.0, 1.7	16.1	3.2
対照群 Y（従来の薬）	5.8, 3.6, 4.5, 6.8, 6.2	26.9	5.4

[a] 柳川 堯著，"ノンパラメトリック法"（新統計学シリーズ9），培風館(1982)，表2・1より．

正規性を崩しても成立する手法として，順位和検定がある．ただし，この場合は帰無仮説として母集団が同一であることを考えるので，等分散性が満たされている必要がある．表13・1の例をもとに，順位和検定の原理を以下にまとめる．まず，二つの分布関数F(新薬)，G(従来の薬)の確率変数が実現したデータ値として新薬$X_1, X_2, \cdots, X_m$と従来の薬$Y_1, Y_2, \cdots, Y_n$を考えよう．X_i, Y_jの実現値を併せて小さい方から大きい方へ順に並べたときに，X_iの順位をr_i，Y_jの順位をs_jとすると，これは順位を示す二つの確率変数R_i, S_jの実現値（観測値）とみなすことができる．帰無仮説H_0: $F=G$，つまり『母集団分布F(新薬)とG(従来の薬)が同一』のもとでは，X_i, Y_jは同一分布に従う確率変数なので，大きさの順に並べたときに，どれもが同一の確からしさでr番目の順位になりうる．

表13・1の合併データは以下のように書ける．

13・1 2標本の位置母数の検定(1)

$$(X_1, X_2, X_3, X_4, X_5, Y_1, Y_2, Y_3, Y_4, Y_5) = (3.0, 2.5, 4.9, 4.0, 1.7, 5.8, 3.6, 4.5, 6.8, 6.2)$$
(13・1)

したがって，小さい値から大きい値の順番は，

$$X_5 < X_2 < X_1 < Y_2 < X_4 < Y_3 < X_3 < Y_1 < Y_5 < Y_4$$

1位　2位　3位　4位　5位　6位　7位　8位　9位　10位
(r_5)　(r_2)　(r_1)　(s_2)　(r_4)　(s_3)　(r_3)　(s_1)　(s_5)　(s_4)

であるから，順位の列は以下のようになる．

$$(r_1, r_2, r_3, r_4, r_5, s_1, s_2, s_3, s_4, s_5) = (3, 2, 7, 5, 1, 8, 4, 6, 10, 9)$$
(13・2)

ここで，これらの順位の並べ替えを考えよう．$r_1, r_2, r_3, r_4, r_5, s_1, s_2, s_3, s_4, s_5$ は1から10の自然数しかとらないので，その並べ替えは総当たりで表13・2のように表される．表の各行は同様な確からしさをもって生起する確率変数 R_i, S_j の実現値の一つであると考えられる．

表 13・2　順位 $r_1, r_2, r_3, r_4, r_5, s_1, s_2, s_3, s_4, s_5$ のすべての並べ替え

R_1	R_2	R_3	R_4	R_5	S_1	S_2	S_3	S_4	S_5	
1	2	3	4	5	6	7	8	9	10	
⋮										
k_1	k_2	k_3	k_4	k_5	k_6	k_7	k_8	k_9	k_{10}	10! 通り
⋮										
10	9	8	7	6	5	4	3	2	1	

帰無仮説 H_0『母集団分布 F(新薬)と G(従来の薬)が同一』のもとで，現実の順位の並びである(13・2)式を得る確率は 1/10! である．順位の並べ替えの尺度として，以下のような平均順位の差を考えてみよう．

$$\bar{S} - \bar{R} = \sum_{j=1}^{5} \frac{S_j}{5} - \sum_{i=1}^{5} \frac{R_i}{5}$$
(13・3)

いま，$\Sigma R_i + \Sigma S_j = 1+2+\cdots+10 = 55$ となり一定だから，(13・3)式は以下のように変形される．

$$\bar{S} - \bar{R} = \frac{2}{5}\sum_{i=1}^{5} S_i - 11$$
(13・4)

したがって，ΣS_i に基づく検定を考えればよいことになる．ΣS_i は5!個の S_1, S_2, S_3, S_4, S_5 の並べ替えに対して不変なので，ΣS_i の分布を考えるには，表13・2の10! 通りのうち $_{10}C_5$ 通りの組合わせを考えればよい．よって，表13・2では，帰無

仮説 H_0 のもとでは，ΣS_i は ${}_{10}C_5$ 通りの値をそれぞれ $1/{}_{10}C_5$ 確率でとることになる．

対立仮説 H_1『母集団 F(新薬)よりも母集団 G(従来の薬)の代表値の方が小さい』のもとでは，X(新薬のデータ) は Y(従来の薬のデータ) よりも確率的に大きいので，Y の順位和 ΣS_i は大きな値をとる傾向を示す．したがって，検定を行うには，H_0 での有意確率として，ΣS_i が観測値 Σs_i より大きい確率 $P_0\{\Sigma S_i \geq \Sigma s_i\}$ を計算し，その大きさで H_0 を棄却するか否かを推論すればよい．$\Sigma s_i = (8+4+6+10+9) = 37$ であり，$\Sigma S_i \geq 37$ となるのは，表 13・3 の組合わせだけである．

表 13・3　$\Sigma S_i \geq 37$ となる s_i の組合わせ

順位	s_1	s_2	s_3	s_4	s_5	Σs_i
(1)	10	9	8	7	6	40
(2)	10	9	8	7	5	39
(3)	10	9	8	7	4	38
(4)	10	9	8	6	5	38
(5)	10	9	8	7	3	37
(6)	10	9	8	6	4	37
(7)	10	9	7	6	5	37

よって，$P_0\{\Sigma S_i \geq 37\} = 7/{}_{10}C_5 = 0.03$ となる．すなわち，帰無仮説 H_0 のもとで有意確率 $P = 0.03$ である．したがって，有意水準 5% で，新しい鎮痛剤の効果はあったと結論できる．これが**ウィルコクソンの順位和検定**である．

中間順位　観測値データを順位づけするとき，同じ順位（タイ tie）になる場合もありうる．その場合は，同順位の観測値に同じ順位を与えることで中間順位とする．たとえば 1.5, 2.3, 2.3, 3.4 の四つの観測データについては，2 番目と 3 番目が同じ観測値なので，二つとも順位を $(2+3)/2 = 2.5$ と与える．したがって，順位は 1, 2.5, 2.5, 4 とする．観測値が 3.0, 3.0, 3.0, 3.7, 4.5 の場合は，最初の三つのデータは $(1+2+3)/3 = 2$ となって，中間順位は 2, 2, 2, 3, 5 となる．

13・1・2　マン・ウィットニーの U 検定

順位和 ΣS_i に基づく検定は，ウィルコクソン(F. Wilcoxon)により 1945 年に提案され，さらにマン(H.B. Mann)とウィットニー(D.R. Whitney)によって 1947 年に拡張されたので，マン・ウィットニー・ウィルコクソン検定ともよばれる．あるいは，独立に**マン・ウィットニーの U 検定**とよぶことも多い．マン・ウィットニーの U 検定も，二つの標本の合併順位を使い順位和を求めるところはウィルコクソン検定

と同じであるが，U 検定はそれを発展して*，以下の U 統計量を計算する．U 検定も，ウィルコクソンの順位和検定と同じで，帰無仮説は二つの標本は同一母集団から抽出したことを仮定しているので，等分散が満たされている必要がある．また，正規分布は前提としないが，帰無仮説として同一母集団から2標本が抽出されたと考えるので，個々のデータの背景にある確率変数の分布型が異なっていてはいけない．

$$U_1 = n_1 n_2 + \frac{n_1(n_1+1)}{2} - R_1 \qquad (13 \cdot 5\text{a})$$

$$U_2 = n_1 n_2 + \frac{n_2(n_2+1)}{2} - R_2 \qquad (13 \cdot 5\text{b})$$

ここで，n_1＝標本1の標本サイズ，R_1＝標本1の順位和，n_2＝標本2の標本サイズ，R_2＝標本2の順位和である．なお，$U_1+U_2=n_1 n_2$ となるので，$U_1=n_1 n_2 - U_2$，$U_2=n_1 n_2 - U_1$ が成り立つ．

マン・ウィットニーの U 検定を事例に基づいて説明しよう．表 13・4 は米国の

表 13・4 米国大学生を対象としたタイピング速度の調査[a]
（高校時代に訓練を受けたか否かの比較）

	訓練を受けた学生 (標本1)		訓練を受けなかった学生 (標本2)	
	語数	順位	語数	順位
	44	9	32	3.5
	48	12	40	7
	36	6	44	9
	32	3.5	44	9
	51	13	34	5
	45	11	30	2
	54	14	26	1
	56	15		
平均語数	45.75		35.71428571	
標本サイズ	$n_1=8$		$n_2=7$	
順位和	$R_1=83.5$		$R_2=36.5$	

a) J.H. Zar, "Biostatistical Analysis (4th Ed.)", Prentice Hall (1999), p.150 より．

---

* マン・ウィットニーの U 検定にもウィルコクソン統計量 (W_s) が使われるが，両者の関係は柳川 堯著，"ノンパラメトリック法"（新統計学シリーズ 9），培風館 (1982)，p.57 を参照のこと．

大学生を対象に，高校時代にタイピング訓練を受けた効果があるか否かについて，タイピング速度（1分間で正確にタイプした語数）を調査したデータである．合併順位で同順位（タイ）が2箇所ある．

まず標本サイズは，標本1は $n_1=8$，標本2は $n_2=7$ であり，標本1の順位和 $R_1=83.5$，標本2の順位和 $R_2=36.5$ である．ここから片方の標本の U_2 統計量を求める．

$$U_2 = n_1 n_2 + \frac{n_2(n_2+1)}{2} - R_2$$
$$= 7 \times 8 + \frac{7 \times 8}{2} - 36.5 = 47.5$$
(13・6)

U 検定量の5%での棄却値は，Zar（巻末参考図書3）の付録 Table B.11 を見ると $U_{0.05, 8, 7}=43$ である．得られた U 統計量は $U_2=47.5>43$ なので，有意水準5%で帰無仮説を棄却でき，高校時代のタイピング訓練はタイピングの速度に効果があると結論できる．

では，この事例を，Rを利用して検定してみよう．U 検定は `wilcox.test()` で実行できる．

```
d1 <-c(44,48,36,32,51,45,54,56)
d2 <-c(32,40,44,44,34,30,26)

wilcox.test(d1,d2)
    Wilcoxon rank sum test with continuity correction

data:  d1 and d2
W = 47.5, p-value = 0.0272
alternative hypothesis: true location shift is not equal to 0
```

U 検定を実行するもう一つの関数 `wilcox.exact()` も試して，比較してみよう．`wilcox.exact()` はパッケージ `{exactRankTests}` に入っており，インストールして，`library(exactRankTests)` を指定して実行する．このパッケージをインストールすると警告メッセージが出る場合もあるが，気にしなくてよい．`wilcox.exact()` は正規分布近似をせず，より正確な P 値を計算してくれる．

```
library(exactRankTests)
d1 <-c(44,48,36,32,51,45,54,56)
d2 <-c(32,40,44,44,34,30,26)
```

```
wilcox.exact(d1,d2)

        Exact Wilcoxon rank sum test

data:  d1 and d2
W = 47.5, p-value = 0.02113
alternative hypothesis: true mu is not equal to 0
```

どちらの関数もウィルコクソンの W 統計量＝47.5（上述の U 検定の片方の統計量 U に相当する）となって，正確な方の `wilcox.eaxct()` で有意確率 $P=0.0211$ となった．やはり，高校時代のタイピング訓練はタイピング速度に効果があると結論できる．

さて，t 検定で二つの標本が正規分布に従わなかったり分散も等しくないときに，マン・ウィットニーの U 検定を使うとよいと思われがちである．これは誤用である．まず，二つの標本で等分散が保証されていない限りは，マン・ウィットニーの U 検定も使えない．なぜなら上述したように，順位和検定の帰無仮説は，二つの標本は同じ母集団から抽出されたことを仮定しているので等分散性が必要であり，さらにデータの分布型も同じでなければいけない．このことは統計学の世界ではかなり前から言われている．しかし，不等分散であるにもかかわらず積極的に U 検定を使っている例がときどきみられる．もし二つの標本が異なる分散をもつ別の母集団から抽出されていたとしたならば，その U 検定は信頼性のない結果となる．

表 13・5 に 2 標本の代表値検定法の前提条件をまとめておいた．

表 13・5　四つの検定法の前提条件

検定法	正規性	等分散性
スチューデントの t 検定	必 要	必 要
ウェルチの t 検定	必 要	不 要
マン・ウィットニーの U 検定	不 要	必 要
フリグナー・ポリセロ検定	不 要	不 要
ブルネル・ムンツェル検定	不 要	不 要

13・2 2標本の位置母数の検定(2)：
フリグナー・ポリセロ検定とブルネル・ムンツェル検定

2標本の代表値の検定で等分散も正規性も前提としない位置母数の検定法があれば、それを検討してみたい、と誰もが考えるだろう．実際、その方法は存在しており、**フリグナー・ポリセロ**（Fligner-Policello）**検定**および**ブルネル・ムンツェル**（Brunner-Munzel）**検定**である．この二つをざっと説明し、Rのパッケージの選択と関数の実行を試みる．

a. フリグナー・ポリセロ検定　フリグナー・ポリセロ検定の原理はウィルコクソンの順位和検定の発想と似ている．二つの標本AとBで、標本Aのデータで標本Bより小さいものを数え上げ、同時に、標本Bのデータで標本Aより小さいものを数え上げ、それぞれ順位和をとる．同じデータには中間順位を与える．次に、平均順位から位置母数を推定するため、フリグナー・ポリセロの検定統計量zを計算する．帰無仮説のもとではフリグナー・ポリセロのzは標準正規分布に漸近するので、片側検定と両側検定が実行できる．（参考：ブラウザで"SAS", "Fligner-Policello"で検索すれば、計算法がわかる）

では、フリグナー・ポリセロ検定を実施するとき、不等分散になっている標本の事例として、名取真人(2014)の仮想標本のデータを使ってみる．

標本A＝10.3, 10.6, 10.9, 10.9, 10.9, 11.0, 11.2, 12.0, 12.0, 12.5, 12.6, 12.6,
14.2, 14.6, 15.0, 15.6

　　標本サイズ＝16　　平均＝12.31　　中央値＝12　　標準偏差＝1.70

標本B＝12.1, 12.1, 12.2, 12.4, 12.4, 12.6, 12.7, 12.8, 12.9, 13.0, 13.0, 13.0,
13.0, 13.4, 13.5, 13.6, 13.7, 13.7, 13.9, 13.9, 13.9, 14.0, 14.0

　　標本サイズ＝23　　平均＝13.12　　中央値＝13　　標準偏差＝0.64

どのくらい不等分散になっているか、分散比のF検定（関数 `var.test()`）と、ルビーン検定（関数）を実行してみる．

```
dA <- c(10.3,10.6,10.9,10.9,10.9,11.0,11.2,12.0,12.0,12.5,
12.6,12.6,14.2,14.6,15.0,15.6)
dB <- c(12.1,12.1,12.2,12.4,12.4,12.6,12.7,12.8,12.9,13.0,
13.0,13.0,13.0,13.4,13.5,13.6,13.7,13.7,13.9,13.9,13.9,
14.0,14.0)
var.test(dA, dB)
```

13・2 2標本の位置母数の検定(2)

```
        F test to compare two variances
data:   dA and dB
F = 6.9399, num df = 15, denom df = 22, p-value = 5.921e-05
```

F値はきわめて小さい有意確率が得られたので,二つの標本は不等分散であることは確かだ.しかし,分散比のF検定は正規性に依存するので,この有意確率は信用できない.そこで,非正規性であっても頑健といわれるルビーン検定も同時に実行する.ルビーン検定には,パッケージ {car} に入っている関数 leveneTest() が使える.{car} をインストールし,library(car) を冒頭に記しておく.

```
library(car)
d <- data.frame(score=c(dA,dB), group=c(rep("a",16),
   rep("b",23)))

leveneTest(d$score ~ factor(d$group))

Levene's Test for Homogeneity of Variance (center = median)
      Df F value   Pr(>F)
group  1  11.488 0.001677 **
      37
---
Signif. codes:  0 '***' 0.001 '**' 0.01 '*' 0.05 '.' 0.1 ' '
```

ルビーン検定でも,この二つの標本は不等分散であることが有意確率 $P<0.002$ で検出された.よって,この二つの標本は確かに不等分散であるので,次に二つの標本の位置母数の検定に移る.

まず,フリグナー・ポリセロ検定である.この検定を実行してくれる関数 pFligPoli() は,パッケージ {NSM3} に入っているので,install.packages("NSM3") を実行してインストールする.そして,library(NSM3) を R スクリプトの冒頭に記しておく.

```
library(NSM3)
pFligPoli(dA,dB,method=NA,n.mc=10000)
Number of X values:   16 Number of Y values:   23
Fligner-Policello U  Statistic:   1.9098
Monte  Carlo  (Using  10000  Iterations) upper-tail
probability:  0.0306
```

```
Monte Carlo   (Using  10000 Iterations) two-sided p-value:
0.0612
```

関数 `pFligPoli()` の引数 `method="exact"` と指定すれば，パーミュテーション法で1万回以下の繰返し計算で直接確率を求めにいく．これを `"Monte Carlo"` と指定すれば，モンテカルロ・シミュレーションを実行する（`n.mc1` で繰返しの計算回数を指定する）．デフォルトはモンテカルロ・シミュレーションである．フリグナー・ポリセロ検定の結果，標本Aと標本Bの位置母数は，両側検定で有意確率 $P=0.0612$ でマージナルな領域となり，帰無仮説を明確には棄却できなかった．

b．ブルネル・ムンツェル検定　ブルネル・ムンツェル検定は近年になって発表されたので，この手の検定法としては新しく，まだあまり一般には知られていない．一方，この検定法の考え方は，帰無仮説では二つの標本が同じ性質をもつとは考えず，両群から一つずつデータを取出したとき，どちらかが大きい確率は1/2であるという帰無仮説を検定する（詳細は巻末参考図書16を参照）．

Rでブルネル・ムンツェル検定法を実行するには，パッケージ `"lawstat"` をダウンロードするために `install.packages("lawstat")` を実行し，Rスクリプトの冒頭で `library(lawstat)` を指定しておく．

```
library(lawstat)
brunner.munzel.test(dA,dB)

        Brunner-Munzel Test

data:  dA and dB
Brunner-Munzel Test Statistic = 1.8958, df = 15.699, p-value =
0.07655
95 percent confidence interval:
 0.4752242 0.9378193
sample estimates:
P(X<Y)+.5*P(X=Y)
 0.7065217
```

ブルネル・ムンツェル検定の統計量=1.8958，有意確率 $P=0.07655$ となる．同様に，マージナルな結果となった．ブルネル・ムンツェル法の統計量は，大きな標本の場合は正規分布に従い，小標本のときには，近似として以下の統計量 $\hat{f}$ を t 分布で検定することを提案している．

$$\hat{f} = \frac{(n_1 s_1^2 + n_s s_2^2)^2}{\dfrac{(n_1 s_1^2)^2}{n_1-1} + \dfrac{(n_2 s_2^2)^2}{n_2-1}} \qquad (13\cdot 7)$$

2標本の位置母数の検定のまとめとして，フリグナー・ポリセロ検定やブルネル・ムンツェル検定は，二つの標本の等分散や正規性の前提を要求しないが，それでも二つの標本の分布型が何であってもかまわないというわけではない．二つの標本の分布型が大きく異なると，やはり指定した α 水準から大きくずれてしまう場合も出てくる．いずれにしても，二つの標本が不等分散の状況では，マン・ウィットニーの U 検定の使用は不適切となる．不等分散の場合には，正規性が満たされている場合にはウェルチの t 検定，正規性や等分散性が崩れても二つの標本の分布型が異ならなければ，フリグナー・ポリセロ検定，あるいは，ブルネル・ムンツェル検定が適切だろう*．

13・3 三つの標本の順位和の検定：クラスカル・ウォリスの順位和検定

三つ以上の標本を検定する場合，水準を決めている要因が量とか時間のように大小の順番があり，横軸が大きくなるにつれて縦軸の変量が変化するとき，"傾向性がある"とよぶ．この場合の多重比較は事前比較（a priori 比較，事前に比較のデザインが決まっている），あるいは回帰の問題に帰着できる．それに対して，たとえば，複数種の薬剤の効果の比較や，あるいは複数の生態系で生息する鳥の種数など，水準を決めている要因に大小や高低の順番などの傾向がなく，水準間で総当たりのように多重比較を実行してかまわないときもある〔事後比較（post hoc 比較）〕．ここを間違うと，比較のデザインが狂ってしまうので，まずこれを押さえておきたい．

次に，データが正規分布に従わず，等分散でもないときには，通常の分散分析（ANOVA）は使ってはいけないことは肝に銘じておくべきである．しかし，ノンパラメトリック法ならばデータの分布は何であってもよいと誤解している利用者が少なからず存在するので，正しておきたい．これから紹介するクラスカル・ウォリス

---

* スチューデントの t 検定，ウェルチの t 検定，マン・ウィットニーの U 検定，ブルネル・ムンツェル検定の四つで検出力を比較した解析が，以下に出ているので参考にしてもらいたい．名取真人，'マン・ホイットニーの U 検定と不等分散時における代表値の検定法'，霊長類研究 doi:10.2354/psj.30.006（2014）．

(Kruskal-Wallis) 検定は，ノンパラメトリック ANOVA ともよばれているが，前提として，同一分布関数をもつ複数の水準の標本を検定するのだから，正規分布でなかったとしても分布型は同じでなければいけない．ましてや，等分散の条件は必要である．この検定は，マン・ウィットニーの U 検定と同じく，標本のスコアは同じばらつきをもち，データの分布も同じ形状をもつことを前提とする．

では，事例をあげて計算法を説明しよう．表 13・6 は，落葉樹の林でのハエの分布に興味があってとられたデータである．周囲が草地，灌木，落葉樹の 3 タイプで，三つの水準には傾向性はない．数値は m^3 当たりの個体数密度を示しており，密度が高いほど順位の数値が大きくなるように順位がついている．表は見やすいように，各植生区で降順に並べ替えられている．

表 13・6 クラスカル・ウォリス検定による植生間でのハエ密度の違い [a]

各林におけるハエの密度（個体数/m^3）					
草　本		灌　木		落葉樹林	
密度	順位	密度	順位	密度	順位
14.0	15	8.4	11	7.3	9
12.1	14	6.6	7	6.9	8
10.2	13	6.3	6	5.8	5
9.6	12	5.5	4	5.4	3
8.2	10	5.1	2	4.1	1
$R_1=64$		$R_2=30$		$R_3=26$	

a) J.H. Zar, "Biostatistical Analysis (4th Ed.)", Prentice Hall (1999), p.197 より．

クラスカル・ウォリスの H 値は，以下のように定式化できる．

$$H = \frac{12}{n(n+1)} \sum_{i=1}^{k} \frac{R_i^2}{n_i} - 3(n+1) \qquad (13・8)$$

ここで n_i は各処理区の標本サイズであり，$n = \sum_{i=1}^{k} n_i$ で，k は群の数である．この式を計算すると $n=15$ であり，H 値は以下のようになる．

$$\begin{aligned}
H &= \frac{12}{15(16)} \left[\frac{64^2}{5} + \frac{30^2}{5} + \frac{26^2}{5} \right] - 3(16) \\
&= \frac{12}{240}(1134.4) - 48 = 56.720 - 48 = 8.720
\end{aligned} \qquad (13・9)$$

クラスカル・ウォリスの H 値の棄却値は，各処理区の標本サイズに依存し，$k=5$ で有意水準 5％での棄却値は $H_{0.05, 5, 5, 5}=5.780$ であり，帰無仮説を棄却する．つまり，植生の三つの処理区のハエ密度は有意に異なっている．

では，R を使ってクラスカル・ウォリス検定を実行してみよう．実行する関数は `kruskal.test()` だが，この関数へのデータの与え方には少し注意が必要だ．

```
d1<- c(14.0, 12.1, 9.6, 8.2, 10.2)
d2<- c(8.4, 5.1, 5.5, 6.6, 6.3)
d3<- c(6.9, 7.3, 5.8, 4.1, 5.4)

kruskal.test(list(d1,d2,d3))

        Kruskal-Wallis rank sum test

data:  list(d1, d2, d3)
Kruskal-Wallis chi-squared = 8.72, df = 2, p-value = 0.01278
```

これで，手計算で得られた $H=8.72$ が再現できた．帰無仮説のもとで H 値は χ^2 分布に従うので，出力結果に `chi-squared` と出てくる．

関数 `kruskal.test()` にデータを与えるときは，一挙に `list` で与える必要がある．2 標本の関数である `t.test()` や `wilcxon.test()` などの 2 標本の違いを検出する関数は，二つの標本のオブジェクトを二つ，引数に並べて与えるだけでよかったが，三つ以上の標本の場合は，三つの標本データセットのオブジェクトを並べると，エラーは何も出ずに誤った結果を出してくるので要注意である．上記は，関数 `list(d1,d2,d3)` で与えたが（これが一番簡単），ほかにも以下のような与え方も有効である．関数 `c()` で三つの標本を引数の中で与えて，それを繰返し五つずつに区切り，処理区の固定要因として名前を `1:3` として付けている．

```
kruskal.test(c(d1,d2,d3),factor(rep(1:3,c(5,5,5))))

        Kruskal-Wallis rank sum test

data:  c(d1, d2, d3) and factor(rep(1:3, c(5, 5, 5)))
Kruskal-Wallis chi-squared = 8.72, df = 2, p-value = 0.01278
```

次に，クラスカル・ウォリス検定で，同順位（タイ）となるデータが多く混ざっている事例を取上げよう．表13・7はある湖沼学の研究者が，四つの池からそれぞれ8個のタンクの水を得て，そのpHを調べたデータセットである．表中で各池のpHのデータは小さい値（より酸性）から大きな値（よりアルカリ）昇順で並んでいるが，3番目の池では一つのタンクが破損して水が消失してしまった．しかし，クラスカル・ウォリス検定は各処理区の標本サイズが等しくなくても実行できる．

表13・7 四つの池から8個のタンクの水でpHを調べたもの[a]（*はタイの順位）

池1		池2		池3		池4	
pH	順位	pH	順位	pH	順位	pH	順位
7.68	1	7.71	6 *	7.74	13.5 *	7.71	6 *
7.69	2	7.73	10 *	7.75	16	7.71	6 *
7.70	3.5 *	7.74	13.5 *	7.77	18	7.74	13.5 *
7.70	3.5 *	7.74	13.5 *	7.78	20	7.79	22
7.72	8	7.78	20 *	7.80	23.5 *	7.81	26 *
7.73	10 *	7.78	20 *	7.81	26 *	7.85	29
7.73	10 *	7.80	23.5 *	7.84	28	7.87	30
7.76	17	7.81	26 *			7.91	31
$R_1=55$		$R_2=132.5$		$R_3=145$		$R_4=163.5$	

a) J.H. Zar, "Biostatistical Analysis (4th Ed.)", Prentice Hall (1999), p.199〜200 より．

タイの順位の計算はp.224で説明したものと同じである．二つのpHの数値（7.70）が3位と4位ならば，(3+4)/2=3.5を二つに割り付ける．また，四つのpHの数値(7.74)が12, 13, 14, 15位ならば，(12+13+14+15)/4=13.5を四つに割り付ける．

手計算での手順は，H値を計算するところまでは同じである．

$$H = \frac{12}{31(32)}\left[\frac{55^2}{8}+\frac{132.5^2}{8}+\frac{145^2}{7}+\frac{163.5^2}{8}\right]-3(32) \quad (13 \cdot 10)$$
$$= 11.876$$

しかし，タイがある場合は，タイの種類数$m=7$を考慮して，Hを少し減少する方向で補正をかける必要がある．補正の項Cは以下で定式化されている．

$$C = 1 - \frac{\sum_{i=1}^{m}(t_i^3-t_i)}{n^3-n} \quad (13 \cdot 11)$$

13・3 三つの標本の順位和の検定

補正された H 値は以下となる.

$$H_c = \frac{H}{C} \tag{13・12}$$

ここで，t_i は i 番目のタイグループのタイになっているデータ数，m はタイの種類数（この例では $m=7$）である．よって，以下のようになる．

$$\sum_{i=1}^{m}(t_i^3 - t_i) = (2^3-2)+(3^3-3)+(3^3-3)+(4^3-4)+(3^2-3)+(2^3-2)+(3^3-3)$$
$$= 168$$

よって，

$$C = 1 - \frac{\sum_{i=1}^{m}(t_i^3 - t_i)}{n^3 - n} = 1 - \frac{168}{31^3 - 31} = 1 - \frac{168}{29760} = 0.9944 \tag{13・13}$$

$$H_c = \frac{H}{C} = \frac{11.876}{0.9944} = 11.943 \tag{13・14}$$

これは自由度 $k-1=3$ の χ^2 分布に従うので，$\chi^2_{0.05,3}=7.815$ が棄却値となり，池間の pH は有意に異なると結論できる.

なお，H 値を χ^2 分布に近似したとき，有意水準 $\alpha=0.05$ のときには α 水準よりもやや保守的な結果（有意差が出にくい）を出し，この傾向は $\alpha=0.01$ のときにより顕著になることが知られている．よって，χ^2 分布近似よりも，以下のような F 値を計算し F 分布に近似した方がより適切であるとの評価がある.

$$F \text{値} = \frac{(n-k)H}{(k-1)(n-1-H)} \tag{13・15}$$

この F 分布の棄却値は，自由度 $\nu_1=k-1$，$\nu_2=n-k-1$ の F 値で調べる．四つの池での pH データから得られる F 値は，以下のようになる.

$$F = \frac{(31-4)(11.943)}{(4-1)(31-1-11.943)} = 5.95 \tag{13・16}$$

この自由度 (3, 26) の棄却値は $F_{0.05(1),3,26}=2.98$ で，得られた $F=5.95$ は有意確率 $P=0.0031$ となる．この有意確率の求め方は，以下である.

```
1-pf(5.95,3,26)
[1] 0.003137794
```

では，池の pH の事例でクラスカル・ウォリス検定を，R の **kruskal.test()** で実行してみよう.

```
d1<- c(7.68,7.69,7.70,7.70,7.72,7.73,7.73,7.76)
d2<- c(7.71,7.73,7.74,7.74,7.78,7.78,7.80,7.81)
d3<- c(7.74,7.75,7.77,7.78,7.80,7.81,7.84)
d4<- c(7.71,7.71,7.74,7.79,7.81,7.85,7.87,7.91)

kruskal.test(list(d1,d2,d3,d4))

        Kruskal-Wallis rank sum test
data:  list(d1, d2, d3, d4)
Kruskal-Wallis chi-squared = 11.9435, df = 3, p-value =
0.007579
```

補正後のスコア H_c=11.9435 は手計算と同じである．有意確率 P=0.007579 となり，各池では pH の違いがみられたと結論できる．

13・4　ノンパラメトリックな多重比較法: ネメニィ・ダン検定とスチール・ドワス検定

　ここまでくると，第6章で分散分析（ANOVA）を学んだときのように，どの処理区との間に違いがあるのかを多重比較してみたくなる．ここで取上げるデータは，複数の水準に傾向性はないので，総当たりの多重比較をしてかまわない実験デザインである．これには，ノンパラメトリックのチューキー型多重比較の手法がある．それはネメニィ・ダン（Nemenyi-Dunn）検定であり，順位和を使う以外は，チューキーの多重比較と相同の計算をする．ここでは，表 13・6 のデータを使って説明する．ハエの密度は三つの植生で有意に違うことがわかったので，ここから次に，以下の残差標準誤差（SE）を求める（表 13・8）．

$$SE = \sqrt{\frac{n(nk)(nk+1)}{12}} = \sqrt{\frac{5(15)(16)}{12}} = \sqrt{100} = 10 \qquad (13 \cdot 17)$$

　検定統計量 q は q=（二つの処理区の順位和 R の差）/SE で計算される．q の棄却値については，第6章で q の棄却値の表の一部を見せた．たとえば，有意水準5%で，自由度 v=∞（ネメニィ・ダンの場合はこのように指定），処理区数=3 の場合は $q_{0.05, \infty, 3}$=3.314 である．

　多重比較の結論は，植生1（草原）vs. 植生3（落葉樹林），および植生1 vs. 植生2（灌木）には有意な違いがあるが，植生2と植生3の間には有意な差はみられない，という結果である．

表13・8　ノンパラメトリック法でのチューキー型多重比較[a]（表13・6のデータ）

比較（A vs. B）	Rの差	SE	q	$q_{0.05, \infty, 3}$	結　　論
1 vs. 3	64−26=38	10	3.8	3.314	帰無仮説を棄却 （植生1と3でハエ密度に違いあり）
1 vs. 2	64−30=34	10	3.4	3.314	帰無仮説を棄却 （植生1と2でハエ密度に違いあり）
2 vs. 3	30−26=4	10	0.4	3.314	帰無仮説を棄却できない

a) J.H. Zar, "Biostatistical Analysis (4th Ed.)", Prentice Hall (1999), p.223 より.

では，Rを使ってネメニィ・ダン検定をやってみよう．ネメニィ・ダン検定の関数は，パッケージ"**PMCMR**"に入っている **posthoc.kruskal.nemenyi.test()** である．まず **install.packages("PMCMR")** でインストールし，Rスクリプトの最初に **library(PMCMR)** としておく．データセットは，**posthoc.kruskal.nemenyi.test()** の引数の先頭に **list()** で与えるのが最も簡単である．

```
library(PMCMR)
d1<- c(14.0, 12.1, 9.6, 8.2, 10.2)
d2<- c(8.4, 5.1, 5.5, 6.6, 6.3)
d3<- c(6.9, 7.3, 5.8, 4.1, 5.4)
posthoc.kruskal.nemenyi.test(list(d1,d2,d3))

        Pairwise comparisons using Tukey and Kramer (Nemenyi) test
                with Tukey-Dist approximation for independent samples

data:  list(d1, d2, d3)

  1      2
2 0.043  -
3 0.020  0.957

P value adjustment method: none
```

手計算の結果と同様に，植生1 vs. 植生3には $P=0.020$，植生1 vs. 植生2には $P=0.043$ となって有意な差が検出されたが，植生2 vs. 植生3の違いは $P=0.957$ となり，

有意な差は検出されなかった．

　ちなみに，ノンパラメトリックな多重比較として，スチール・ドワス（Steel-Dwass）検定もある．この多重比較も傾向性のない検定で，総当たりが可能である．スチール・ドワス検定は，順位和ではなく，平均順位を使う検定法だ．ただし，スチール・ドワス法は，設定した有意水準よりも保守的な結果を出すとの指摘があるが，逆に，ネメニィ・ダン検定法は設定した有意水準よりも第1種の過誤を起こす確率が高まる傾向を指摘する学者もいるので，注意したい．スチール・ドワスの計算法に興味のある読者は，Zar (1999)（参考図書3）を参照されたい．ここでは，青木繁伸氏の開発した関数 `Steel.Dwass()` を使用した出力結果を比較するにとどめる（参考図書15）．Rスクリプトでまず関数 `sourse()` を使い，青木氏のサイトから関数 `Steel.Dwass()` をダウンロードする．出力結果はネメニィ・ダン検定と同様で，植生1 vs. 植生3には $P=0.0245$, 植生1 vs. 植生2には $P=0.0430$ となって有意な差が検出され，植生2 vs. 植生3の違いは $P=0.947$ となり有意な差はなかった．この場合，ネメニィ・ダン検定とスチール・ドワス検定とでは，有意確率の差はごくわずかであることがわかる．

```
source("http://aoki2.si.gunma-u.ac.jp/R/src/Steel-Dwass.R",
encoding="euc-jp")
data <- c(14.0, 12.1, 9.6, 8.2, 10.2, 8.4, 5.1, 5.5, 6.6,
6.3, 6.9, 7.3, 5.8, 4.1, 5.4)
group <- rep(1:3, c(5,5,5))
Steel.Dwass(data, group)
            t          p
1:2 2.4022717 0.04303513
1:3 2.6111648 0.02448614
2:3 0.3133398 0.94731913
```

13・5　2変量の順位を使った相関：スピアマンの順位相関

　第8章でみてきたように，ピアソンの積率相関係数 r は，二つの変量 X と Y の座標からなる散布図で，$r=1$ や $r=-1$ になるときは，散布図が一直線に並ぶことを意味する．しかし，すべてのプロット (X, Y) の座標がまったく一直線になることは，実験データではありえないだろう．むしろ，散布図のプロット (X, Y) の座標が X と Y の両方ですべて単調増加になっていれば，X と Y の間に完全な関係

があると考えることも可能だろう．ピアソンの積率相関係数の制約を取除き，そのような新しい相関の定義から生まれたのが順位相関である．つまり，確率変数 x_i, y_i を任意の単調増加（減少）関数 h_1, h_2 によって，$h_1(x_i)$, $h_2(y_i)$ に変換しても値を変えない関係式として

$$\tau(x, y) = \tau(h_i(x_i), h_i(y_i)) \qquad (13\cdot 18)$$

を満たす関数 $\tau(-1\leq\tau\leq 1)$ の中から適切なものを選べばよい．順位は，任意の単調関数による変換を施しても不変である．したがって，そのような τ を求めるのは，観測値そのものではなく，その観測値を反映した順位に基づく関数を考えればよいことになる．そのような $-1\leq\tau\leq 1$ は，一般に順位相関係数とよばれる（柳川　堯，1982）．

順位相関係数のなかでも，**スピアマン**（Spearman）**の順位相関**（rank-difference correlation）ρ（ロー：アルファベットの r に相当）は順位の差を総和して2変量の関係の有無を定量化する方法である．原理を説明しよう．あるデパート店で7種類 $A_1 \sim A_7$ のワンピースの色や柄について，女性客 α と β に好みの順位をつけてもらったら，以下の表13・9Aになった．ここから α と β の好みにどの程度の一致がみられるかを判断したい．好みの順位は，当然，正規分布には従わない．しかし，客 α と β の7種類のワンピースの順位については1刻みで同じである．

表13・9A　順位相関の説明表　女性客 α と β の7種類のワンピースの好みの順位．

ワンピース	A_1	A_2	A_3	A_4	A_5	A_6	A_7
女性客 α	2	4	1	7	3	5	6
女性客 β	3	5	2	6	1	4	7
順位差 （α の順位 $-\beta$ の順位）	-1	-1	-1	1	2	1	-1
順位差の2乗	1	1	1	1	4	1	1

一般に，ワンピースの種類が n のとき α と β の順位が表13・9Bのようであると考える．

表13・9B　順位相関を一般化した説明表
女性客 α と β の好みの順位．

女性客 α	r_1	r_2	$\cdots$	r_n
女性客 β	s_1	s_2	$\cdots$	s_n

このとき，客 α と β の好みの順位には，第8章のピアソンの積率相関係数(8・1)式の発想を活かして，以下のような式が想定される．

$$\rho = \frac{\sum_{i=1}^{n}(r_i-\bar{r})(s_i-\bar{s})}{\sqrt{\sum_{i=1}^{n}(r_i-\bar{r})^2 \sum_{i=1}^{n}(s_i-\bar{s})^2}} \quad (13\cdot19)$$

ただし，$\bar{r}=\bar{s}=\dfrac{n+1}{2}$，$n$ は標本サイズである．この (13・19)式を構成する関係式は以下なので，

$$\sum_{i=1}^{n}(r_i-\bar{r})(s_i-\bar{s}) = \sum_{i=1}^{n}(r_i-\bar{r})^2 - \frac{1}{2}\sum_{i=1}^{n}(r_i-s_i)^2 \quad (13\cdot20\text{ a})$$

$$\sum_{i=1}^{n}(r_i-\bar{r})^2 = \sum_{i=1}^{n}(s_i-\bar{s})^2 = \frac{1}{12}n(n^2-1) \quad (13\cdot20\text{ b})$$

よって，(13・19)式は以下のように変形される．

$$\rho = 1 - \frac{6\sum_{i=1}^{n}d_i^2}{n(n^2-1)} \quad (13\cdot21)$$

ここで，$d_i=r_i-s_i$ である．表13・8Aの事例でスピアマンの順位相関係数を計算してみよう．

$$\rho = 1 - \frac{6\times10}{336} = 0.821 \quad (13\cdot22)$$

$\rho=0.821$ となり，強い正の相関であることがわかる．

では，この事例について，Rを使って，まず二人の客 α と β のワンピースの好みの順位の散布図（図13・1）を描いて，好みがどのくらい似ているかをざっと見てみる．

```
d <- read.csv("table13-9.csv")
plot(d$a,d$b, xlab="alpha", ylab="beta", type="p")
```

最後にスピアマンの順位相関係数と有意確率を求めるが，これはピアソンの積率相関係数 r を求めたときの関数 `cor.test()` が使え，引数で `method="s"` を指定するとスピアマンの順位相関係数を求めてくれる．`method` を指定しないと，デ

13・5 2変量の順位を使った相関: スピアマンの順位相関

フォルトはピアソンの積率相関係数となる．

```
cor.test(d$a,d$b,method="s")

        Spearman's rank correlation rho

data:  a and b
S = 10, p-value = 0.03413
alternative hypothesis: true rho is not equal to 0
sample estimates:
      rho
0.8214286
```

出力結果を見ると，S=10は順位差の二乗の総和の値である．また，$\rho=0.8214$となり，有意確率$P=0.0341$である．客αとβの間にはワンピースの好みに有意な強い正相関がみられたことになる．

ここで，関数cor.test()でmethod="s"を指定しなければ，デフォルトのピアソンの積率相関係数を求めることになるが，結果はどのように出力されるだろうか？

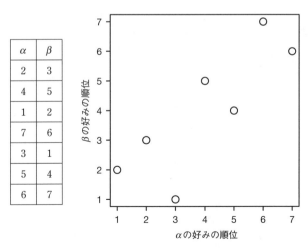

図13・1 **女性客αとβのワンピース7種類の好みの順位の散布図**　好みの順位（左表）は最高が7で，それ以下は6, 5, …1と降順で好みの数値が低くなる．

```
cor.test(d$a, d$b)

        Pearson's product-moment correlation

data:  d$a and d$b
t = 3.2206, df = 5, p-value = 0.02345
alternative hypothesis: true correlation is not equal to 0
95 percent confidence interval:
 0.1792541 0.9727560
sample estimates:
      cor
0.8214286
```

実は，ピアソンの積率相関係数も $r=0.8214$ となり，係数そのものは同値である（当然ながら有意確率は異なる）．この理由は，図13・1のデータが1ずつ変化する整数（順位）からなることに由来する．スピアマンの順位相関係数は，もともとピアソンの積率相関係数と同型の式を使っているため，このような順位の整数値データを検定すれば，ピアソンの積率相関係数でも計算結果は同じになる．

一般には，連続変数（実数）や100点満点の試験の成績のように大きな整数値の場合は，順位に換算して解析することになる．表13・10は10名の生徒の数学と生

表13・10　生徒10名の数学と生物の試験の成績とその順位[a]
1位の生徒に10を与えて，順位が下がるにつれて降順で数値が減少する．

生徒 (i)	数学		生物		両科目の順位差：	
	点数	順位	点数	順位	d_i	d_i^2
1	57	3	83	7	−4	16
2	45	1	37	1	0	0
3	72	7	41	2	5	25
4	78	8	84	8	0	0
5	53	2	56	3	−1	1
6	63	5	85	9	−4	16
7	86	9	77	6	3	9
8	98	10	87	10	0	0
9	59	4	70	5	−1	1
10	71	6	59	4	2	4

a) J.H. Zar, "Biostatistical Analysis (4th Ed.)", Prentice Hall (1999), p. 396 より．

13・5 2変量の順位を使った相関: スピアマンの順位相関

物の試験の点数と順位である. まず, 図13・1と同じように, 最初に生徒番号のついた散布図を描いてみよう.

表13・10をRに入力する. `o.m`, `o.b` は数学と生物の点数の順位である.

```
d <- read.csv("table13-10.csv")
d
   math o.m biol o.b
1    57   3   83   7
2    45   1   37   1
3    72   7   41   2
4    78   8   84   8
5    53   2   56   3
6    63   5   85   9
7    86   9   77   6
8    98  10   87  10
9    59   4   70   5
10   71   6   59   4
```

ここから, プロットで散布図を描く (図13・2).

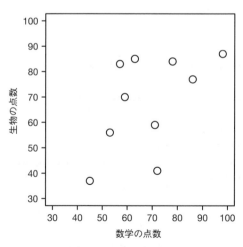

図13・2 生徒10名の数学と生物の成績の散布図　各プロットが生徒を表し, 数学と生物の成績が100点満点で示されている.

```
plot(d$math, d$biol, xlab="biology", ylab="math",
xlim=c(30,100), ylim=c(30,100))
```

散布図を見ると，数学と生物の成績には右上がりの正の傾向が現れているようだが，両者はけっこうばらついている．まず最初に，ピアソンの積率相関係数を使ってみよう．

```
cor.test(d$math, d$biol)

        Pearson's product-moment correlation

data:   d$math and d$biol
t = 1.685, df = 8, p-value = 0.1305
alternative hypothesis: true correlation is not equal to 0
95 percent confidence interval:
 -0.1738546  0.8632483
sample estimates:
      cor
0.5117945
```

$r=0.512$ で，中程度の相関係数である．有意確率も $P=0.1305$ である．

では，スピアマンの順位相関を使うと，結果はどう変わるか？ この場合，点数のデータだけ入力すれば，順位は R が自動的に計算する．

```
cor.test(d$math, d$biol, method="s")

        Spearman's rank correlation rho

data:   d$math and d$biol
S = 72, p-value = 0.09579
alternative hypothesis: true rho is not equal to 0
sample estimates:
      rho
0.5636364
```

こちらの方は $\rho=0.565$ となり，有意確率 $P=0.0958$ でマージナルな領域であることがわかる．数学と生物には相関はないという帰無仮説を棄却するところまではい

かない.

二つの変数でそれぞれ同順位（タイ）が含まれるときのスピアマンの順位相関は，少し補正が必要である．補正されたスピアマンの順位相関係数は以下の式を使う．

$$\rho_c = \frac{\frac{n^3-n}{6} - \sum d_i^2 - \sum t_X - \sum t_Y}{\sqrt{\left\{\frac{n^3-n}{6} - 2\sum t_X\right\}\left\{\frac{n^3-n}{6} - 2\sum t_Y\right\}}} \quad (13 \cdot 23)$$

ただし，

$$\sum t_X = \frac{\sum (t_i^3 - t_i)}{12}, \quad \sum t_Y = \frac{\sum (u_i^3 - u_i)}{12} \quad (13 \cdot 24\,\text{a})$$

である．t_i または u_i はタイグループでの X あるいは Y のタイになっている異なる値の種類数である．たとえばカブトムシの幼虫の体重(X)と雌成虫の体サイズ(Y)の相関を調べるとき，X は2匹が22.5 g, 2匹が24.0 gでタイとなり，Y は3匹が5.2 cmでタイになっていたとする．この場合は，以下のように計算する．

$$\sum t_X = \frac{(2^3-2) + (2^3-2)}{12} = 1, \sum t_Y = \frac{(3^3-3)}{12} = 2 \quad (13 \cdot 24\,\text{b})$$

Rでは，関数 `cor.test()` でスピアマンの順位相関を求めようとすれば，タイを含むデータの場合は，"タイが多く含まれているため，有意確率の計算が正確ではない"とメッセージが出る．この場合は，測定の刻みを細かくしてタイのデータを減らすように変えるとよい．

まとめ

実数や整数を使ったパラメトリック検定法に対して，順位に換算したノンパラメトリック検定法はたくさんある．そして，以下の二つの誤解は，ふだんよく統計を使っている研究者の間にすら，けっこう広がっていると思われるので，くれぐれも注意してほしい．

(1) パラメトリック法は検出力が高く，ノンパラメトリック法は検出力が低いという誤解.

　パラメトリック法が正規性や等分散性を満たしていないときには，検出力の高いノンパラメトリック法は必ずといってよいほど存在している．

(2) ノンパラメトリック法では，標本データの分布は何であってもよい，分布とは無関係であるとの誤解．

2標本の位置母数の検定の箇所で述べたように，ノンパラメトリック検定法であっても，二つの標本のデータの分布が偏って異なっている場合は，多くの検定法は検出力が低下する．等分散性や正規性が満たされなくても検出力が高い検定法もあるので，そのような方法を使うべきである．

演習問題 13・1 異なる季節で別々のシカ各個体が1日当たりに食べた餌量(kg)が測定されている．どの季節でも一日当たり同じだけ食べていると結論してよいか？ クラスカル・ウォーリス検定法で解析せよ．

2月	5月	8月	11月
4.7	4.6	4.8	4.9
4.9	4.4	4.7	5.2
5.0	4.3	4.6	5.4
4.8	4.4	4.4	5.1
4.7	4.1	4.7	5.6
	4.2	4.8	

演習問題 13・2 二つの研究グループが高血圧の薬剤の効果を順位で評価した．その結果が以下の表である．どのような検定を行えばよいか？ その出力結果からどのように結論できるか．

薬剤	グループ1の順位	グループ2の順位
A	1	1
B	2	3
C	3	2
D	4	4
E	5	7
F	6	6
G	7	5

14

ベイズ統計の基礎

　本書で紹介してきた統計学の手法は，頻度主義統計学（またはネイマン・ピアソン型の統計学）に分類され，20世紀から現代に至るまで幅広い分野で使われてきた．実は，これとは異なるもう一つの統計学の流派があり，それはベイズ統計とよばれる．ベイズ統計の歴史は古く1740年代に遡るが，われわれエンドユーザーにとって身近になり，実際にデータ解析の手法として使われ始めたのはごく最近である．その理由は，近年の計算手法の発展と計算機パワーの向上によって，ようやく計算が可能になったからである．ベイズ統計は頻度主義統計と基礎が大きく異なり，**マルコフ連鎖モンテカルロ法**（**MCMC**，詳細は§14・2）という特有の計算手法を用いるため，ベイズ統計の基礎だけで1冊の本になる．ここではベイズ統計で解析ができるようにするというよりは，ベイズ統計の基本的な考え方を学び，その簡単な実例を紹介し，頻度主義統計との違いを学ぼう．

14・1　頻度主義統計とベイズ統計
14・1・1　頻度主義統計の考え方
　第13章までさまざまな統計手法を学んできた．これらの手法はすべて，頻度主義統計またはネイマン・ピアソン型の統計とよばれる．ここで頻度主義統計の考え方をおさらいしておこう．
　頻度主義統計では，母集団のパラメータ θ（たとえば母平均）はある一つの固定された値（定数）であるという仮説を立て，観察されたデータ x は確率変数とみなし，立てた仮説からどの程度の確率でデータ x が起こるかを評価する．
　頻度主義統計を数式で表現すると，パラメータ θ を固定したときに，観察されたデータ x の生じる確率（連続変数であれば確率密度），すなわち尤度

$P(x|\theta)$

を求めていることに相当する．括弧内の縦棒の右側にあるのが"θ が与えられたときに"という意味で，縦棒の左側にあるのが確率変数である．θ が決まっているときに x が起こる確率を表し，これを条件付き確率という．第 10 章で学んだ最尤法とは，この値を最大化する，最も尤もらしいパラメータ θ を求め，最尤推定量とする方法であった．

　また，これまで頻繁に出てきた仮説検定の結果に現れる P 値は，帰無仮説が正しいと仮定したうえで，観察されたデータ以上に極端な値が生じる確率のことであった．たとえば A 群と B 群の平均値に差がないという仮説は母集団のパラメータを $\mu_A = \mu_B$ と固定することであり，そのもとで観察されたデータがどの程度生じやすいかを P 値として求め，この値が極端に小さいとき，つまり有意水準 α 以下の場合に帰無仮説"平均値に差がない"を棄却し，対立仮説"平均値に差がある"を採択するのであった．

　頻度主義統計におけるパラメータ θ というのは固定された一つの値であり，確率的に変動するのはデータである．実験者が"パラメータ θ は〜だ"と帰無仮説を設定し，θ のもとで観察されたデータがどの程度の確率で起こるのかを求め，帰無仮説の真偽を判定するのが頻度主義統計である．頻度主義統計は現代に至るまでさまざまな分野で使われ，科学論文の中ではその解析結果を有意確率 P 値とともに記載する．特に P 値が有意水準 α を下回れば，研究者の立てた対立仮説が正しいと主張することができると多くの研究者は思っている．しかし，5 章のコラムに書いたように，標本サイズを増やせばどんな小さな平均値間の差であっても有意な差として検出できてしまうため，実験者がコントロールする値（標本サイズ）で結論が変わってしまうことは問題だという指摘がある．

　これから紹介するベイズ統計では，その解析結果には，今まで頻繁に登場した P 値は登場せず，母集団のパラメータの分布を得ることでパラメータに関する評価をする．そのため，頻度主義統計で指摘される問題は生じないといわれる．

14・1・2　ベイズ統計の考え方

　ベイズ統計では，母集団のパラメータ θ が確率変数であり，データ x は標本抽出によって現れた一通りの固定された値であると考える．最終的な目標は，観察されたデータ x をもとに，母集団のパラメータ θ がどのように分布しているかを知ることである．これを**ベイズ推定**とよぶ．パラメータ θ の分布が得られれば，母集団の

14・1 頻度主義統計とベイズ統計

パラメータ（たとえば平均値の差としよう）が-0.3から$+0.3$の範囲であるのは80％の確率である，というような分析ができる．この考え方を数式で表現すると，頻度主義統計の場合とは逆で，

$$P(\theta|x)$$

となる．データxが得られたもとでの，確率変数θの分布を表す．これはベイズの定理によって

$$P(\theta|x) = \frac{P(x|\theta)P(\theta)}{P(x)} \quad (14\cdot1)$$

と式変形することができる．右辺の分子にみられる$P(\theta)$をθの事前分布，左辺の$P(\theta|x)$をθの事後分布とよぶ．事前分布$P(\theta)$とは，データ（情報）を知らないときのθの分布であり，事後分布$P(\theta|x)$とはxというデータを知った後のθの分布である．右辺の分子の$P(x|\theta)$は頻度主義統計でも登場した尤度で，θが決まったときにデータxが得られる確率である．(14・1)式の分母は$P(x)$のみで，これはデータxが得られる確率であるが，確率変数θを含まないので定数とみなすことができ，(14・1)式は，以下のように表せる（∞は比例することを意味する）．

$$(事後分布) \propto (尤度) \times (事前分布) \quad (14\cdot2)$$

(14・1)式の右辺には，事前分布$P(\theta)$が登場した．これは，データxを得る前にパラメータθがどんな分布をしているか，あらかじめ実験・解析する人が設定しなければならない分布である．この分布を，解析する人の"主観的な判断"で決定しなければならないという点において，ベイズ統計は頻度主義統計の専門家から批判されてきた歴史をもつ．

その批判に対する一つの対応策としては，事前分布に一様分布を設定することである．一様分布とは，最小値と最大値の間のどの値も等しく起こりうるような分布であり，特にこの値が出やすい，出にくいという傾向がないため，情報をもたない．それゆえ一様分布は無情報事前分布としてベイズ推定の際に用いられることがある．たとえば，日本人の身長を母集団として，その真の平均の事後分布を求めたいときに，母平均はマイナスになることはありえないし，300 cm以上になることもおそらくないので，0～300 cmの一様分布を事前分布として設定することは主観的だと批判されることはないであろう．

このように，ベイズ統計は，事前分布と尤度から事後分布を求め，分析することであるが，(14・1)式の分母を数式や数値計算で求めることは難しく，頻度主義統計の多くの検定法のように簡単に求めることができない．そのため，後述する

MCMC法という乱数を発生させるアルゴリズムを用いることで事後分布を求める．

14・1・3 頻度主義統計とベイズ統計の違い

頻度主義統計とベイズ統計の異なる点を強調しておこう．頻度主義統計では母集団のパラメータは未知であるが固定された値であり，標本抽出によって得られたデータは確率変数の実現値となって現れ，確率的に変動すると考える．一方，ベイズ統計は現れたデータは固定された実現値であり，母集団のパラメータが確率的に変動すると考えるのである（表14・1）．つまり頻度主義統計ではある仮説を立て，その仮説が真であるか，偽であるかを判定するのに対し，ベイズ統計は，データからある幅をもった仮説がどの程度正しいかを主張するのである．

表14・1

	パラメータ θ	データ x
頻度主義統計	定　数	確率変数
ベイズ統計	確率変数	定　数

ベイズ統計の利点はおもに二つある．一つは，前述したように，母集団のパラメータの分布が得られることである．すなわち，今得られているデータから，母集団のパラメータがこの範囲である確率が何％，というようにその確率を得ることができる．たとえば，二つの母集団の平均値の差が3.5以上である確率が80％である，というように得られる．これは，われわれ人間の直感で理解しやすく，さまざまな意思決定の場面で役立つだろう．

もう一つの利点は，ベイズ統計で用いられる計算手法MCMC（以下で説明する）は乱数を発生させ，まるでシミュレーションのように事後分布に従うパラメータを得るため，複雑なモデリングが可能になるということである．パラメータを推定するときに，最小二乗法などで求められるような単純な場合は問題ないが，パラメータの数が増えるなどモデルが複雑になると計算することが不可能になる．その場合，MCMCを用いて，シミュレーションでパラメータを探索することで，複雑なモデルであってもパラメータを推定することができる．ただし，MCMCは乱数を発生させるシミュレーションの一種であるため，まったく同じデータに対して同じ解析を行ったとしても，解析結果が毎回少しずつ異なる．推定がうまくできている場合には，結果の違いはほとんど無視できる程度に小さいが，モデルの仮定が不適切

14・2 MCMC（マルコフ連鎖モンテカルロ法）

ベイズ統計は，得られた観察データと実験者が設定した事前分布から(14・1)式を用いて，左辺である事後分布を求め，パラメータがどのように分布するかを知ることが目標である．しかし，事後分布を直接(14・1)式から計算することは難しく現実的ではないため，実際にデータを解析することが長年不可能であった．そこで使われ始めたのが **MCMC 法**（マルコフ連鎖モンテカルロ法 Markov Chain Monte Carlo method）という計算の手順（アルゴリズム）である．簡単に説明すると，MCMC 自体は，ある確率分布に従う乱数を発生させるアルゴリズムである．ベイズ統計では，その MCMC を用いて，事後分布に従う乱数を多数発生させ，その乱数の集まりを観察することで，事後分布の性質を分析するのである．

以下，MCMC の数理的な詳細は本書では踏み込まない（興味がある読者は巻末参考図書 18 を参照）．その代わり，MCMC による乱数発生のイメージを捉えよう．

MCMC の名称にあるモンテカルロ法とは，乱数を多数発生させてシミュレーションし，近似的に求める手法のことである．最も簡単なモンテカルロ法の例は，円周率 π の値を，図 14・1 のような正方形の内部に座標 (x, y) の 2 変数の一様乱数を多数発生させ，原点からの距離が 1 以下（つまり，$x^2 + y^2 \leq 1$）に入る点の個数を

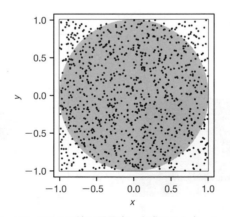

図 14・1　モンテカルロ法で円周率 π を求めるシミュレーション
図示のため 1000 点のみ表示している．半径 1 のグレーの円の中に入る点の割合は $\pi/4$ であるので，点の数をカウントすることで円周率を近似的に求めることができる．

カウントすることで近似的に求めることである．実際に100万個の乱数を発生させて，そのうち原点からの距離が1以下である割合を算出し，1辺2の正方形の面積（= 4）を掛けると3.140444が得られた．確かに円周率3.1415…と近い値になっている．乱数を用いているため，モンテカルロ法によって得られた値は実行する度に毎回少し変わることに注意しよう．

もう一つ，MCMCの名称にはマルコフ連鎖という語句がある．これはある状態から別の状態に移るときに，現在の状態にのみ依存して遷移する確率過程のことである．仮想的な例として，天気が晴れと雨の2種類だけがあり，1日の中ではどちらかだとしよう．今日，天気が晴れであれば，確率0.8で明日も晴れで，0.2で雨になる．もし今日が雨ならば確率0.5で明日も雨で，0.5で天気が回復し晴れになるようなプロセスである．つまり明日の天気は，昨日やさらに過去の天気には依存せず，今日の天気だけに依存して確率的に決まるわけである（もちろん現実の天気はそうではないだろう）．このような確率過程を解析することで，どのような状態（天気）が平均的に起こるかなどさまざまな性質が得られる．たとえば，今日の天気から5日後の天気の確率を求めることができる．

MCMCは名前の通りこれら二つを組合わせて，ある確率分布（特に多変数の確率分布）に従う値をサンプリング（調査・実験によるサンプリングとは少し意味が異なる）する．円周率を求めるモンテカルロ法では，各点は独立に得られていたが，

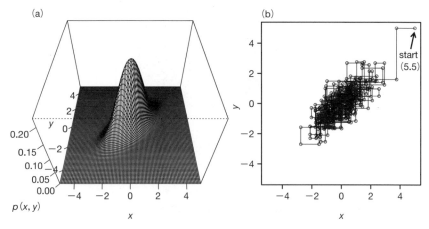

図14・2 二次元正規分布 (a) 正解の分布．(b) MCMCの一種，ギブスサンプリングによる乱数生成．Startは初期状態の点を示す．時間的な経過を線で表した．

MCMCでは今得られた値をもとにして，次の値を決定する．それがマルコフ連鎖であるゆえんである．

最初はイメージがつかみにくいと思うので，MCMCの簡単な例をあげよう．二次元正規分布に従う乱数のサンプリングをしてみることにする．ただし，二つの確率変数は独立ではなく，相関係数が0.7になるような分布である．正解の分布は図14・2(a)で，MCMCを用いてサンプリングした結果が図14・2(b)である．初期状態(5, 5)から始めて，中央に寄ってきて，その周辺でウロウロしていることが見てとれる．最終的に二次元正規分布に収束している．ここでいう収束とは，ある一つの値に収束するのではなく，ある分布に収束することを意味する．具体的な計算手順としては，片方の変数（たとえばx）を固定し，固定されていない変数（y）を確率的に動かす．これを交互に繰返していく．この手法はギブスサンプリング法とよばれるMCMCの一種である．

図14・2(b)では，初期状態は収束する分布からはあえて外れたところを選んで図示した．初期状態ではまだ分布に収束していないので，始めてからある程度の時間が経ち，分布が収束してから値をサンプリングし，観察することが重要である．そのため初期状態から収束するまでの遷移的な期間を捨てる必要があり，この期間をバーンインまたはウォームアップとよんだりする．

MCMCにはこのほかにメトロポリス・ヘイスティング法，ハミルトニアン・モンテカルロ法など，さまざまなアルゴリズムがある．MCMCは，MCMC専門のソフトウェアであるJAGSやStanを用いて計算を実行することが多く，ソフトウェアによってどのMCMCが使われているかは少し異なる．それらのソフトウェアをRから呼び出して使用できるので，興味のある読者は挑戦してもらいたい*．

14・3 ベイズ統計の実例

実際にベイズ統計を用いてデータを解析した例を二つ紹介しよう．

14・3・1 2標本の平均値の比較

2標本の平均値の比較として第5章で表5・2に示した，医療の新手術法Newと旧手術法Oldでの手術を施したおのおの8人の患者の入院日数のデータに対し，

---

* JAGSやStanのインストール方法はPCの環境によって異なるので，公式サイトでのチュートリアルに従ってインストールしよう．

平均値の差の解析を t 検定で行った. t 検定の結果, $P<0.05$ となり, $\mu_{New}=\mu_{Old}$ という帰無仮説は棄却され, 対立仮説 $\mu_{New} \neq \mu_{Old}$ が採択されるので, 有意な差があるとの結論に至った. では, この同じデータをベイズ統計で解析してみよう. 目標は, 二つの母平均の差がどの程度あるのか, つまり母平均の差の分布を推定することである.

計算は Stan を R で呼び出す RStan を用いた. 事前分布は最小値 0, 最大値 100 の一様分布に設定した. MCMC は最初の 1000 ステップをバーンインとして捨てて, 1001〜21000 ステップを分析に使用した. 試行 1 回を一つのチェインとよぶが, これを 5 チェイン独立に行った. 図 14・3 は MCMC によって得られる二つの母平均を, ステップ数に対して表示した. 最初は大きな値をとることもあるが, ステップ数を経るとある値の周りでゆらいでいることがわかる.

図 14・4 が最終的に得られた母平均の差の事後分布である. これは図 14・3(a) と(b)の差をとり, バーンインの期間を捨てたあとのデータを分布として描いている. 標本平均の差−2.25 付近を中心とした分布が得られていることがわかる. 線が少しだけガタガタしてみえるのは, 発生させた 2 万ステップ×5 チェイン＝10 万個の乱数の分布を描いているためである.

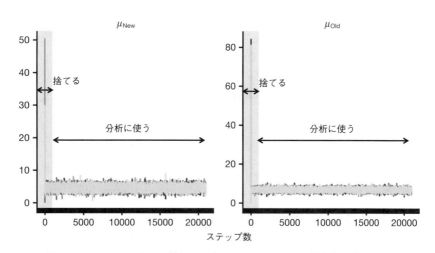

図14・3　MCMC によって得られるパラメータ μ_{New}, μ_{Old} の推定値の時間的変化.
1000 ステップまでは捨てる期間とした. 1001〜21000 ステップを収束した事後分布として分析に使った. 5 チェインが描かれているが, 1001 以降は重なっているので, ほとんど見えない.

この分布を要約するために，点推定値として，平均値である**事後期待値**（expected a posteriori, EAP），中央値である**事後中央値**（median a posteriori, MEP），最頻値である**事後最頻値**（maximum a posteriori, MAP）を計算することができる．また点での推定ではなく，幅をもたせての推定としては，$(1-\alpha)$**%信用区間**または**確信区間**（credible interval）を得ることが可能である．$\alpha=0.05$ とすれば95%信用区間で，よく使われる指標である．95%の確率でパラメータはこの範囲であることを示す．§4・3で学んだ頻度主義統計における信頼区間（confidence interval）とは意味が異なるので注意してほしい．

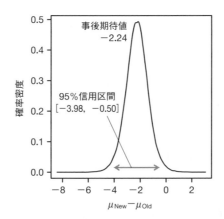

図14・4　ベイズ推定によって得られた母平均の差の分布

実際に図14・4の分布を要約すると，EAP は -2.24 で，95%信用区間は $[-3.98, -0.50]$ であった．t 検定で得られた有意性にもおおむね対応し，95%信用区間に帰無仮説 $\mu_{New}-\mu_{Old}=0$ は含まれていない．他にも $\mu_{New}-\mu_{Old}>0$ である確率，つまり平均的に新手術法が旧手術法より入院期間が長くなる確率は 0.00783 と低く，$\mu_{New}-\mu_{Old}<-1$ である確率（平均的に1日以上短縮される確率）は 0.92938 であり新手術法には高い効果があるようにみえる．ほかにも新手術法が平均的に2日以上短縮する確率は 0.62039，新手術法が平均的に3日以上短縮する確率は 0.17873 となる．このように，差がいくつ以上または以下である確率を手にすることができ，定量的な議論が可能になるであろう．これ以外にも，母平均の差を母集団の標準偏差で基準化した効果量で評価することもできる．

14・3・2 ポアソン回帰の例

今度は統計モデルとして，第10章で学んだ GLM のポアソン回帰の事例（園芸植物 M の球根の重さと花の数，表10・3，図10・5）に対してパラメータを推定してみよう．結果として，パラメータである切片項 β_0 と回帰係数 β_1 の事後分布がそれぞれ得られるわけだ．

事前分布を一様分布に設定し，MCMC の結果として得られたパラメータ β_0, β_1 の事後分布を図14・5に示した．点推定値として，β_0 の EAP，MAP は-1.056，-1.046，β_1 の EAP，MAP は 0.0835，0.0821 となり，頻度主義統計の手法である最尤法で求めた最尤推定量とほぼ一致する．実は，これは(14・2)式で事前分布を一様分布にすることで，尤度関数の最大化と同じことが行われているからである．また，95%信用区間も得られ，β_1 に注目すれば説明変数の効果が定量的に得られ，モデルと現実の現象の対応をより深く検討することができるだろう．

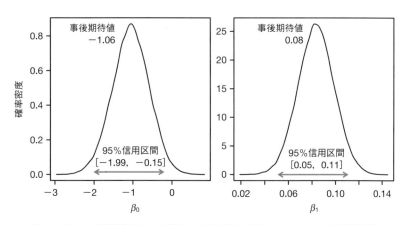

図14・5 ベイズ推定によって得られた GLM のパラメータ β_0, β_1 の事後分布

MCMC を用いたベイズ推定によって，このほかにも相関係数の推定や，GLMM のパラメータ推定，さらに複雑なモデルのパラメータ推定が可能である．興味のある読者は巻末参考図書9）を参考にしていただきたい．

本章ではベイズ統計に関して基礎的な考え方と解析の初歩を紹介した．重要なことは頻度主義統計とベイズ統計の考え方の相違点や，結果の解釈の仕方を理解しておくことであろう．現在では，論文を読む，学会発表を聴くときには両方の手法が混在しているためである．

付録 A　F 分布と χ^2 分布の関係

本付録は本書のレベルを超えているが，重要な内容であるので，東京大学教養学部統計学教室編，"統計学入門"(基礎統計学 I)，東京大学出版会(1991)，第 6 章 p.125〜126，第 10 章 p.199〜208，英文サイトの wikipedia の "chi-square distribution" を参考にして説明する．ただし当該本やサイトは R を使っていない．

χ^2 分布

最初に χ^2 分布から説明する．Z_1, Z_2, Z_3, $\cdots Z_k$ を標準正規分布 N(0, 1)に従う独立な確率変数とする．いま，

$$\chi^2 = Z_1^2 + Z_2^2 + \cdots Z_k^2 \qquad (A \cdot 1)$$

とすると，確率変数 χ^2 が従う確率分布のことを自由度 k の χ^2 分布という．ここでの自由度は，独立な標準正規確率変数の二乗をいくつ加えたかを示す．自由度 k の χ^2 分布を $\chi^2_{(k)}$ と表す．

χ^2 分布は正規分布に従う標本の分散を扱うときには必ず関係する重要な確率分布である．自由度 k の χ^2 分布の上側確率 0.05（つまり 0.95）を R で求めてみると以下のようになる．(χ^2 分布の確率分布名 **chisq** に接頭コード **q** がついた **qchisq()** を使えば変位値 **quantile** を返してくる)

```
qchisq(0.95,5)
[1] 11.0705
```

つまり，自由度 5 の χ^2 分布の上側確率 0.05 の χ^2 値は 11.071 となり，$P(\chi^2 \geq 11.071)=1-0.95=0.05$ である．これを図 A・1(a)で示す．

χ^2 分布を用いると，正規母集団からのスコアからなる X_1, X_2, $\cdots$, X_n の標本分散 s^2 の分布は，次のようにまとめられる．不偏分散を以下のようにするとき，

$$s^2 = \frac{1}{n-1}[(X_1-\bar{X})^2 + \cdots + (X_n-\bar{X})^2] \qquad (A \cdot 2)$$

以下の統計量 χ^2 は自由度 $n-1$ の χ^2 分布である $\chi^2_{(n-1)}$ に従う．

$$\chi^2 \equiv (n-1)s^2/\sigma^2 \qquad (A \cdot 3)$$

これが成立することを説明しよう．$\bar{X} \to \mu$ を考えると，s^2 を以下のように近似的に変形することができる．

$$(n-1)s^2 = (X_1-\mu)^2+(X_2-\mu)^2+\cdots+(X_n-\mu)^2 \qquad (A \cdot 4)$$

スコア X_1, X_2, $\cdots$, X_n を標準化すると，以下は標準正規分布 N(0, 1) に従う．

$$\frac{X_1-\mu}{\sigma}, \quad \frac{X_2-\mu}{\sigma}, \quad \cdots, \quad \frac{X_n-\mu}{\sigma}$$

このスコアは独立だから，χ^2 分布の定義 (A・1)式が使えて，以下は自由度 n の χ^2 分布である $\chi^2_{(n)}$ に従う．

$$\left(\frac{X_1-\mu}{\sigma}\right)^2 + \left(\frac{X_2-\mu}{\sigma}\right)^2 + \cdots + \left(\frac{X_n-\mu}{\sigma}\right)^2 \qquad (A・5)$$

先の近似式 (A・4)式を手掛かりに，(A・2)式を (A・5)式に近づけると以下のようになる．

$$\frac{(n-1)s^2}{\sigma^2} = \left(\frac{X_1-\bar{X}}{\sigma}\right)^2 + \left(\frac{X_2-\bar{X}}{\sigma}\right)^2 + \cdots + \left(\frac{X_n-\bar{X}}{\sigma}\right)^2 \qquad (A・6)$$

(A・6)式は (A・5)式と比べて μ と $\bar{X}$ の相違を除いて，同一の形式である．ただし，μ が $\bar{X}$ に置き換えられているので，標本平均 $\bar{X}$ から母平均 μ を推定するため自由

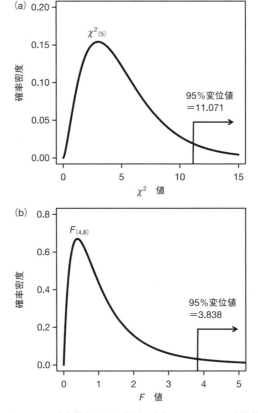

図 A・1 (a) $\chi^2_{(5)}$ の 95%変位値を示した領域，(b) $F_{(4, 8)}$ の 95%変位値を示した領域．

度が1減って，このため，(A・6)式つまり(A・3)式は自由度が1減り，自由度 $n-1$ の χ^2 分布である $\chi^2_{(n-1)}$ に従うことになる．

F 分 布

次に F 分布を χ^2 分布との関係で説明する．確率変数 U と V が次の条件を満たすものとする．
(1) U は自由度 k_1 の χ^2 分布である $\chi^2_{(k_1)}$ に従う．
(2) V は自由度 k_2 の χ^2 分布である $\chi^2_{(k_2)}$ に従う．
(3) U と V は独立である．

ここで，U と V をそれぞれ自由度で割ったものを比とし，以下のように**フィッシャーの分散比**を定義する．

$$F = \frac{U/k_1}{V/k_2} \tag{A・7}$$

この F 値が従う確率分布を自由度 (k_1, k_2) の F 分布といい，$F_{(k_1, k_2)}$ で表す．

いま標本分散 s_1^2, s_2^2 の二つの標本について(A・6)式を用いると，
① $(m-1)s_1^2/\sigma_1^2$ は自由度 $m-1$ の $\chi^2_{(m-1)}$ に従い，
② $(n-1)s_2^2/\sigma_2^2$ は自由度 $n-1$ の $\chi^2_{(n-1)}$ に従う

ことになり，さらに
③ s_1^2 と s_2^2 は独立な分散である．

したがって，フィッシャーの分散比の定義(A・7)式から以下の(A・8)式を得る．

$$F = \frac{\dfrac{(m-1)s_1^2}{\sigma_1^2}\Big/(m-1)}{\dfrac{(n-1)s_2^2}{\sigma_2^2}\Big/(n-1)} = \frac{\sigma_2^2}{\sigma_1^2} \cdot \frac{s_1^2}{s_2^2} \tag{A・8}$$

これは自由度 $(m-1, n-1)$ の F 分布である $F_{(m-1, n-1)}$ に従う．

特に重要なのは二つの母分散が等しいときであり，このときは $\sigma_1^2 = \sigma_2^2$ とおけば，F 分布は**標本の分散比**の確率分布となる．

$$F = \frac{s_1^2}{s_2^2} \tag{A・9}$$

では同様に，F 分布の自由度 $(4, 8)$ の組合せで95%変位点を求めてみよう（図A・1b）．

```
qf(0.95, 4,8)
[1] 3.837853
```

χ^2 分布と正規分布の関係

χ^2 分布と正規分布の関係を説明するには,まずガンマ(Γ)分布 $Ga(x)$ を説明しておく.Ga 分布は,指数分布 $f(x)=\lambda e^{-\lambda x}$(期待値 λ は正の定数,$x \geq 0$)を一般化したもので,次の確率密度関数で表される(ただし $\alpha>0$).

$$f(x) = Ga(x) = \frac{\lambda^\alpha}{\Gamma(\alpha)} x^{\alpha-1} e^{-\lambda x} \qquad (\text{A}\cdot 10)$$

ここで,分母にある $\Gamma(\alpha)$ は Γ 関数とよばれるもので,$\Gamma(\alpha) = \int_0^\infty x^{\alpha-1} e^{-x} dx$ の形をとり,(A・10)式を積分すると1になるように(規格化),$\Gamma(\alpha)$ で割ってある.なお,$Ga(x)$ は $\alpha=1$ なら指数分布になり,さらに Γ 関数は以下のような性質がある.

(1) $\Gamma\left(\dfrac{1}{2}\right) = \sqrt{\pi}$

(2) $\Gamma(1) = 1$

(3) $\Gamma(\alpha+1) = \alpha \Gamma(\alpha)$

(4) $\Gamma(n+1) = n!$ (n が自然数のとき)

(5) $\Gamma\left(n+\dfrac{1}{2}\right) = \dfrac{(2n)!}{2^{2n} n!} \sqrt{\pi}$

そして,自由度 k の $\chi^2_{(k)}$ の確率密度関数は,$\chi^2_{(k)}=x$ とおくと理論的には以下の(A・11)式のように表される.

$$f(x) = \frac{1}{2^{\frac{k}{2}} \Gamma\left(\dfrac{k}{2}\right)} x^{\frac{k}{2}-1} e^{-\frac{x}{2}} \qquad (\text{A}\cdot 11)$$

ここから,自由度 $k=1$ の $\chi^2_{(1)}$ 確率密度関数は以下のようになる.

$$f(x) = \frac{1}{\sqrt{2\pi x}} \exp\left[-\frac{x}{2}\right] \qquad (\text{A}\cdot 12)$$

これは,$x=\chi^2$ に戻してさらに (A・5)式から $\chi^2=\left(\dfrac{x-\mu}{\sigma}\right)^2$ と新たに置き換えれば,以下の正規分布の確率密度関数の式(3・6式,p.30 参照)と似た骨格になることが理解できる.

$$f(x) = \frac{1}{\sqrt{2\pi}\sigma} \exp\left[\frac{-(x-\mu)^2}{2\sigma^2}\right] \quad (-\infty < x < \infty)$$

最後に,χ^2 分布と F 分布を描いてみよう.自由度が大きくなると,χ^2 分布(図A・2a)と F 分布の確率分布(図A・2b)は,それぞれどのように変化するかを確認してほしい.χ^2 分布は自由度が大きくなるにつれ,分布の頂点が右に移動し(もっとも,自由度 $k=1$ だと頂点はないが),尖り度が低下してより平たくなる.

一方，F 分布は二つ組の自由度が大きくなるにつれて，分布の頂点は右に移動することは同様だが（やはり自由度 $k=1$ だと頂点はない），しかし頂点は F 値が 1 前後にとどまることに注意したい．F 分布は，自由度が大きくなると尖り度は高まり，右に尾を引く領域の確率密度はより薄くなる（横軸に漸近する度合いが強くなる）．

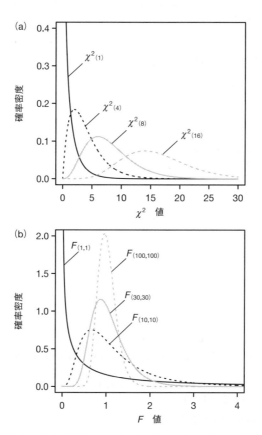

図 A・2 (a) 異なる自由度四つによる $\chi^2_{(1)}$, $\chi^2_{(4)}$, $\chi^2_{(8)}$, $\chi^2_{(16)}$ の確率密度分布，(b) 異なる自由度二つ組による四つの $F_{(1,\ 1)}$, $F_{(10,\ 10)}$, $F_{(30,\ 30)}$, $F_{(100,\ 100)}$ の確率密度分布．

付録 B 演習問題の解答

演習問題 2・1 平均＝7.87，不偏分散＝2.629，標準偏差＝1.621419
演習問題 2・2 R スクリプトは以下のとおり．

```
d <- c(5.1,7.4,10.3,9.2,6.5,6.1,7.9,8.7,8.1,9.4)
sum(d)/length(d)
a
[1] 7.87
sum((d-a)^2)/(length(d)-1)
[1] 2.629
```

演習問題 3・1 (1) 30 人ないし 31 人

```
1000*(pnorm(156,mean=145.8,sd=4) - pnorm(153,mean=145.8,sd=4))
[1] 30.54417
```

(2) 22 人ないし 23 人

```
1000*(1-pnorm(153.8,mean=145.8,sd=4))
[1] 22.75013
```

演習問題 3・2 3 回 1 セットのトスで，8 セットに 1 回出現

```
dbinom(3, 3, p=0.5)
[1] 0.125
```

演習問題 4・1 (1) 0.6713096.　(2) 15.23±1.478
演習問題 4・2 いえる．（one sample t-test の R スクリプトと結果は以下）

```
mydata <- c(15.2, 11.3, 15.7, 18.2, 12.4, 13.0, 16.6, 17.3,
16.2, 18.7, 14.5, 13.7)

t.test(mydata, mu=13.5)

        One Sample t-test
data: mydata
t = 2.582, df = 11, p-value = 0.0255
alternative hypothesis: true mean is not equal to 13.5
95 percent confidence interval:
 13.75579 16.71088
```

付録 B 演習問題の解答

演習問題 4・3 (1) Rスクリプト:

```
x <- seq(-3, 3, 0.1)
y <- dt(x, df=7)
plot(x, y, type="l")
```

(2) Rスクリプト: (1) のスクリプトに続けて,

```
t.score <- qt(1-0.025, df=7)
t.score
[1] 2.364624
```

演習問題 5・1 (2) t = 3.0224, df = 22, p-value = 0.00626
演習問題 5・2 t = 3.2085, df = 19, p-value = 0.004626
演習問題 5・3 t = -2.5203, df = 12, p-value = 0.02689

演習問題 6・1

```
d <- read.csv("table6-4.csv")
result <- aov(d$Pig ~ factor(d$feed))
summary(result)
               Df Sum Sq  Mean Sq  F value   Pr(>F)
factor(d$feed)  3   4226   1408.8    164.6  1.06e-11 ***
Residuals      15    128      8.6
---
Signif. codes:  0 '***' 0.001 '**' 0.01 '*' 0.05 '.' 0.1 ' ' 1
1 observation deleted due to missingness
TukeyHSD(result)
  Tukey multiple comparisons of means
    95% family-wise confidence level

Fit: aov(formula = d$Pig ~ factor(d$feed))

$`factor(d$feed)`
      diff       lwr        upr       p adj
2-1   8.68   3.347895  14.012105  0.0014725
3-1  39.73  34.074449  45.385551  0.0000000
4-1  25.62  20.287895  30.952105  0.0000000
3-2  31.05  25.394449  36.705551  0.0000000
4-2  16.94  11.607895  22.272105  0.0000009
4-3 -14.11 -19.765551  -8.454449  0.0000168
```

```
pairwise.t.test(d$Pig,d$feed, p.adj = "holm")
        Pairwise comparisons using t tests with pooled SD

data:  d$Pig and d$feed

  1       2       3
2 0.00029 -       -
3 1.6e-11 4.6e-10 -
4 2.4e-09 4.7e-07 6.2e-06

P value adjustment method: holm
```

演習問題 6・2

```
library(multcomp)
d <- read.csv("table6-9.csv")
group <- factor(d$group)
result1 <- aov(d$score ~ group)
summary(result1)
            Df  Sum Sq  Mean Sq  F value  Pr(>F)
group        3    1319    439.6    7.367  0.00201 **
Residuals   18    1074     59.7
---
Signif. codes:  0 '***' 0.001 '**' 0.01 '*' 0.05 '.' 0.1 ' ' 1
result2 <- glht(result1, linfct=mcp(group="Dunnett"))
summary(result2)
        Simultaneous Tests for General Linear Hypotheses

Multiple Comparisons of Means: Dunnett Contrasts

Fit: aov(formula = d$score ~ group)

Linear Hypotheses:
             Estimate Std. Error t value Pr(>|t|)
g2 - g1 == 0    1.800      4.886   0.368  0.96523
g3 - g1 == 0   10.533      4.678   2.252  0.09035 .
g4 - g1 == 0   19.367      4.678   4.140  0.00166 **
---
Signif. codes:  0 '***' 0.001 '**' 0.01 '*' 0.05 '.' 0.1 ' ' 1
(Adjusted p values reported -- single-step method)
pairwise.t.test(d$score,d$group, p.adj = "holm")
```

```
        Pairwise comparisons using t tests with pooled SD

data:  d$score and d$group

   g1     g2     g3
g2 0.7169 -      -
g3 0.1482 0.1894 -
g4 0.0037 0.0072 0.1894

P value adjustment method: holm
```

演習問題 7・1
(1) 要因 A: 有意,　　　　要因 B: 有意,　　　　交互作用: 有意でない
(2) 要因 A: 有意,　　　　要因 B: 有意でない,　　交互作用: 有意
(3) 要因 A: 有意でない,　　要因 B: 有意,　　　　交互作用: 有意
(4) 要因 A: 有意でない,　　要因 B: 有意でない,　　交互作用: 有意

演習問題 7・2
```
d <- read.csv("table7-3.csv")
food <- factor(d$food)
sex <- factor(d$sex)
summary(aov(d$wt ~ food + sex + food:sex))
            Df  Sum Sq  Mean Sq  F value  Pr(>F)
food         1   45.26    45.26   11.409  0.00249 **
sex          1   26.81    26.81    6.759  0.01571 *
food:sex     1    0.63     0.63    0.159  0.69378
Residuals   24   95.21     3.97
---
Signif. codes:  0 '***' 0.001 '**' 0.01 '*' 0.05 '.' 0.1
```

演習問題 7・3　スクリプトは以下の通り．塾で勉強する効果は $P=0.017$ で有意である．

```
d <- read.csv("enshu7-3.csv")
summary(aov(d$score ~ d$juku + Error(d$class/d$juku)))
Error: d$class
          Df  Sum Sq  Mean Sq  F value  Pr(>F)
Residuals  2   12.39    6.194
```

```
Error: d$class:d$juku
          Df  Sum Sq  Mean Sq  F value  Pr(>F)
d$juku    1   1820.4  1820.4    57.44   0.017 *
Residuals 2     63.4    31.7
---
Signif. codes:  0 '***' 0.001 '**' 0.01 '*' 0.05 '.' 0.1 ' ' 1

Error: Within
          Df  Sum Sq  Mean Sq  F value  Pr(>F)
Residuals 30   1024    34.12
```

演習問題 8・1 (1) スクリプトと描画は以下の通り．

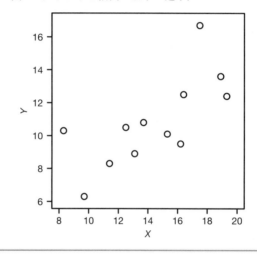

```
x <- c(12.5,13.1,18.9,9.7,16.4,8.3,13.7,17.5,11.4,16.2,19.3,15.3)
y <- c(10.5,8.9,13.6,6.3,12.5,10.3,10.8,16.7,8.3,9.5,12.4,10.1)

plot(x,y)
cor.test(x,y)

        Pearson's product-moment correlation

data:  x and y
t = 3.1475, df = 10, p-value = 0.01038
alternative hypothesis: true correlation is not equal to 0
```

```
95 percent confidence interval:
 0.2210441 0.9106632
sample estimates:
      cor
0.7054536
```

(2) 以下の順番で計算する．
① SP_{XY} を計算する．
② SS_X, SS_Y を計算する．
③ (8・1)式を利用して積率相関係数 r を，(8・2)式で t 値を，それぞれ計算する．
④ `2*(1-pt(t値, df=10))` で両側検定の有意確率が出る．

演習問題 9・1 (1) スクリプトと描画は以下の通り．(2) 有意確率 $P=0.0118$ で有意な効果あり．

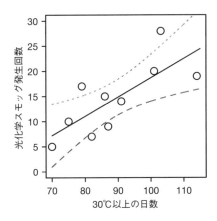

```
d <- read.csv("enshu9-1.csv")

d <- d[order(d$x),]
result <- lm(d$y~d$x)
abline(result, ylim=c(0,30))
summary(result)
Call:
lm(formula = d$y ~ d$x)

Residuals:
```

```
             Min      1Q   Median      3Q      Max
         -5.0583  -4.0812  -0.1771  1.4859   8.1576

Coefficients:
             Estimate Std. Error t value Pr(>|t|)
(Intercept)  -19.6340    10.6045  -1.851   0.1012
d$x            0.3833     0.1182   3.244   0.0118 *
---
Signif. codes:  0 '***' 0.001 '**' 0.01 '*' 0.05 '.' 0.1 ' ' 1

Residual standard error: 4.854 on 8 degrees of freedom
Multiple R-squared:  0.568,     Adjusted R-squared:  0.5141
F-statistic: 10.52 on 1 and 8 DF,  p-value: 0.01181

y.plot <- predict(x=d$x, result, interval="confidence")
matplot(d$x, y.plot,xlim=c(70,115),ylim=c(0,30), type="l")
par(new=T)
plot(d$x, d$y,xlim=c(70,115),ylim=c(0,30),xlab="",ylab="")
```

演習問題 10・1 スクリプトと描画は以下の通り．

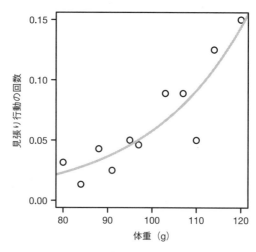

演習問題 10・1 図 鳥類 A の雄の体重 (g) と 1 分当たりの見張り行動の回数．

```
d <- read.csv("enshu10-1.csv")
result <-glm(d$mihari ~ d$wt, offset=log(d$minutes), family=
poisson)
summary(result)
#--- Graphics ---
plot(d$mihari/d$minutes ~ d$wt, xlab="weight (g)",
ylab="no. of mihari", xlim=c(80,120),ylim=c(0,0.15))
pred.wt <- seq(0,140, 0.1)
pred.y <- exp(result$coefficient[1] + result$coefficient[2]
*pred.wt)
lines(pred.wt, pred.y, lwd=2, col="grey")

Call:
glm(formula = d$mihari ~ d$wt, family = poisson, offset =
log(d$minutes))

Deviance Residuals:
   Min       1Q    Median      3Q       Max
-1.4898   -0.3990   0.1883   0.4155   0.7961

Coefficients:
             Estimate  Std. Error  z value  Pr(>|z|)
(Intercept) -7.42087    1.20625    -6.152   7.65e-10 ***
d$wt         0.04568    0.01134     4.029   5.61e-05 ***
---
Signif. codes:  0 '***' 0.001 '**' 0.01 '*' 0.05 '.' 0.1 ' ' 1

(Dispersion parameter for poisson family taken to be 1)

    Null deviance: 22.292  on 10  degrees of freedom
Residual deviance:  4.755  on  9  degrees of freedom
AIC: 45.676

Number of Fisher Scoring iterations: 4
```

演習問題 11・1

```
library(lme4)
library(glmmML)
d <- read.csv("enshu11-1.csv")
```

```
res.1 <-glmer(d$y ~ d$x +(1|d$cond), family=poisson(log))
res.2 <-glmmML(d$y ~ d$x, family=poisson(log), cluster=d$cond)
res.3 <-summary(res.1)
# ----- Graphics ----
plot(jitter(d$y, 0.5) ~ jitter(d$x,0.5), xlim=c(0,8), ylim=
c(0,10))
pred.x <- seq(0, 8, 0.01)
pred.y1 <- exp(res.3$coefficient[1] + res.3$coefficient[2]*pred.
x)
pred.y2 <- exp(res.2$coefficient[1] + res.2$coefficient[2]*pred.
x)
lines(pred.x, pred.y1)
lines(pred.x, pred.y2, col="gray", lty=2)
```

結果は以下となる．

```
summary(res.1)
Generalized linear mixed model fit by maximum likelihood
(Laplace Approximation) ['glmerMod']
 Family: poisson  ( log )
Formula: d$y ~ d$x + (1 | d$cond)
   Data: d
    AIC      BIC   logLik deviance df.resid
   94.8     98.3    -44.4     88.8       21

Scaled residuals:
     Min       1Q   Median       3Q      Max
-0.90902 -0.26686  0.05115  0.17487  0.77963

Random effects:
 Groups Name        Variance Std.Dev.
 d$cond (Intercept) 0        0
Number of obs: 24, groups:  cond, 8

Fixed effects:
            Estimate Std. Error z value Pr(>|z|)
(Intercept)   0.9513     0.2428   3.918 8.94e-05 ***
d$x           0.1587     0.0428   3.707  0.00021 ***
---
Signif. codes:  0 '***' 0.001 '**' 0.01 '*' 0.05 '.' 0.1 ' ' 1
```

```
Correlation of Fixed Effects:
  (Intr)
d$x -0.936
```

```
summary(res.2)

Call:  glmmML(formula = d$y ~ d$x, family = poisson(log),
cluster = d$cond)

              coef    se(coef)    z       Pr(>|z|)
(Intercept)  0.9512   0.2428    3.918    8.94e-05
d$x          0.1587   0.0428    3.707    2.10e-04
Scale parameter in mixing distribution: 5.904e-08 gaussian
Std. Error:                              0.08631

      LR p-value for H_0: sigma = 0:   0.5

Residual deviance: 3.707 on 21 degrees of freedom    AIC: 9.707
```

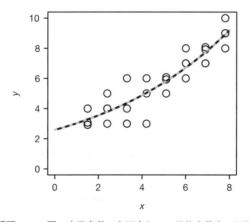

演習問題 11・1 図 実験条件 x を固定して，目的変数を 3 回測定したデータを使って，関数 **glmer()** と **glmmML()** の双方を利用した GLMM のデータ分析を実行した図．二つの回帰曲線はほぼ同一に見えるが，黒い実線の上にグレーの破線で重ねて描画されているので，重なりが判別できる．

演習問題 12・1 (1) 手計算は各自試みること.

```
obs <- matrix(c(38,24,22,36), nrow=2, ncol=2)
chisq.test(obs)

    Pearson's Chi-squared test with Yates' continuity
    correction

data:  obs
X-squared = 5.6396, df = 1, p-value = 0.01756
```

$X^2=5.6396$ で χ^2 分布の右側有意確率を予測すると,$P=0.01756$ となる.

```
pchisq(5.6396, df=1, lower.tail = F)
[1] 0.01755921
```

(2) `chisq.test()` オプションで `simulate.p.value=T` を指定する.

```
chisq.test(obs, simulate.p.value=T, B=10000)

    Pearson's Chi-squared test with simulated p-value (based
    on 10000 replicates)

data:  obs
X-squared = 6.5406, df = NA, p-value = 0.018
```

$X^2=6.5406$ で有意確率 $P=0.018$ となった.シミュレーションなので,実行ごとに P の値は少しずつ異なる.また,シミュレーションでは自由度(df)は存在しないので,NA となる.

演習問題 12・2 フィッシャーの正確確率法で $P=2.103\times10^{-12}$ で男女に差があり,オッズ比は 2.256 である.

```
obs <- matrix(c(251,3387, 102,3106), ncol=2, byrow=T)
fisher.test(obs,or=T, conf.level=0.95)

        Fisher's Exact Test for Count Data

data:  obs
p-value = 2.103e-12
alternative hypothesis: true odds ratio is not equal to TRUE
95 percent confidence interval:
```

```
 1.775792 2.884005
sample estimates:
odds ratio
  2.256382
```

演習問題 13・1

```
f1 <- c(4.7,4.9,5.0,4.8,4.7)
f2 <- c(4.6,4.4,4.3,4.4,4.1,4.2)
f3 <- c(4.8,4.7,4.6,4.4,4.7,4.8)
f4 <- c(4.9,5.2,5.4,5.1,5.6)

kruskal.test(list(f1,f2,f3,f4))

        Kruskal-Wallis rank sum test

data:  list(f1, f2, f3, f4)
Kruskal-Wallis chi-squared = 17.2561, df = 3, p-value =
0.000626
```

演習問題 13・2 （スピアマンの順位相関を実施）

```
g1 <- c(1,2,3,4,5,6,7)
g2 <- c(1,3,2,4,7,6,5)
cor.test(g1, g2, method="s")

        Spearman's rank correlation rho

data:  g1 and g2
S = 10, p-value = 0.03413
alternative hypothesis: true rho is not equal to 0
sample estimates:
      rho
0.8214286
```

付録C　参考図書

1) 東京大学教養学部統計学教室 編，"統計学入門"（基礎統計学Ⅰ），東京大学出版会(1991)．
   [東京大学教養学部前期課程（1～2年生前半）の統計学の教科書として長らく使用．数理統計学の入門書として，最初の200ページは多様な確率現象，確率変数，確率分布の説明と証明に費やされ，終わりに2標本の有意差検定（t検定），分散分析（F検定）などにたどりつく．Rの利用はないが，数理統計学の理解には役立つ]

2) 日本統計学会 編，"日本統計学会公式認定 統計検定2級対応 統計学基礎"（改訂版），東京図書(2015)．
   [統計検定2級対応の数理統計学の教科書．内容とレベルは上記1)に相当．数理的解説で構成されており，Rを使った演習事例はないが，本書を勉強した後は，確率と統計の数理の理解に役立つ]

3) J. H. Zar, "Biostatistical Analysis (4th Ed.)", Prentice Hall (1999)．
   [統計学専門以外の大学院生・研究者に欧米でよく使われている教科書．嶋田は長年，専門学科の3年生向け講義で，数理統計では上記1)を，データ分析ではこの本を使ってきた．非常にわかりやすく詳しい．Rの利用はない]

4) M. J. Crawley 著，野間口謙太郎・菊池泰樹 訳，"統計学：Rを用いた入門書 改訂第2版"，共立出版(2016)．
   [Rの利用を前面に出した統計入門書．内容は本書よりもずっとやさしい．数理統計の説明は皆無で，初心者はとっつきやすい．冒頭からRの標準データセットで大きなデータフレームを使用するので，最初に小標本のデータで理屈を理解したい初心者は苦労する．重回帰や多変量解析の章もあり，本書を補完するときに役に立つ]

第5章

5) 山田剛史，杉澤武俊，村井潤一郎 著，"Rによるやさしい統計学"，オーム社(2008)．
   [Rと統計学の入門の良書．最終章に検出力分析による標本サイズの決定が解説されているので参考にしてほしい]

第6章

6) 永田 靖，吉田道弘 著，"統計的多重比較法の基礎"，サイエンティスト社(1997)．
   [一元配置データ分析の多重比較法だけを専門とするレベルの高い本．数理統計の知識を要求するので，本書の中級以上の読者にはたいへん役に立つ]

7) 高木 俊 氏（兵庫県立 人と自然の博物館）のwebサイト "フリーソフト「R」を使った自然史情報の統計処理入門"．
   [本としては発行されていないが，スライドとして用意され，Rによるデータ分析をサイトで勉強できる．高度な内容がわかりやすくまとめられている．第1章で標準誤差

やパッケージのダウンロードなど，第2章はフィッシャーの正確確率法が登場する］

第9章

8) 兼子 毅 著，"R で学ぶ多変量解析"，日科技連(2011).
 ［クラスター分析，主成分分析，因子分析，数量化Ⅲ類，正準相関分析，重回帰，判別分析などの多変量解析の数理と R 関数の使い方を学べる入門書．重回帰では単回帰から正規方程式の行列表現へと 60 ページを費やして説明されている．本書の読者が多変量解析に進みたいときには大いに役立つ］

第10章，第11章

9) 久保拓弥 著，"データ解析のための統計モデリング入門：一般化線形モデル・階層ベイズモデル・MCMC"（確率と情報の科学），岩波書店(2012).
 ［本書の次に GLM を深く学ぶとき国内では最良の教科書．語尾が"～です・ます"調で初心者にはやさしい印象で，R スクリプトもわかりやすい．グラフの描き方は説明されていないため，R グラフィクスのガイド本を参考にする必要がある．本書第 14 章のベイズ統計について，MCMC と階層的ベイズ(WinBUGS など)も説明されている］

10) 金 明哲 編，粕谷英一 著，"一般化線形モデル"（R で学ぶデータサイエンス 10），共立出版(2012).
 ［一般化線形モデルの専門書で，決して入門書ではないので注意．解析対象となるデータは簡素な数値列に徹しているが，さまざまなデータのつくり方は参考になる．GLM の詳細が正確に書かれており，たいへん役に立つ本．さまざまな確率分布の統計理論とその R での使用が説明されており，巻末の"ポリヤの壺"からポアソン分布の導出はしっかり統計理論を学びたい読者には必読．ただし，内容を自ら取捨選別して読める中級者向き．9) と合わせて読むとよい］

11) W. H. Press ほか著，"日本語版 C 言語による数値計算のレシピ"，技術評論社(1993).
 ［R の関数のオプションには数値解析の予備知識があった方が理解が進むので，それに必要な C 言語利用の数値計算の勉強に役立つ］

第12章，第13章

12) 柳川 堯 著，"ノンパラメトリック法"（新統計学シリーズ 9），培風館(1982).
 ［ノンパラメトリック検定法について国内では最良の専門書．入門書ではない．ノンパラメトリック法の背景にある数理統計学が詳細に説明されている．中級以上の読者向き］

13) A. Agresti, "Categorical Data Analysis (3rd Ed.)", Wiley(2013).
 ［カテゴリーデータ解析の専門書．データ分析の事例も豊富で，中級以上の読者に役立つ．質的データ解析のさまざまな手法だけでなく，一般化線形モデルの章も含まれて

いるのでさまざまな面で役立つ．原著初版には邦訳がある］

14) 名取真人, "マン・ホイットニーのU検定と不等分散時における代表値の検定法", 霊長類研究 **30**(1), p.173-185 (2014).

［スチューデントのt検定，ウェルチのt検定，マン・ウィットニーのU検定，ブルネル・メンツェル検定の四つで，正規性・不等分散のさまざまな条件での"第1種の過誤"の変化を数値シミュレーション解析で比較しており，中級以上の読者に役に立つ］

15) 青木繁伸 著, "Rによる統計解析", オーム社 (2009).

["群馬大学の青木さんのサイト"として，広い分野の統計ユーザがよく利用してきた．これが専門書になって刊行された．データ分析のあらゆる技法についてRの関数の使い方が説明され，百科事典のように使える一冊］

16) 石田基広 監修, 奥村晴彦 著, "Rで楽しむ統計"(Wonderful R 1), 共立出版 (2016).

［上記15)と並んで"三重大学の奥村さんのサイト"として知られており，それをもとに刊行された本．Rに少し慣れたあと，第2章"統計の基礎"で基本統計量を説明し，つぎに一挙に中心極限定理と正規分布，コーシー分布（分散をもたない確率分布）へと飛んで，これが章全体で15ページだけで説明される．章の順番がランダムのような印象で，分散分析は第6章の終わりで4ページだけなので，回帰分析（第9章）の線形モデル（たった2ページ半）が分散分析と共通の基盤をもつことを初心者は理解できないだろう．統計の広範なテーマ（メタアナリシス，多変量解析，生存時間分析も）が各章10〜15ページでつぎつぎに展開されるので，中級者には面白い］

第14章

17) S. B. McGrayne 著, 冨永 星 訳, "異端の統計学ベイズ", 草思社 (2013).

［ベイズ統計学の歴史が物語的に解説されており，数理統計学の科学史としても抜群に面白い．ベイズ統計学の理論的支柱である"ベイズの定理"は，18世紀後半〜19世紀前半に活躍した数学者で天文学者だったピエール＝シモン・ラプラスが完成させたとのこと．それが19世紀末から20世紀前半には頻度主義者の強烈な批判により，理論的に誤りとまで酷評された．20世紀末から21世紀なって一挙に開花を見た波乱万丈のドラマである］

18) 伊庭幸人ほか著, "計算統計II マルコフ連鎖モンテカルロ法とその周辺"（統計科学のフロンティア 12), 朝倉書店 (2005).

［マルコフ連鎖モンテカルロ法（MCMC）の計算理論の本．ベイズ統計の基本となるサンプリングの背景を理解したい読者には，ぜひ勉強しておきたい1冊］

19) 豊田秀樹 著, "はじめての統計データ分析：ベイズ的〈ポストp値時代〉の統計学", 朝倉書店 (2016).

［基本的なデータ分析に関して，ベイズ統計による解析手法が解説されている良書．Rのコードもウェブ上で配布されているため，実践的である．ただし，徹底してベイズ統計の本であるため，頻度主義統計の基本的な考え方は説明されていない．本書で頻度主義統計を学んでから読むと，ベイズ統計の真の威力を実感できるだろう］

付録 D　R で使用する関数

本書で使用した R の関数を一覧で示す．[　]内は機能と用途である．また，関数の後ろに示した ①〜⑪ はその関数を格納しているパッケージで，install.packages(" ") で CRAN からインストールする必要がある．特に記載のないものは {base}，{stats}，{graphics} で，R では何も指定せずに使える．なお，⑩ {MASS} は R にはすでに組込まれているのでインストールする必要はないが，高度な解析を実行するときは library() で読み込む必要がある．

① {multcomp}　　⑤ {exactRankTests}　　⑨ {PMCMR}
② {lme4}　　　　⑥ {car}　　　　　　　　⑩ {MASS}
③ {glmmML}　　 ⑦ {NSM3}　　　　　　　⑪ {qcc}
④ {Deducer}　　 ⑧ {lawstat}

第2章
c()　　　　　[数値列(ベクトル)をつくる]
mean()　　　[平均を計算する]
var()　　　　[不偏分散を計算する]
sqrt()　　　 [平方根を計算する]
length()　　[データの個数を返す]
sum()　　　 [データの総和を返す]

第3章
pnorm()　　 [引数に変位値を与えると正規分布の累積確率を返す]
dnorm()　　 [正規分布の確率密度を返す]
runif()　　　[一様乱数を返す]
hist()　　　 [頻度分布を描く]
numeric()　　[すべて0の数値列をつくる]
sample()　　[データから標本サイズを指定して標本抽出する]
for()　　　　[for ループを実行する]
par(new=T)　[作図したグラフを重ね合わせて描く]

第4章
boxplot()　　[箱ひげ図を描画する]
t.test()　　　[t 検定を実行する（ウェルチの検定も含む）]
seq()　　　　[数値列の開始点，終点，刻み幅を指定して，数値列を作成する]
dt()　　　　　[t 分布の確率密度を返す]
qt()　　　　　[引数に累積確率を与えると t 分布の変位値を返す]

第5章
shapiro.test()　[標本が正規分布に従う母集団から抽出されたかを検定するシャピロ・ウィルク検定を実行する]
bartlett.test()　[等分散性を検定するバートレット検定を実行する]

第6章
factor()　　[数値列や文字列を要因型に変換する]
aov()　　　 [分散分析を実行する]
read.csv()　　[csv 形式のファイルを読み込む]
summary()　　[要約統計量を出力する]
TukeyHSD()　[チューキーの HSD 法で多重比較を実行する]
install.packages(" ")　[引用符で囲まれたパッケージをダウンロードし，インストールする]
library()　　[ライブラリを読み込む]
glht()　①　[ダネット法などの多重比較法を実行する]
pairwise.t.test()　[シーケンシャル・ボンフェローニ(ホルム法)の多重比較法を実行する]

第8章
cor()　　　　[相関係数を計算する．デフォルトはピアソンの積率相関係数である]
cor.test()　　[相関係数を計算し，検定の

結果も出力する．デフォルトはピアソンの積率相関係数である］
`plot()` ［データをプロットする］

第9章
`lm()` ［線形回帰を実行する］
`abline()` ［`lm()` の結果を引数にすることで，作図したグラフに回帰直線を描く］
`predict()` ［回帰の信頼区間，予測区間を計算する］
`matplot()` ［行列を引数にとり，その各列についてプロットを行う］

第10章
`glm()` ［一般化線形モデルの計算を実行する．引数で負の二項分布回帰を指定するときは ⑩ で `library(MASS)` 指定］（→第11章）
`lines()` ［描いたグラフに直線を描く］
`dpois()` ［ポアソン分布の確率密度関数を返す］
`options()` ［さまざまなオプションを変更できる（出力する数値の桁変更など）］
`function()` ［関数を自作するときに使う］
`logLik()` ［対数尤度を出力する］
`cbind()` ［複数の列を結合する］

第11章
`lmer()` ② ［線形混合モデルによる計算を実行する］
`glmer()` ② ［一般化線形混合モデルによる計算を実行する］
`glmmML()` ③ ［一般化線形混合モデルによる計算を実行する］
`matrix()` ［数値列を行列に変換する］
`glm.nb()` ⑩ ［負の二項回帰の一般化線形モデルによる計算を実行する］
`qcc.overdispersion.test()` ⑪ ［過分散検定を実行する］

第12章
`binom.test()` ［二項検定を実行する］
`chisq.test()` ［χ^2 検定を実行する］

`pchisq()` ［引数で変位値を与えると χ^2 分布の累積確率を返す］
`qchisq()` ［引数で累積確率を与えると χ^2 分布の変位値を返す］
`rbind()` ［複数の行を結合する］
`rownames()` ［行列の行に名前を付す］
`colnames()` ［行列の列に名前を付す］
`likelihood.test()` ④ ［尤度比検定（G 検定）を実行する］
`fisher.test()` ［フィッシャーの正確率検定を実行する］

第13章
`wilcox.test()` ［マン・ウィットニー・ウィルコクソン検定を実行する］
`wilcox.exact()` ⑤ ［マン・ウィットニー・ウィルコクソンの正確率検定を実行する］
`var.test()` ［フィッシャーの分散比検定を実行する］
`leveneTest()` ⑥ ［ルビーン検定を実行する］
`pFligPoli()` ⑦ ［2標本が不等分散のときにフリグナー・ポリセロ検定を実行する］
`brunner.munzel.test()` ⑧ ［2標本が不等分散のときにブルネル・ムンツェル検定を実行する］
`kruskal.test()` ［3標本以上でクラスカル・ウォリス検定を実行する］
`pf()` ［引数で変位値を与えると，F 分布の累積確率を返す］
`posthoc.kruskal.nemenyi.test()` ⑨ ［ノンパラメトリックの多重比較法でネメニィ・ダン検定を実行する］
`sourse()` ［URLからコンテンツをダウンロードする］
`Steel.Dwass()` ［ノンパラメトリックの多重比較法でスチール・ドワス検定を実行する］
`pSDCFlig()` ⑦ ［ノンパラメトリックの多重比較法でスチール・ドワス検定を実行する］

索引

あ行

赤池の情報量基準（AIC） 155
ANOVA 71
a priori 比較 231
RStan 254
α 水準 50

イェーツの連続性補正 205
一元配置 72
1 標本の t 検定 41,43,63
位置母数 222
一様分布 33
一様乱数 33
逸脱度 157
一般化線形混合モデル（GLMM） 112,318
一般化線形モデル（GLM） 140
因果関係 120

ウィルコクソンの順位和検定 221
WinBUGS 253
上側四分位値 16
ウェルチ 54,65

AIC（Aakaike's information criteria) 155,187
H_0＝帰無仮説
H_1＝対立仮説
HSD 検定 82
FWER 86
F 値 75
F 分布 76,259
MCMC 法 247,251
エラーバー 39

か行

応答変数 8,64,122,141
オッズ比 217,218
オブジェクト 23
オフセット 164

回帰 114,122
——の帰無仮説 125
——の残差分散 130
——の標準誤差 130
——の平方和 132
——の有意性検定 128
回帰係数 256
回帰直線
——の 95％信頼区間 136
——の 95％予測区間 136
回帰分析 122
階層的 ANOVA 110
χ^2 適合度検定 202
χ^2 独立性検定 209
χ^2 分布 257
外部仮説 207
ガウス，K.F. 30
ガウス分布 30
カウントデータ 143,184
確 率 27,32
確率変数 248
確率密度関数 30
仮説検定 70
過大分散 182
片側検定 46,56,208
傾 き 125,141
カテゴリー 198
過分散 168,182
——の目安 186
——への対処 184

観測度数 198
ガンマ分布 184,260
疑似反復 108,146
疑似尤度 189
記述統計量 5,199
疑似乱数 12
寄生蜂の性比調節 177
基礎統計量 23
期待値 26,27
ギブスサンプリング 252
帰無仮説 49,51,57,63,248
帰無仮説検定 50
95％信頼区間 41,42,84
　回帰直線の—— 136
95％予測区間
　回帰直線の—— 136
Q-Qplot 34

偶 然 7
偶然のばらつき 77
クラスカル・ウォリス検定 231
CRAN 1
繰返し数 61
群間分散 75,77
群間平方和 73,75
群内分散 75,77
群内平方和 73,75

決定係数 r^2 132,135
検出力 51,61
検 定 7
検定統計量 87,93

コイントス 25,141
効果量 70
交互作用 96,99,161
公称の有意水準 85

恒等リンク　170
コクランの条件　205
誤差　36,41
固定要因　107,110
固定要因効果　174

さ行

最小二乗法　123
最大逸脱度　157,158
最大対数尤度　156,157
最頻値　15
最尤推定　153
最尤推定値　153
最尤推定量　248
最尤法　153,248
残差　82,123
残差逸脱度　157
残差標準誤差　129
残差分散　125,129
残差平方　123
残差平方和　132
散布係数　207
散布図　109,115,169
サンプリング　42,252
サンプリングエラー　38
サンプル → 標本
csv 形式　81
GLM (generalized linear model)　140
GLMM (generalized linear mixed model)　168
シーケンシャル・ボンフェローニの方法　92
G 検定 (分割表の対数尤度比検定)　212
事後期待値 (EAP)　255
事後最頻値 (MAP)　255
事後中央値 (MEP)　255
事後比較 (post hoc 比較)　85,231
事後分布　249
事前比較 (a priori 比較)　85,231
事前分布　249
下側四分位値　16
実験計画法　96
シミュレーション　38
シャピロ・ウィルク検定　63
従属変数　122

自由度　22,41,45,54,74,212
主観的な判断　249
主効果　99
順位　198,221
順位和検定法　221
初期状態　253
処理区　47,82
処理群　90
処理効果　49,77
真の平均　42,44
信頼区間　255

水準　97
推定　7,36,42
推定誤差　126
Stan　253
スチューデント・ニューマン・コイルス法　95
スチューデントの t 分布　40
スチール・ドワス検定　236
ステップ数　254
スピアマンの順位相関　120,238,244

正確 χ^2 検定　205,207
正規性　63,73
正規性検定　64
正規分布　25,29
正規方程式　126
制約付 LSD 法　95
積和　117,125
Z スコア　32
切片　125,141
切片項　256
説明変数　8,64,122,141,161
線形回帰　122
線形混合モデル　107,108
線形予測子　141,162
全数調査　11

相関　114
相関係数　116,119,256
総グループ間 SS　105
総グループ間 df　105
総自由度　105
相乗効果　96
相対頻度　27
総平均　105
総平方和　75,105,132
族　85,87,90
属性　12

た行

タイ (同順位)　234
第 1 種の過誤　49,50
　　族レベルでの――　86
対応のある t 検定　63
対照区　47
対照群　86,90
大数の法則　25,28
対数尤度　152
対数尤度比検定　212
対数リンク　164
第 2 種の過誤　49,50
タイプ I-FWE　86,95
対立仮説　49,50,58,63,248
多重比較　85
多重比較法　72
単回帰　122
ダンカンの方法　95

チェイン　254
中央値　15,16
中間順位　224
中心極限定理　25,33
チューキーとクレーマーの方法　87
チューキーの HSD 検定　82,86
超幾何分布　214
直線回帰　122
　　――の分散分析　128
　　――の有意性検定　130

対比較　86

t 検定　47,57,131
t 値　45
t 分布　40
適合度　127,203
データ　10
データ欠損　81
データファイル　81
データフレーム　79,82

同一母集団　76
統計学　247
統計的因果推論　121
統計的検定　7,43
統計モデル　8
同順位 (タイ)　234

索引

(な行の前)

等分散 54,73
等分散性 63
　——の検定 64
独立変数 122
ド・モアブル，A. 30
トレードオフ 12,51

な 行

内部仮説 207
ナル逸脱度 157
ナルモデル 159

二元分散分析表 107
二項検定 200
二項分布 26,141,181,183

ネメニィ・ダン検定 236

ノンパラメトリック検定 199

は 行

バイアス 11
箱ひげ図 16,66,89
外れ値 16
バートレットの等分散検定 64
ハミルトニアン・モンテカルロ法 253
ばらつき 4,5,17
パラメータ 11,247,248
パラメトリック検定 199
範囲 19
バーンイン 253
ピアソンの積率相関係数 115,116,238,244
引数 23
P 値 44
標準誤差 20,36,55,125
標準正規分布 31,40
標準偏差 19,69
標本 9,20
　——の分散比 259
標本誤差 38,49,56
標本サイズ 10,67,70
標本数 10
標本分散 17
頻度主義統計 247

フィッシャー
　——の正確確率法 213
　——の分散比 259
フィッシャー，R.A. 71,96
負の二項分布 184,195
不偏推定量 20
不偏分散 19,20,24,65,74
フリグナー・ポリセロ検定 228
ブルネル・ムンツェル検定 230
フルモデル 158
ブロック 107
ブロック構造 169
分散 7
分散比 75
分散分析 71,131

平均 5,22,41
平均値 15
ベイズ推定 70,248
ベイズ統計 247,248
平方和 17,19,22,24
β 水準 51
ベルヌーイ試行 25,200
偏差 17
変動 4

ポアソン回帰 143
　——の例 149
ポアソン分布 143,152,206
母集団 9
母集団標準偏差 19
母集団平均値 28
post hoc 比較 231
母分散 10,64
母平均 10,254
ホルムの方法 92
ボンフェローニの方法 92

ま 行

マージナル 60
マルコフ連鎖モンテカルロ法 247,251
マン・ウィットニーの U 検定 224
μ 16
ミラーサイト 1

無作為抽出 11
無情報事前分布 249
無制約 LSD 法 95
無相関 116

命題の一般性 12
メトロポリス・ヘイスティング 253

モデル選択 161
モンテカルロシミュレーション 33,207,217

や 行

有意 55
有意確率 39,43,49,50,84
有意水準 50
有意な差 47
尤度(likelihood) 152,249
尤度関数 152
尤度比検定 160,212
U 検定 224
要因配置図 99,100
要因名 93
要約統計量 199
予測 7

ら～わ

ラプラス，P. 30
乱数 12,250
ランダム変量効果 174
ランダム変量要因 107,169
両側検定 46,56,208
リンク関数 141

累積確率分布 32
ルビーン検定 228

連関 218

ロジスティック回帰 141
ロジスティック関数 142
ロジットリンク関数 142

Wald 統計量 148

嶋　田　正　和
1953 年 福井県に生まれる
1978 年 京都大学理学部 卒
1985 年 筑波大学大学院生物科学研究科 修了
現 東京大学大学院総合文化研究科 特任研究員，
　産業技術総合研究所 深津 ERATO
　　　　　　　ヘッドクォーター研究推進主任
東京大学名誉教授
専門 動物生態学，進化生態学
理学博士

阿　部　真　人
1984 年 宮城県に生まれる
2009 年 東京大学教養学部 卒
2015 年 東京大学大学院総合文化研究科 修了
現 理化学研究所
　　　　　革新知能統合研究センター 研究員
専門 動物行動学，数理生物学
博士(学術)

第1版 第1刷 2017年1月27日 発行
第5刷 2021年8月20日 発行

Rで学ぶ統計学入門

© 2017

著　者	嶋　田　正　和
	阿　部　真　人
発行者	住　田　六　連

発　行　株式会社 東京化学同人
東京都文京区千石3丁目36-7(〠112-0011)
電話 (03) 3946-5311・FAX (03) 3946-5317
URL: http://www.tkd-pbl.com/

印刷・製本　株式会社 アイワード

ISBN 978-4-8079-0859-2
Printed in Japan
無断転載および複製物（コピー，電子データなど）の無断配布，配信を禁じます．